国家出版基金项目
NATIONAL PUBLICATION FOUNDATION

“十二五”国家重点图书出版规划项目
水产养殖新技术推广指导用书

中国水产学会
全国水产技术推广总站　组织编写

淡水珍珠高效生态
DANSHUI ZHENZHU GAOXIAO SHENGTAI

养殖新技术
YANGZHI XIN JISHU

李家乐 李应森 等 编著

U0202306

海洋出版社

2014年·北京

图书在版编目（CIP）数据

淡水珍珠高效生态养殖新技术/李家乐，李应森等编著.
—北京：海洋出版社，2014.4
（水产养殖新技术推广指导用书）
ISBN 978 - 7 - 5027 - 8806 - 3

Ⅰ.①淡… Ⅱ.①李… ②李… Ⅲ.①珍珠养殖 - 淡
水养殖 Ⅳ.①S966.23

中国版本图书馆 CIP 数据核字（2014）第 059693 号

责任编辑：常青青
责任印制：赵麟苏

海洋出版社 出版发行

http://www.oceanpress.com.cn
北京市海淀区大慧寺路 8 号 邮编：100081
北京旺都印务有限公司印刷 新华书店北京发行所经销
2014 年 4 月第 1 版 2014 年 4 月第 1 次印刷
开本：880 mm×1230 mm 1/32 印张：9.875
字数：285 千字 定价：30.00 元
发行部：62132549 邮购部：68038093 总编室：62114335
海洋版图书印、装错误可随时退换

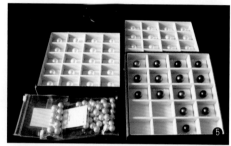

1. 珍珠王冠
2. 印度妇女与珍珠
3. 释加牟尼与珍珠
4. 海水彩色珠
5. 优质珠样
6. 中国原珠
7. 塔西堤黑珍珠
8. 准备发运的半成品项链

彩图

9. 珍珠饰品
10. 三角帆蚌
11. 褶纹冠蚌
12. 池蝶蚌
13. 无齿蚌
14. 背瘤丽蚌
15. 康乐蚌
16. 繁苗水池
17. 蚌育苗池

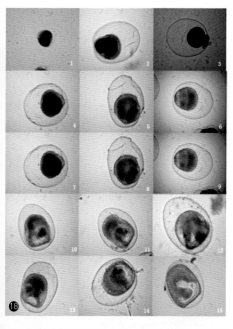

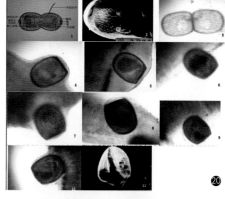

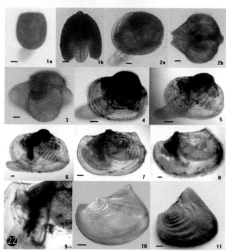

18. 受精卵发育
19. 黄颡鱼寄苗
20. 钩介幼虫
21. 观察脱苗情况
22. 稚蚌

彩图

23. 手术蚌
24. 撕膜
25. 珠核
26. 周氏巴罗克珠的母蚌
27. 淡水有核珠手术
28. 异形珍珠
29. 周氏巴罗克珠

30. 池塘育珠
31. 河道育珠
32. 湖泊育珠
33. 水库育珠
34. 珠蚌饲料
35. 鳃炎
36. 红腐足

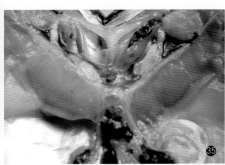

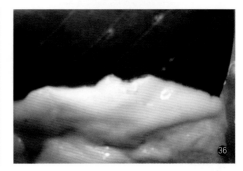

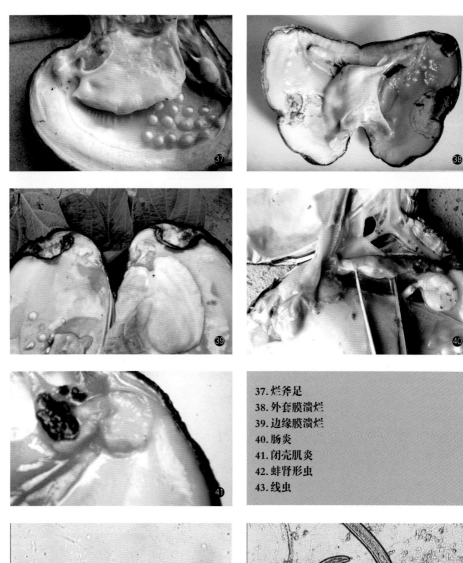

37. 烂斧足
38. 外套膜溃烂
39. 边缘膜溃烂
40. 肠炎
41. 闭壳肌炎
42. 蚌肾形虫
43. 线虫

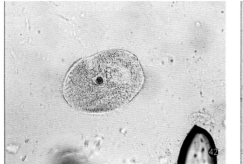

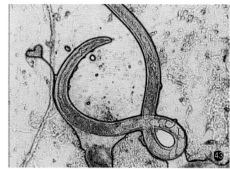

44. 苔藓虫
45. 珊瑚虫
46. 多孔动物
47. 聚花轮虫
48. 累枝虫
49. 水螅体
50. 触手溃疡

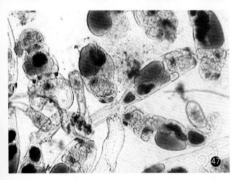

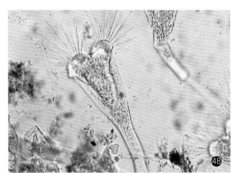

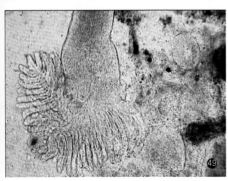

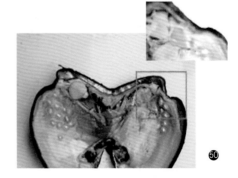

彩图

51. 水体富营养化
52. 鱼卵寄生
53. 剖蚌取珠
54. 第一次手工清洗
55. 统珠铁筛初选
56. 珍珠钻孔
57. 珍珠漂白

本书编写人员

李家乐　（上海海洋大学教授）

李应森　（上海海洋大学教授）

戴银根　（江西省水产技术推广站研究员）

潘建林　（江苏省淡水水产研究所研究员）

张根芳　（金华职业技术学院教授）

陈蓝荪　（上海海洋大学教授）

白志毅　（上海海洋大学副教授）

丁文军　（江西省万年县凤珠实业有限公司高级工程师）

付义农　（江西省水产科学研究所副研究员）

陈校辉　（江苏省淡水水产研究所副研究员）

丛 书 序

我国的水产养殖自改革开放至今，高速发展成为世界第一养殖大国和大农业经济中的重要增长点，产业成效享誉世界。进入 21 世纪以来，我国的水产养殖继续保持着强劲的发展态势，为繁荣农村经济、扩大就业岗位、提高生活质量和国民健康水平做出了突出贡献，也为海、淡水渔业种质资源的可持续利用和保障"粮食安全"发挥了重要作用。

近 30 年来，随着我国水产养殖理论与技术的飞速发展，为养殖产业的进步提供了有力的支撑，尤其表现在应用技术处于国际先进水平，部分池塘、内湾和浅海养殖已达国际领先地位。但是，对照水产养殖业迅速发展的另一面，由于养殖面积无序扩大，养殖密度任意增高，带来了种质退化、病害流行、水域污染和养殖效益下降、产品质量安全等一系列令人堪忧的新问题，加之近年来不断从国际水产品贸易市场上传来技术壁垒的冲击，而使我国水产养殖业的持续发展面临空前挑战。

新世纪是将我国传统渔业推向一个全新发展的时期。当前，无论从保障食品与生态安全、节能减排、转变经济增长方式考虑，还是从构建现代渔业、建设社会主义新农村的长远目标出发，都对渔业科技进步和产业的可持续发展提出了更新、更高的要求。

渔业科技图书的出版，承载着新世纪的使命和时代责任，客观上要求科技读物成为面向全社会，普及新知识、努力提高渔民文化素养、推动产业高速持续发展的一支有生力量，也将成为渔业科技成果入户和展现渔业科技为社会不断输送新理念、新技术的重要工具，对基层水产技术推广体系建设、科技型渔民培训和产业的转型提升都将产生重要影响。

中国水产学会和海洋出版社长期致力于渔业科技成果的普及推广。目前在农业部渔业局和全国水产技术推广总站的大力支持下，近期出版了一批《水产养殖系列丛书》，受到广大养殖业者和社会各界的普遍欢迎，连续收到许多渔民朋友热情洋溢的来信和建议，为今后渔业科普读物的扩大出版发行积累了丰富经验。为了落实国家"科技兴渔"的战略方针、促进及时转化科技成果、普及养殖致富实用技术，全国水产技术推广总站、中国水产学会与海洋出版社紧密合作，共同邀请全国水产领域的院士、知名水产专家和生产一线具有丰富实践经验的技术人员，首先对行业发展方向和读者需求进行广泛调研，然后在相关科研院所和各省（市）水产技术推广部门的密切配合下，组织各专题的产学研精英共同策划、合作撰写、精心出版了这套《水产养殖新技术推广指导用书》。

本丛书具有以下特点：

（1）注重新技术，突出实用性。本丛书均由产学研有关专家组成的"三结合"编写小组集体撰写完成，在保证成书的科学性、专业性和趣味性的基础上，重点推介一线养殖业者最为关心的陆基工厂化养殖和海基生态养殖新技术。

（2）革新成书形式和内容，图说和实例设计新颖。本丛书精心设计了图说的形式，并辅以大量生产操作实例，方便渔民朋友阅读和理解，加快对新技术、新成果的消化与吸收。

（3）既重视时效性，又具有前瞻性。本丛书立足解决当前实际问题的同时，还着力推介资源节约、环境友好、质量安全、优质高效型渔业的理念和创建方法，以促进产业增长方式的根本转变，确保我国优质高效水产养殖业的可持续发展。

书中精选的养殖品种，绝大多数属于我国当前的主养品种，也有部分深受养殖业者和市场青睐的特色品种。推介的养殖技术与模式均为国家渔业部门主推的新技术和新模式。全书内容新颖、重点突出，较为全面地展示了养殖品种的特点、市场开发潜力、生物学与生态学知识、主体养殖模式，以及集约化与生态养殖理念指导下的苗种繁育技术、商品鱼养成技术、水质调控技术、营养和投饲技术、病害防控技术等，还介绍了养殖品种的捕捞、运输、上市以及在健康养殖、无公害养殖、理性消费思路指导下的有关科技知识。

本丛书的出版，可供水产技术推广、渔民技能培训、职业技能鉴定、渔业科技入户使用，也可以作为大、中专院校师生养殖实习的参考用书。

衷心祝贺丛书的隆重出版，盼望它能够成长为广大渔民掌握科技知识、增收致富的好帮手，成为广大热爱水产养殖人士的良师益友。

中国工程院院士

2010 年 11 月 16 日

前　言

　　珍珠，由于其稀有名贵，千百年来，与钻石、红宝石、蓝宝石、祖母绿、翡翠，被誉为珠宝界"五皇一后"中唯一的"珠宝皇后"。珍珠，由于其玲珑剔透、光彩宜人，一直受到世人的喜爱，成为重要的装饰品和工艺品。珍珠，由于其具有营养保健治病等多种功能，长期以来一直是我国名贵的中药材，对改善人体健康状况起到了重要作用。

　　我国的淡水珍珠生产，自上世纪五十年代末取得成功以来，经过半个多世纪的发展，经历了一个艰难曲折的发展历程，有成绩，有经验，更有教训。经过一次次调整、提高、前进，我国的淡水珍珠生产已逐步走向成熟，趋于稳定，取得了举世瞩目的好成绩，珍珠的最高年产量曾达 2000 吨左右，最近几年仍保持 1200 吨左右高水平。我国已成为世界上珍珠生产、出口的大国，其产量占世界珍珠总产量的 80%以上。珍珠的生产、加工，已成为我国农村的一个重要产业，在发展农村经济、帮助农民致富上起到了重要作用。

　　我国珍珠产业发展到今天非常不易。一是我国珍珠产业目前已初步形成养、加、销一体化的产业体系，正处于不断提高产品质量的重要阶段。二是我国珍珠产业的从业者绝大部分是农民，几十年来完完全全靠自身勤奋劳动，艰苦创业发展起来，为国家和地方发展做出了重要贡献，目前每年创产值 40 多亿元，出口近 4亿美元，从业人员近 20 万人。三是我国珍珠养殖已步入科学化、标准化、正规化的发展道路，环保型立体生态养殖正在全国推广。

　　随着我国国民经济的迅速发展和人民生活水平的不断提高，珍珠装饰品和工艺品的消费需求将会出现一个新的高潮。随着上海自贸区的建立，珍珠及其工艺品的出口将会更加便捷通畅，出口量也会有一个新的增长。当前，我们要十分珍惜这一大好机遇，继续采取有力措施，严格控制珍珠总量增长，进一步提高珍珠质量，大力发展珍珠及其副产品的加工业，不断升拓国内外珍珠市场，真正成为世界上名副其实的珍珠生产出口大国。

2005 年以来，浙江、安徽、湖北、湖南等珍珠主产区，先后出台针对珍珠养殖的禁养限养政策，严禁在饮用水资源保护区、风景区和大型湖库中养殖珍珠，对精养池、池塘养殖珍珠不再新增面积，并对现有水面养殖密度进行了限制。珍珠挂养密度从目前普遍的每 667 平方米 800~1000 只，改进为每 667 平方米 500~700 只。一方面，限养禁养令使得珍珠养殖新增的水面将会减少，有效削减珍珠养殖的产量；另一方面，限养禁养令将保护急需改善的水资源。

中国珍珠养殖产量大、品质低的产业特征必须进行调整。因此，珍珠的"限养禁养"，符合"控制数量、提高质量"的发展要求。随着政府限养禁养令的出台，将规范主要珍珠养殖集聚区的珍珠养殖，建立起"资源节约型、环境友好型"的珍珠养殖模式，中国珍珠产业将改变以产量为主的盲目扩张，代之以提高质量和附加值，更加注重环境保护与产业发展的协调统一。

珍珠蚌是一种滤食性水生动物，其食物通过过滤水中的有机生物而获取，本身对水体能起到净化作用，是可以抑制和防止水体污染的。大量的研究表明，珍珠蚌养殖本身不仅无污染，反而能降低污染。目前利用贝类作为生态修复工具物种进行控藻已成为学术界共识，并在国内外渔业水域修复过程中得到广泛应用。

为了适应当前我国淡水珍珠生产中提高质量的需要，满足广大珍珠养殖户和加工企业学习新技术的需求，我们在总结淡水珍珠生产发展经验的基础上，查阅参考了国内外技术资料，编写了本书。该书不仅可供广大珍珠养殖户和加工企业学习参考用，而且也适合水产科技工作者、水产院校师生和科研院所研究人员参考。希望通过本书的出版发行，能为我国淡水珍珠产业的提升起到一定的推动作用。

由于编者水平所限，本书的不足和不妥之处，殷切希望广大读者提出批评和建议，以便再版时加以更正和充实。

编著者

2014 年 3 月

目　录

第一章　中国珍珠养殖业现状与发展趋势

内容提要：珍珠的概念；我国现代珍珠养殖产业的发展；我国珍珠养殖产业存在的主要问题；珍珠养殖产业进一步发展的对策研究；中国珍珠产业如何走出金融危机的阴影。

珍珠产业是我国极具优势的民族产业，我国珍珠历来以其细腻凝重、洁润浑圆、瑰丽多彩而驰名中外。我国现代珍珠养殖产业，开始于 20 世纪五六十年代，规模不断壮大。

第一节　珍珠的概念

一、珍珠是一种名贵的有机宝石

珍珠在英语中叫 pearl，源于拉丁语 pernnla。珍珠的另一个名字是 margarite，由古代波斯语衍生而来，意为"大海之子"。珍珠并非是天然宝石，当外来异物偶入某些蚌贝中且未能排除时，蚌贝细胞膜就会分泌出珍珠质液，将外来异物一层层地不断包裹起来，久而成珠。据地质学家考证，远在距今 2 亿年前的三叠纪时代，贝类开始繁衍后就有珍珠生成了。

二、珍珠是人类最早利用的珠宝之一

珍珠历来被视作奇珍至宝，与璧玉并重，是人类最早利用的珠

宝之一。从珠蚌中取出品形优良的珍珠，无须加工，即可直接成为珍贵的装饰品，这是珍珠与其他宝石最大的区别。

《圣经》的开篇"创世纪"中记载，从伊甸园流出的比逊河，"在那里有珍珠和玛瑙"。据《法华经》、《阿弥陀经》等记载，珍珠是"佛家七宝"之一。

我国是世界上最早利用珍珠的国家之一，远在大禹时代，就将南海"玑珠大贝"作为贡品；早在春秋战国时期，我们的祖先便使用珍珠作为饰品。千百年来，珍珠的光辉闪烁在帝王的皇冠（彩图1）、贵妇的装饰（彩图2）、佛像的宝座（彩图3）上。

三、珍珠的产出

早期珍珠是人类偶然拾宝而享有，随着社会对珍珠需求的上升，人类开始有意识地生产珍珠。据记载，我国明朝1488—1565年间，产珠2.8万两（折合现在800千克）。

珍珠产出方式有天然采集与人工养殖。天然蚌的出珠率仅万分之一，天然采集的产出有限。珍珠产出环境有海水与淡水，海水中的贝类生产的珍珠叫海水珠（或海珠、盐水珠），主要产于马氏珠母贝、白蝶贝、黑蝶贝中；淡水中的蚌类生产的珍珠叫淡水珠（产出在江河中的叫河珠，在湖泊中的叫湖珠），主要产于三角帆蚌中。这样，珍珠可分为四大类，即海水天然珠、淡水天然珠、海水养殖珠和淡水养殖珠。

天然珍珠极少，目前大部分所谓珍珠都是养殖珍珠，同时培育出珠态优美的象形浮雕、十字架等奇特型珍珠。由于不是所有的贝（蚌）类都能生产珍珠，人类始终在探索育珠蚌的遗传改良和新品种培育。

四、珍珠的意义

古往今来，面对珍珠的珍稀，全人类在享有和欣赏珍珠的过程中，形成了珍珠文化和价值观。珍珠象征纯真、完美、尊贵和权威，同时人类以珍珠为幸福、平安、吉祥、喜庆。

当前，珍珠饰品加工技术越来越精，既可以单独做成饰品，又可以和各种宝石及贵金属匹配，镶嵌成各式各样的名贵饰品。珍珠镶金配宝石，相得益彰，高贵、纯洁和典雅，令人爱不释手，日益受到大众特别是青年女性的青睐。珍珠除制作成饰物外，还可入药（图1-1）以及加工成保健品。在珍珠市场上，珍

图1-1　珍珠入药

珠应用范围很广，表现为饰品、美容品、保健品、药品，乃至食品等各类商品。

第二节　我国现代珍珠养殖产业的发展

　　由于天然珍珠比较少，目前有条件的国家都在开展珍珠养殖。现代珍珠养殖产业包括母蚌选择、亲蚌繁殖、幼蚌培育、人工插核、珠蚌养殖和剖蚌取珠等环节。中国现代珍珠养殖产业发展很快，经历多次起伏和曲折，逐渐步入正轨。通过不断延伸珍珠的产业链，发展势头日趋上升，为农民增收、国家出口创汇开辟了新的渠道。

一、我国的淡水珍珠养殖产业

（一）淡水珍珠养殖产业的发展

　　自1958年，由当时的湛江水产专科学校和上海水产学院试养淡水珍珠分别获得成功以来，我国的淡水珍珠养殖产业逐步形成，发展很快。江苏与浙江分别于1967年和1968年孕育出第一批中国淡水珠，逐渐形成中国江苏与浙江两大珍珠养殖产地。

　　20世纪70年代后期，经济体制的改变以及国际珍珠市场的需求，有力地推动了中国淡水珍珠养殖产业发展。80年代初期，三角帆蚌人工种苗培育成功，借助于繁蚌技术的突破，中国淡水珍

珠产量大幅增长，到 80 年代后期，淡水珍珠产量突破 300 吨。珍珠产业的发展推动了两个市场的发展，一个是年成交额 10 亿元的渭塘中国珍珠城；另一个是年成交额 20 亿元的浙江诸暨市山下湖镇珍珠市场。

根据我国渔业统计年鉴，我国淡水珍珠养殖产业从 1958 年开始，经历了 4 个发展时期，生产数量不断上升到新的发展台阶（表 1－1、图 1－2、图 1－3）。

表 1－1　我国淡水珍珠发展时期

我国淡水珍珠 发展时期	年平均产量/ 吨	年平均增长/ %	时期长/ 年	淡水珍珠 发展特征
1958—1971 （试养淡水珍珠）	3.50	—	14	产量很少
1972—1983 （第一发展台阶）	27.53	22.44	12	迅速发展
1984—1993 （第二发展台阶）	313.05	13.91	10	中速发展
1994—2001 （第三发展台阶）	1 753.71	—	8	平稳发展
2002—2011 （第三台阶延伸）	4 073.00	—	10	统计重复

注：数据来自历年我国渔业统计年鉴。

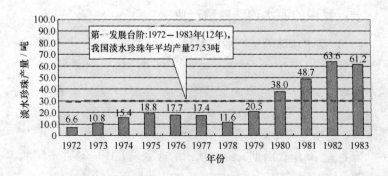

图 1－2　1972—1983 年我国淡水珍珠产量

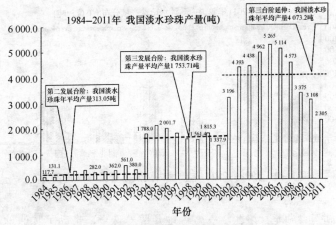

1984—2011年 我国淡水珍珠产量(吨)

图 1-3 1984—2011 年我国淡水珍珠产量

必须注意的是，由于种种原因，浙江与江苏两地 50% 以上的淡水珍珠养殖规模在 10 亩①以内，以小山塘、田间塘等自然水体为主。2002 年以来，浙江与江苏两地渔民纷纷交叉跨省承包水面，进行大面积的珍珠养殖，然后由江浙两地承包户将产品集中运入浙江诸暨和江苏渭塘等市场。由于我国水产品统计是以省为独立统计单位，跨省生产使得重复统计现象严重。所以，2002 年以来产量并没有上第四发展台阶，只是第三发展台阶的延伸。2010 年起，我国渔业统计正在克服珍珠产量重复统计的现象。

（二）我国淡水珠养殖的分布

业界认为，浙江诸暨和江苏渭塘珍珠养殖，起步于 20 世纪 70 年代。1999 年浙江省约有 12 000 个淡水珠养殖户，江苏省的数目更多，约有 15 000 个，但是养殖户的平均养殖规模一般较浙江为小。1998—2002 年我国内陆淡水珍珠养殖产量分布如图 1-4 所示。主要生产地区为江苏、浙江、安徽。其他是湖南、湖北、江西、福建、广东等。浙江、江苏两省产量占全国淡水珠总产量的 80% 以上。

目前，江、浙二省工业发展很快，由于水质等原因，不少养殖

---

① 亩为我国非法定计量单位，1 亩 ≈666.7 平方米，1 公顷 =15 亩，以下同。

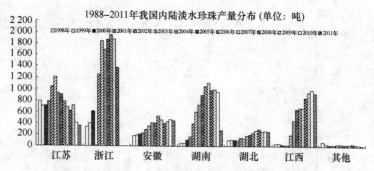

图 1 - 4　1998—2011 年我国内陆淡水养殖珍珠产量分布

户到湖南、湖北、江西、安徽等地开辟养珠场，带动了其他地区淡水珍珠养殖产业的发展。下面是各地养殖情况的概况。

1. 浙江省

浙江省珍珠养殖区域主要集中在诸暨、兰溪、萧山、婺城、富阳、宁海、温岭、龙游等市县。浙江省诸暨市珍珠养殖水面主要在山下湖、白塔湖等，最多时达七八万亩。因为水质等问题，诸暨养殖水面逐步减少。目前，4 万亩在诸暨市域，25 万亩在市外，如江苏、湖南、湖北、江西、安徽、福建、广西等地，作为诸暨珍珠养殖龙头企业的生产基地。

浙江省龙游县塔石镇，珍珠养殖面积达 1 万余亩。因当地淡水面积有限，加上种粮面积扩大，承包费用上涨，增加了珍珠养殖成本。该镇珍珠养殖大户除了当地养殖，开始跨省市包水面养珍珠，例如承包湖南省常德市 230 亩；湖南省岳阳市华容县 500 亩，安徽省芜湖市 300 亩等。

2. 江苏省

江苏省珍珠养殖重点在苏州太湖等一带。苏州联合珍珠养殖有限公司是香港长青企业旗下，联合香港 10 多家著名珍珠贸易公司的外商独资企业，目前有养殖面积 3 000 余亩，所产珍珠供应香港公司，同时收购当地优质珍珠。

苏州市亚东珍珠养殖有限公司成立于 1994 年，总部位于苏州市相城区渭塘镇西。公司在太湖地区有 3 000 多亩水塘用来养殖珍珠，为开拓国内市场，公司已在北京、上海等地设立批发与零售点。产品源源不断出口销往中国香港、日本、印度、美国、欧洲等国家和地区。

南京市六合区是重要的珍珠养殖区，全县养殖育珠蚌面积达1万亩。江苏常州市武进地区也是重要的珍珠产区，近年共繁育珠蚌5.7亿只。

3. 江西省

江西先后在鄱阳湖滨的新建、南昌、进贤等地，建立了110多个人工育珠基地。对比我国五大淡水湖，江西省鄱阳湖产的三角帆蚌种质最好，加上目前江西引进日本池蝶蚌新品种，淡水珍珠养殖有了进一步的发展。

江西鄱阳湖畔的都昌县珍珠养殖历史悠久。从20世纪60年代起，该县周溪镇就开始河蚌育珠，进入20世纪90年代中期，珍珠生产已从周溪发展到西源、杭桥、南峰、芗溪、中馆、多宝、左里、万户8个乡镇。2003年，该县珍珠养殖户发展到420户，养殖面积达到2万亩，珍珠养殖产业发展势头强劲。

4. 湖南省

湖南省洞庭湖养蚌资源丰富，近10年来，湖区养殖户到江浙遍取"珠"经，攻克了优良种蚌繁育技术，探索出高效养殖模式。湖南省珍珠养殖水面已达50多万亩，安乡、汉寿、鼎城、沅江等地珍珠养殖规模迅速扩大。

珍珠养殖是洞庭水殖（现太湖股份）上市公司的主导产业之一，该公司建立了我国第一家省级三角帆蚌良种场，为珍珠产业的发展奠定了良好的基础。湖南顺祥珍珠养殖场所产珍珠色泽光亮，其养殖规模近年来不断扩大，现在淡水养殖面积达1 000亩，年产珍珠超过5 000千克。

5. 安徽省

珍珠是安徽贵池又一特色水产品，拥有象形珍珠、有核珍珠、无核珍珠等多个产品，水好珠美驰名海内外。目前，贵池已建立安徽省最大的幼蚌繁殖基地，年繁殖幼蚌3亿余只，全区珍珠养殖面积近2万亩，吊养手术蚌1 400万只。养蚌带动插蚌技工队伍的崛起，全市来自江、浙、赣、湘、闽等地的插蚌技工近千人，年劳务收入丰厚。安徽省无为县曾是盛极一时的珍珠之乡，目前，全县三角帆蚌人工繁育点达70多处，育珠水面2万亩。

二、我国的海水珍珠养殖产业

我国南海沿海所产的海水珍珠驰名中外，在世界上被称为"南珠"，是一个宝贵的养殖品种。北海合浦是中国最早的海上丝绸之路始发港之一，通过海上丝路，南珠扬名海内外，在国际市场赢得了"东珠不如西珠，西珠不如南珠"的美誉。

（一）海水珍珠养殖产业的发展

1958年北海育出第一颗人工养殖海珠。1961年在北部湾畔建成了我国第一个人工海水珍珠养殖场，此后建立广西合浦、防城、北海3个海水珍珠养殖场。1962年马氏珍珠贝植核技术获得成功；1965年中国科学院南海海洋研究所研究马氏珍珠贝人工孵化成功。

我国海水珍珠养殖经历了4个时期（表1-2、图1-5），生产数量不断上升。其中，1984—1995年是快速上升期，产量从200千克迅速上升到27 232千克，年平均增长速度54.5%。1996年广西北海建成了"中国南珠城"。1996—2007年，产量波动而有力地发展，我国海水珍珠养殖基本保持了30吨的稳定产量。2008—2011年，我国海水珍珠养殖产量下降，进入下行调整期。

表1-2 我国海水珍珠发展时期

我国海水珍珠发展时期	年平均产量/千克	年平均增长/%	时期长/年	海水珍珠发展特征
1958—1971（试养海水珍珠期）	10.00	—	14	产量少，价格高
1972—1983（低下水平期）	175.41	—	12	平稳发展
1984—1995（快速上升期）	10 000.00	54.5	12	快速发展
1996—2007（高位波动期）	32 656	—	12	波动发展
2008—2011（下行调整期）	15 996.75	—	4年且延续至今	调整发展

注：数据来自历年我国渔业统计年鉴。

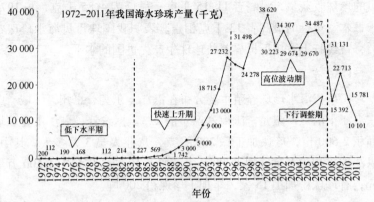

图1-5　我国海水珍珠产量

2004年11月4日，国家质检总局发布公告，宣布对北海合浦南珠实施原产地域保护。这使南珠这一著名品牌被纳入国家强制性保护的法律轨道，为北海南珠的扬名和发展提供了有力保障。

（二）我国海水珠养殖的分布

海水珍珠母贝是热带、亚热带软体动物，海水珍珠养殖范围主要在我国广东、广西以及海南地区，统属南珠家族，以马氏珠母贝产量最大。1998年山东地区曾经有3 000千克产量（图1-6）。

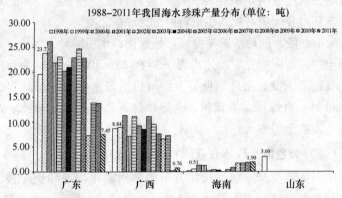

图1-6　我国海水养殖珍珠产量分布（1998—2011年）

海水珍珠的收获量，一般是以1万个育珠贝收获珍珠量多少来表示。我国广东湛江、广西合浦等地，1970—1978年1万个育珠贝的珍珠收获量，最高者 11. 15 千克，最低为 4. 85 千克，与 1974 年日本三重县的最高者 13 千克相当。表明我国珠母贝海水珍珠养殖，曾经赶上或接近世界养殖珍珠生产先进国的水平。

1. 广东省

广东省海水珍珠养殖主要分布在湛江、东莞、惠州等区域。广东湛江市海珠产量是全国海珠产量的 2/3。据统计，湛江市育珠场面积 2 600 亩，珍珠加工厂 200 多家，从业人员 3 万多人。其中，湛江市雷州市有首饰加工 98 家，年加工 10 吨，年创汇 1 500 万美元；有珍珠粉加工 15 家，年加工珍珠粉 200 吨。

2. 广西壮族自治区

广西壮族自治区的海水珍珠重点发展地区包括合浦、北海、防城、钦州等。广西沿海分布可养殖海水珍珠面积达数万公顷。例如海水珍珠主产地合浦营盘和防城珍珠港，两地可养殖面积为 0. 47 万公顷，其中可供近期开发的最佳面积有 500 公顷左右。

3. 海南省

海南岛是世界上珍珠贝资源最丰富的区域之一。海南的极品珍珠多出自三亚、陵水一带。1970 年海南陵水黎族自治县海陵珍珠养殖场，从三亚失炉港捞回黑蝶贝进行首次插核试验，第二年即成功，获得我国第一批人工培育的黑珍珠。

海南岛陵水的珍珠养殖海域环境最优，水质清澈无污染，浮游生物丰富，盐度稳定，海水温度一般在 20 ~ 30℃ 之间，为珍珠贝的生长提供了良好条件。世界上经济价值最高的 4 种珍珠贝（马氏珠母贝、白蝶贝、黑蝶贝、企鹅珍珠贝）都有一定分布，海南珍珠的发展潜力很大。

（三）彩色海水珍珠在我国首次培育成功

国内外不少专家曾尝试用养殖的方法或用物理和化学技术处理产出彩色珍珠，但由于色泽易褪色，产品不上档次，价格低廉。

2002 年 11 月，经过 10 年试验的海水彩色珍珠在北海市问世，填补了我国彩色海水珍珠开发的空白，增加了南珠的花色品种。当年北海市珍源海洋生物有限公司首次培育出少量彩色海水珍珠，立即被意大利珠宝商人以300元一粒的高价买走了一批，其价值比同样大小的传统南珠高出了十几倍。

彩色海水珍珠是采用自行研发的生物技术培育出来的，已通过广西科技厅的鉴定，直径可达5.5~8毫米。由于这种珍珠的颜色是在珍珠贝蛋白分泌过程中自然形成的，因此不会消退（彩图4）。目前已可以根据需要，定向培育玫瑰红、翡翠绿、海水蓝等颜色的彩色海水珍珠，控色率达100%。除了保持传统南珠的诸多优点外，在色泽艳丽和光亮夺目方面超过了传统南珠，将大大促进南珠产品的升级换代，提高南珠在国际市场上的竞争力。

经过十几年的珍珠试养，从1972年开始，我国珍珠养殖逐渐形成规模化生产，由于养殖技术不断提高和普及，珍珠养殖产业发展强劲，促进了产量不断提高。综合分析中国宝玉石协会等各种调查，2008年全球海水珍珠产量约75.6吨，中国占29.7吨；2008年全球淡水珍珠产量约1 880吨，中国淡水珍珠产量约达1 800吨。中国珍珠总产量约占世界珍珠总产量的95%，中国珍珠把昔日"世界第一产珠国"日本远远抛在后面。

第三节　我国珍珠养殖产业存在的主要问题

由于养殖珍珠投资小、收益高，又较易掌握基本技术，且可同时进行鱼蚌混养，所以特别适合于乡村集体和个体专业户养殖。但是这种众塘众养的局面，使我国珍珠养殖产业投入成本不高，产业从业人员整体素质偏低，问题不少。

一、育珠蚌的种质退化严重

目前，我国用于淡水珍珠养殖的三角帆蚌都是野生种直接利用，没有经过选育，母蚌个体较小。同时，由于多代繁殖，造成性成熟提早，母蚌个体偏小，品质退化，后代生长缓慢，抗病能力差。无论是淡水珍珠养殖还是海水珍珠养殖，瘦弱母贝是无法培育大珠好珠的，因此种质退化将严重影响我国珍珠养殖的发展后劲。

二、珍珠养殖水域和环境受到污染

珍珠养殖在有限水域过度开发，笼具密置，水流不畅，大量珠贝排泄物沉淀，造成水质和水文等因子不同程度的恶化，加上当地环境和水域污染，致使病害问题严重，珍珠质量和产量都有不同程度的下降。如果环境得不到有效控制，珍珠养殖产业将不可持续。

三、盲目缩短育珠养殖周期

通常由于暂时生产供不应求，购销行情活跃，珍珠价格一时居高不下，于是珍珠养殖者急功近利，不重视技术进步，导致盲目追求产量，缩短育珠周期，珍珠产品质量下降。例如海水珍珠育珠周期，通常采用当年 2 月插核而当年 10 月后即收珠，造成珠层厚度普遍达不到国家规定"珠宝级珍珠"0.3 毫米以上的标准。

四、养殖密度超限

部分养殖水域放养量没有限制，放养密度过大。例如有"南珠之乡"美誉的广西北海市营盘海域，珍珠养殖场连绵成片，平均每平方米密集养殖珠贝近 200 个，而按浮游生物量测量，只能提供 27 个珠贝的营养需求。超密度养殖，使插核的母贝越来越小，造成珍珠颗粒小，珠层薄，瑕疵多，产出的珍珠质量越来越差。

五、养殖风险较大

高品质珍珠养殖对珠母贝的品质和插核技术要求越来越高，同时养殖周期较长。由于各地的技术水平相差悬殊，造成珍珠单产相差很大、质量参差不齐，珍珠养殖产业整体发展不平衡。由于技术推广不够，珠母贝死亡率较高，病害问题尚待解决，这些对珠农来说是不小的风险，致使很多珠农转向了对虾、鱼苗等周期短、收益大、风险小的项目。

六、劣质珍珠充斥市场

在珍珠养殖产量大增的情况下，大量劣质珍珠充斥市场。据浙江省珍珠协会介绍，上档次的淡水珍珠很少，浙江省市场上大约80%的珍珠都属于中低档珍珠，对市场价格有极大冲击。为此，他们建议进行低档珍珠的集中囤积，禁止其进入市场流通，保护正常的价格，以提高珍珠产业的整体形象。中低档珍珠只有 100 元/千克，减少其一半的产量，产值影响不会很大，但是对资源的保护具有很大的意义。

第四节　珍珠养殖产业进一步发展的对策研究

中国珍珠养殖产业要改变有"名"无"利"的状况，必须尽快走上规范化的道路，在全国有限的养殖水域，推进我国珍珠养殖产业向"高产、优质、高效"方向发展。

一、繁育和应用优质育珠母蚌

近年来，国内外通过新技术的开发和应用，使得育珠母蚌育珠率提高、成珠颗粒加大。例如上海海洋大学和浙江七大洲珠宝有限公司、浙江诸暨王家井珍珠养殖场、浙江省金华市威旺养殖新技术有限公司等单位合作，开展了"我国五大湖三角帆蚌优异种质评价和筛选"、"三角帆蚌和池蝶蚌杂交优势利用技术"、"三角帆蚌分子标记辅助抗病育种与种质创新"等项目的合作，筛选出鄱阳湖品系三角帆蚌和池蝶蚌（♀）× 三角帆蚌（♂）杂交种，淡水珍珠蚌养殖成活率、大规格珍珠（彩图 5）产出率大幅度提高，带动了整个淡水珍珠产业的发展。

一个良种，可以带来一个新产业，形成上百万吨的产量和相关的社会效益及经济效益。而一个劣种，则能败坏一个产业，并带来一系列社会及经济问题。我国必须继续认真开展珍珠蚌优良新品种的培育，在全国范围推广及应用优质珠蚌，提高珍珠产出效率。

二、加强育珠产品的综合利用

珍珠养殖在最终剖取珍珠后,将留下大量的蚌肉和蚌壳等下脚料。只有综合利用,才能提高珍珠养殖业的经济效益。由于珠蚌长了多年,其肉质老而口感不好,但蛋白质等营养成分丰富,取珠后的蚌肉可考虑制成肉粉,作为饲料。诸暨有极为壮观的特景,那就是一路堆积如山的蚌壳,正在谋划烧制石灰等利用方法。同时,在浙江等地大量低档珍珠被集中囤积储存,这些珍珠也应该在化妆品及保健品方面得到合理开发利用。因此,思考和研究珠蚌取珠后的综合利用手段,以及低档珍珠合理利用的方法是十分必要的。

三、保护养殖水域环境

20 世纪 70 年代,日本珍珠养殖产业进入低谷,从此一蹶不振,主要原因就是海水、湖水严重污染,导致品质和产量下降。必须牢记这个教训。我国必须认真贯彻落实《全国生态环境保护纲要》,有效地保护水域环境,改善养殖环境。必须控制养殖密度和数量,避免超出水域承受能力,避免水域污染,才能保证珍珠生产的正常进行,进一步提高养殖珍珠质量。

四、提高和控制珍珠的质量

质量是珍珠产业的生命和基石。应舍弃"薄利多销"的传统观念,加强与有关部门合作,控制和提高原珠质量,提高优质珍珠的比例,避免大量劣质珠的出现。2004 年 3 月,国家《养殖珍珠分级国家标准》颁布施行,开始有强制性的珍珠质量标志。坚持珍珠产品标准,将使得珍珠合理分级,避免珍珠以次充好、虚标价格和市场混乱的现象。例如海水珍珠质量好坏的主要因素是珠层厚度,非行家不能用肉眼判断,使它极易造成价格欺诈。针对各类珍珠品质鉴定的市场需求,必须开发可操作的鉴定标准和检验方法。

五、重视科技投入和科技推广

我国珍珠的养殖规模急剧扩大，但是高品质珍珠的产出仍徘徊在10%左右，而珍宝级珍珠的产出不足2%。因此，当前的迫切任务是要不断地加强科技投入，提高整个珍珠养殖产业的科技水平。

要加强科技指导，在珠民中形成"钻研技术、讲究质量"的好风气，形成珍珠养殖标准技术体系，改变珠农基本凭借简单经验养殖，忽视插核环境卫生和养殖过程护理的不规范行为，使我国珍珠生产向良性循环方向发展。要有计划地通过珍珠行业协会或者地方政府的协调，对珍珠养殖者进行轮训，提高经营者素质，解决产业人才资源缺乏问题。

六、加快珍珠研究机构的建设

我国应有计划地发展珍珠科研和技术创新机构，尽快建立科技研发中心，加强基础研究，加强与日本、中国香港等世界一流的专业研究机构密切合作和共同开发，积极引进世界一流的先进技术和先进经验。我国相关科技人员，要积极开发有自主知识产权的珍珠养殖核心技术，培育新品种，提高人工育珠技术水平，开发蚌病防治新技术，促进我国珍珠养殖技术体系的进一步完善与成熟。

七、推进珍珠产业化建设

珍珠从养殖、加工到销售各环节，许多因素都直接影响价格构成和珍珠产业的效益。产业化将提高组织能力，通过一体化经营形式，把珍珠产业的产前、产中、产后融为一体，将那些分散的养殖户联合起来，提高产业内部的管理水平和能力，提高抵御市场风险的能力。

通过我国珍珠产业化的推进，加强珍珠产业的品牌建设，充分发挥行业协会作用，才能统一长远养殖规划，提高育珠技术水平。

同时，努力延伸珍珠的后续产业，从发展精深加工入手，改善珍珠加工饰品的工艺和样式，提高珍珠的附加值，让中国由珍珠产量大国转成珍珠产业大国。

第五节　中国珍珠产业如何走出金融危机的阴影

2007 年下半年起，美国次贷危机等影响逐步蔓延，直到 2008 年 9 月引发世界金融危机，使全球经济发展面临严峻挑战。已深深融入世界经济一体化格局的中国经济也无法完全置身事外。危机对中国珍珠及其饰品行业造成了较大的冲击。中国珍珠产业在金融危机前提下谋求更好的生存和发展，已经成为一个迫在眉睫的课题。

一、金融危机影响中国珍珠产业的生存环境

美国华尔街动荡爆发的世界金融危机还没有见底，美国、欧洲、日本等主要经济体的经济衰退仍在延续，国外金融机构的"惜贷"及信用危机恶化了珍珠及其饰品经营商的融资环境，导致珍珠及其饰品经营商贷款难，资金周转不灵，甚至被迫关门歇业。国外消费者对未来的经济前景、收入、物价等经济指标持悲观态度，对包括中国在内的世界经济和贸易产生了重大影响。高档产品市场消费压抑而无力，使得中国珍珠整体产业链的生存环境恶化，同时明显地伤害中国珍珠养殖业的正常发展。

（一）金融危机造成中国珍珠企业出口订单减少

这场金融危机导致美国、欧盟、日本等国外市场低迷，使消费者对珍珠及其饰品消费需求减弱，消费支出减少。对中国许多珍珠出口企业而言，遇到了出口订单减少、货款回收困难、市场受到挤压等新的问题。由于中国珍珠年产量依然巨大，为了适应市场变化，必须收缩当前中国珍珠养殖的规模，这也是今后一段时间内企业面对的共同难题。

（二）金融危机加大了中国珍珠企业的出口风险

中国珍珠及其饰品的出口企业在与美国等进口公司交易时，对

方因资金周转困难，延长付款时间的现象开始频繁出现。更有甚者，因为资金链断裂造成美国等进口方公司的破产，使国内出口企业货款无法收回，出口企业坏账数量急剧增加。中国出口信用保险公司的数据表明，2008年上半年，中国企业出口美国的报损案件及报损金额比2007年同期增长数倍。金融危机加大了中国珍珠企业的出口风险，同时这种风险将波及中国珍珠养殖业。

（三）中国珍珠出口的增速明显下降

金融风暴的后续效应使得全球经济发展放缓，国外需求将会继续减弱。根据海关统计数据，2008年1—7月份期间，虽然中国珍珠出口与2007年同期相比增长2.59%，但是拿2007年较2006年同比增幅相比，珍珠出口增速明显下降。同时，中国珍珠及其饰品行业出口减速，使得国内珍珠产业劳动力的需求减少。

（四）企业珍珠外贸加工利润无明显增长

出口企业收取的加工费用都是以美元或者港元结算的，支付给工人的工资却是以人民币计算。金融危机使得人民币持续升值，进一步对企业的经营成本造成较大的影响。由于中国珍珠及其饰品企业交易环境变差，珍珠产品价格下跌、管理成本增加、资金回流困难等原因，出口的成本上涨，加工收入减少，珍珠外贸加工利润无明显增长。

二、金融危机将直接冲击中国珍珠养殖产业"高产低值"的格局

（一）中国珍珠行业"高产低值"发展的原因

多年来，中国珍珠产业未能彻底走出粗放型的发展之路，高产低值或者量大质差，造成珍珠产量和产值严重不匹配，揭示了中国珍珠行业的"隐痛"。分析原因如下。

（1）中国珍珠产业"重数量轻质量"　由于中国珍珠养殖科技含量较低，造成养殖珍珠的整体品质不高，珠宝级珍珠的比例低。目前，我国珍珠年产量超过1 800吨，其中海水珍珠产量约30吨，但珠宝级珍珠大约100吨，不到珍珠总产量的10%。由于品

质不高,尽管中国珍珠总产量占世界珍珠产量90%以上,但产值却只占世界总产值的12%。

(2) 没有做好下游产业的增值 中国主要处于珍珠产业链的最上游,仅提供原珠(彩图6)和简单的加工品,因此产品的附加值低;目前淡水珍珠年出口量占淡水珍珠年产量的40%~50%,大约700吨,其中出口原珠和粗加工珠600吨,即附加值低的珍珠占总出口量的85%以上。尽管中国出口的珍珠品质有了提高,但2007年中国珍珠出口平均单价仅264.5美元/千克,远低于法属波利尼西亚"大溪地"珍珠(彩图7)出口价格的10 000美元/千克,显示中国珍珠品质总体不高。

(3) 没有能控制珍珠的销售渠道 虽然中国原珠和珍珠饰品的出口量已经占到全球贸易总量的90%以上,但是大部分是以珍珠串等半成品(彩图8)的方式经由中国香港深加工或者分销到全球。珍珠饰品的高附加值部分,全部进入境外商人的口袋。

(二) 金融危机直接冲击中国珍珠养殖产业粗放型的发展之路

珍珠的主要消费地是日本和欧美发达国家,这决定了当前中国的珍珠产业仍然是以外向型为导向的生产和加工。

金融危机给我国珍珠产业的教训是发达国家也有经济发展困难的问题,从而造成资金短缺、市场萎缩。目前,中国淡水珍珠年出口量通常占淡水珍珠年产量的一半,很显然,在经济萎缩的形势下,发达国家市场将很难容纳中国珍珠的巨大产出引发的大量出口。

应该意识到发达国家主要是高档珍珠市场,不可能适应中国大量低档珍珠的入市。事实上,发达国家的珍珠市场,无论是淡水珠还是海水珠,高档珍珠缺口量依然很大。珠宝级的珍珠在国际市场上每年需求高达200吨,远高于目前的产能。

(三) 各地出台"限养禁养"珍珠的政府令,符合金融危机的应对要求

2005年起,浙江、安徽、湖北、湖南等珍珠主产区,先后出台针对珍珠养殖的禁养限养政策,严禁在饮用水资源保护区、风景区和大型湖库中养殖珍珠,对精养池、池塘养殖珍珠不再新增面积，并对现有水面养殖密度进行了限制。珍珠挂养密度从目前普遍在800～1 000只/亩，改进为养殖密度在500～700只/亩。一方面，限养禁养令使得珍珠养殖新增的水面将会减少，有效削减珍珠养殖的产量；另一方面，限养禁养令将保护急需改善的水资源。

政府限养禁养令的出台，将规范主要珍珠养殖集聚区的珍珠养殖。建立起"资源节约型、环境友好型、产品安全型"的珍珠养殖模式，中国珍珠产业将改变以产量为主的盲目扩张，代之以提高质量和附加值，更加注重环境保护与产业发展的协调统一。

面对金融危机，中国珍珠养殖产量大、品质低的产业特征必须进行调整。因此，珍珠的"限养禁养"，符合"控制数量、提高质量"的发展要求，符合金融危机的应对要求。

三、金融危机的应对中，中国珍珠及其饰品产业利好的部分表现

（一）中国出口退税率提高的利好

据中国珠宝玉石首饰行业协会消息，饰品产品的退税率也在该次调整的范围中，从2009年4月1日起，饰品产品的出口退税率从5%提升到9%。出口退税率进一步提高的利好政策，将进一步减轻珍珠及其饰品出口企业面临的经营压力，对推动珍珠及其饰品外贸出口具有积极作用。

（二）珍珠产量锐减，价格将回升的利好

2006年中国珍珠养殖总产量高达1 800吨，但是价格进一步低落，产业素质需要改善。禁养限养的政策，导致中国珍珠养殖面积大幅度减少。2007年，中国珍珠养殖面积缩小至约90万亩，珍珠总产量约1 600吨。2008年，禁养限养连同严重自然灾害影响，养殖珍珠减产至1 400吨。2010年，珍珠总产量在1 000吨左右。

"量降价升"，在中国珍珠产量锐减和质量提高的作用下，珍珠产品价格回升是有很大的空间的。预计在国际市场上，中国珍珠价格会有30%～50%的涨幅，甚至更高。

（三）珍珠养殖产业科技进步的利好

最近 10 年，我国投入了大量科研经费，推进科技创新和开发，改进了育苗设施和工艺流程，提高了苗种成活率，建立了珍珠蚌种苗规模化繁育技术体系，使珍珠蚌种苗生产能力大大提高，满足淡水珍珠蚌大面积养殖的需要。建立了一批珍珠蚌种质保护基地和良种开发基地，通过对珍珠蚌的种质资源评价和筛选，获得了鄱阳湖和洞庭湖三角帆蚌品系，培育出"康乐蚌"等珍珠蚌新品种，为淡水养殖珍珠优质、高产提供了种源上的保障。

四、中国珍珠及其饰品产业进一步应对金融危机的对策

随着中国 4 万亿元投资计划和全球联合救市行动，中国珠宝首饰行业的未来总体上仍会处于积极发展状态。但是，中国珍珠及其饰品企业要清醒地认识到，美国金融危机短期内难以见底，并将进一步拖累全球经济。

这种环境中，中国珍珠产业必须加快形成共同利用外需和内需推进的产业增长格局。应对金融危机，合力共渡难关，中国珍珠及其饰品产业采取切实可行的对策措施如下。

（一）重视中国珍珠产业的"走出去"战略

通常"走出去"战略，可以在境外当地建设工厂，开工生产有关产品等，进而享受当地的优惠政策，避免外贸壁垒。当前，中国珍珠企业"走出去"的重点是控制国外珍珠资源，掌握国外珍珠市场。彻底改变国外珍珠商垄断中国珍珠收购价格，控制中国珍珠销售渠道的局面，将有效解决中国珍珠行业高产低值的"隐痛"。

要鼓励各类珍珠企业想办法"走出去"，要重视中国珍珠文化复兴与宣传，重视中国珍珠及其饰品的品牌建设与传播，寻找商机和机会。要打造企业的核心竞争力，提高研发水平和能力。同时，要不惜巨资聘请有经验的顾问，要尽量向当地的中国使领馆寻求帮助，挖掘国外市场。

（二）重视中国珍珠新产品和新市场的开发

面对金融危机，珍珠及其饰品企业必须自主创新、转型升级，推动结构调整和发展方式转变，通过转攻内贸、开发新产品和新市场等方式，积极化解国际金融危机的冲击。

此外，要积极实施出口市场多元化战略，保持中国对巴西、印度、东盟等发展中新兴市场出口的较快增长，将能够帮助中国弥补对欧美市场出口减少的部分。

政府将进一步加强政策支持，优化资源配置，积极为企业搭建科技、要素、市场等保障平台，全力为珍珠产业新产品和新市场的开发创造更加优越的环境。

（三）重视产业规范，建立产业"控制数量，提高质量"的科学发展观

随着中国对水资源环保重视程度的不断提高，各地先后发布了《关于禁养限养珍珠和规范水产养殖的意见》、《关于开展珍珠养殖专项治理行动的通知》等政策文件，将规范中国珍珠产业，有效防止中国珍珠产量的盲目增长。同时，规范珍珠及其饰品市场，避免恶性竞争，特别是价格战，建立良性竞争机制。

珍珠及其饰品行业协会要因势利导，促进企业建立"控制数量，提高质量"的产业发展观，坚持"提升产业集群，打造国际中心"的发展目标，积极搭建平台，促进优势企业的强强联合，实现产业资源整合，促进产业的良性、规范、健康发展。

（四）重视珍珠产业的科技水平

面临金融危机与生存困境，珍珠行业必须通过高校、科研院所与企业的联手，积极培养精通技术，兼具丰富实践经验的珍珠养殖人员和珍珠销售专业人员，为中国珍珠产业培养优秀管理人才和外贸业务人才。立足科学技术开发，才能克服危机，稳步提高中国珍珠产业的整体效益。

1. 新型珍珠养殖的科技开发

提倡中国珍珠养殖的"科学养殖、集约生态、优质高效"的发展新模式。通过养殖科技创新，推进珍珠养殖规模集约化

经营。

（1）开发珍珠优质高效养殖新品种和新技术　目前，珍珠优质高效养殖技术正在不断开发，逐步调整珍珠养殖战略性结构。科学养殖珍珠的理念在珍珠产业界逐步建立，开发培育产大规格优质珍珠的珍珠蚌（贝）新品种将成为新一轮珍珠养殖产业发展的主题。革新插核制片工艺，培育"淡水大规格有核珍珠"的技术成功，给世界的珍珠养殖产业带来了新的希望。

（2）开发珍珠集约化健康养殖技术　实现珍珠养殖业的科学技术革命，开发水质调控、保水渔业等关键技术，为珍珠产业倡导绿色环保、节约水土资源、增进养殖效益的养殖方式。开发持久稳定的水质生态调控技术，科学采用合理混养，珍珠蚌养殖废水达到排放标准，创建环境友好型养殖模式。例如江西省万年县在珍珠养殖过程中，与上海海洋大学水产与生命学院联合开展"鄱阳湖三角帆蚌种质资源保护研究"，收到保护资源的良好效果，同时在珍珠养殖水域环境保护方面作出了示范。

（3）珍珠养殖防灾减灾技术　蚌瘟病等珍珠养殖病虫害、洪水、冰雪寒冻等自然灾害的频繁发生，使得中国湖北、湖南、安徽、江西、江苏、浙江等地的珍珠养殖业遭到严重损失。自然灾害重创珍珠养殖，加剧了珍珠产量的下降，更重要的是严重浪费了当地的人力、物力与自然资源。因此，在控制养殖规模的同时，必须加强水生动物疫病防治、蚌病群防技术等疾病控制科技开发，针对洪水或寒冻等灾害，建立珍珠养殖的预警系统与防灾减灾系统。

2. 珍珠产品加工技术与工艺的科技开发

原珠经洗珠、抛光、漂白、挑珠、打孔、穿珠、镶嵌直到成品，每个工序都需要科技创新及应用。目前，业界不断探索珍珠色彩、光泽和亮度优化方法，珍珠增光漂白处理工艺，以及水解珍珠粉的生产工艺、纳米级珍珠制品及其制作方法、珍珠营养保健品及其制作方法、钙氮分离珍珠霜、从珍珠质中提取可溶性基质蛋白方法等，不断完善珍珠深加工工艺（图1-7），开发新产品。

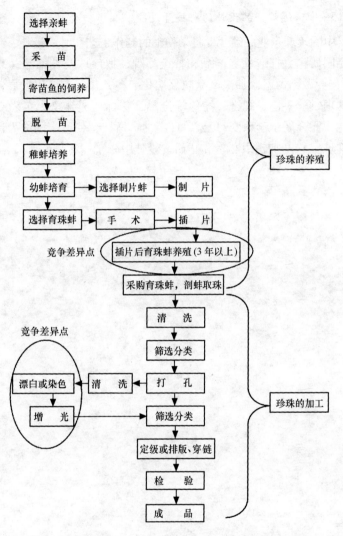

选择亲蚌

采 苗

寄苗鱼的饲养

脱 苗

稚蚌培养

幼蚌培育 → 选择制片蚌 → 制 片

选择育珠蚌 → 手 术 → 插 片

珍珠的养殖

竞争差异点 —— 插片后育珠蚌养殖(3年以上)

采购育珠蚌,剖蚌取珠

清 洗

筛选分类

竞争差异点

漂白或染色 ← 清 洗 ← 打 孔

增 光 → 筛选分类

珍珠的加工

定级或排版、穿链

检 验

成 品

图1-7 珍珠养殖、加工工艺流程

必须不断加大技术改造和自主创新力度,深入开发珍珠清洗机、烘干机、精细打孔机,以及珍珠自动化分选设备等,实现珍珠加工由传统人工作业向智能机械自动化操作的转变。

3. 珍珠终端产品设计的科技开发

中国珍珠企业必须开发科学精细的制作工艺和时尚设计，避免产品同质化，打造优势产品和特色品牌，把珍珠及其饰品（彩图9）产业做精做深。加快产品向高端化、多元化、差异化发展，使珍珠项链、手链、脚链、挂件等产品，花样让人迷醉，色彩令人遐想，充分展示珍珠变幻无穷的自然神"彩"，使得中国成为世界珍珠珠宝"产加销中心"和"研发设计中心"。

第二章 淡水育珠蚌的种类与习性

内容提要：育珠蚌的种类；淡水养殖珍珠蚌种质资源保护；淡水育珠蚌新品种——康乐蚌；育珠蚌的生态习性。

第一节 育珠蚌的种类

全世界有河蚌 200 余种，我国有 100 余种，广泛分布在江河、湖泊、池塘、沟渠等水域中。从理论上讲，一般淡水河蚌都可形成珠蚌。但一些河蚌，或因珍珠分泌能力太差，产珠量不够理想，或因其他各种不利因素而不用来育珠，实际生产中能用来养殖珍珠的河蚌只有 10 余种。目前，国内外生产上使用得最广的珍珠蚌只有三角帆蚌、褶纹冠蚌、池蝶蚌、珠母珍珠蚌等几个品种，我国育珠生产主要是前两种，日本和前苏联地区则主要使用后两种。

用于育珠的几种河蚌，资源较为丰富，手术操作方便，珍珠产量较高、质量也较上乘，尤以我国的三角帆蚌和日本的池蝶蚌为最佳育珠品种。淡水育珠蚌在动物学分类上属于软体动物门、瓣鳃纲、真瓣鳃目、蚌科。

一、三角帆蚌

（一）产地与分布

三角帆蚌（彩图 10）是我国独有的一种淡水贝类，俗名三角蚌、翼蚌、劈蚌等，简称为帆蚌。它喜栖息于较清洁的水域，主要产于大中型湖泊及河流中，我国的湖南、湖北、江西、安徽、江苏、浙江、河北、山东以及广西等地为主产区，洞庭湖、鄱阳湖、太湖、洪泽湖、邵伯湖、高宝湖、梁子湖、保安湖以及周围的河流内的三角帆蚌产量较高。目前，三角帆蚌已移到日本等国家养殖。

（二）形态特点

壳面大而扁平，壳长可达190毫米，壳高90毫米，壳宽31毫米，最大者壳长可达240毫米。壳后背缘向上扩展成三角形的帆状，是三角帆蚌区别于其他蚌的主要形态特征。它的壳面呈乳白色，有时为肉色、紫色或混合色，富有美丽的珍珠光泽。三角帆蚌具有较多优良的育珠性状，它壳质坚硬，双壳较为平整，珍珠层光洁致密，可生产出优质的珍珠。

（三）育珠特点

在天然水体的蚌生长较慢，但在人工育珠中，三角帆蚌生长速度快，1龄蚌体长可达50~70毫米，2龄蚌可达80~100毫米。因此，1~2龄的幼蚌可以进行植珠手术操作，所育珍珠生长速度也较快。成年的三角帆蚌，体长为160~200毫米，在其外套膜上往往可插植2毫米以上的大珠核，可培育出8毫米以上的大型有核珍珠。

三角帆蚌具有对育珠的生态条件要求较高、对疾病的抵抗能力较弱、对缺氧的忍耐能力不强、珍珠生长速度慢于褶纹冠蚌等不足之处。因此，在实际育珠生产中，要发挥其优良品质的作用，克服其生物学方面的不足。

二、褶纹冠蚌

（一）名称与分布

褶纹冠蚌（彩图11）俗称鸡冠蚌、湖蚌、绵蚌、水蚌等。该蚌耐污水和低氧能力较强，喜栖于较肥的水域，生活在硬底或泥沙底的河流、湖泊、沟渠等水域中。它比三角帆蚌分布广泛，在我国几乎各地都出产。日本、前苏联地区、越南也都有分布。

（二）形态特点

褶纹冠蚌属大个体淡水贝类。成年个体比三角帆蚌的同龄个体大得多。壳长可达290毫米，壳高170毫米，壳宽100毫米，最大个体壳长可达400毫米以上。它壳质较厚，且坚硬，壳后背缘向上扩展成巨大的冠，使蚌体外形略呈不等边三角形。壳面为黄褐色、黑褐色或淡青绿色；壳内面珍珠层呈乳白色、鲑白色、淡蓝色或七彩色。褶纹冠蚌1年有两次繁殖季节，分别是3—4月和10—11月。脱离鱼体而沉入水底栖息生长的幼蚌，成长两个月壳长可达10~20毫米，成长20个月壳长可达100毫米。

（三）育珠特点

褶纹冠蚌个体大，开壳宽度可达1.5厘米，便于植珠操作，成珠快。但培育的珍珠质地粗糙，形态也比不上三角帆蚌所育珍珠，多作为药材、保健品和化妆品的原料，能用做工艺珠的比例较小。同时，褶纹冠蚌外套膜上的插核性能也不佳，因其斧足肥大，伸展范围广，往往可将插核排空。但由于内脏团肥厚，可在生殖腺中插植大核；又因个体大、外套膜宽广且壳质珍珠层光亮洁白，非常适合于培育大型的佛像珠等象形珍珠。因此，育珠专家认为，我国目前的育珠领域在使用三角帆蚌育珠的同时，应合理利用褶纹冠蚌资源。

三、池蝶蚌

（一）主要形态及特点

池蝶蚌（彩图12）是日本特有的贝类，也是日本用于生产淡水珍珠的蚌源。原产于琵琶湖，最高年产量曾达409吨，目前产量为10吨左右。后移植到霞浦湖，现后者产量超过前者。

池蝶蚌最大个体壳长235毫米、高130毫米、宽58毫米。它在分类学上与我国出产的三角帆蚌同属，体形也近似于三角帆蚌，但性成熟比三角帆蚌慢1~2年，产卵季节也迟1~2个月。据日本资料记载，它的生物学最小型为壳长100~110毫米，商品规格为壳长 100～130 毫米及以上，其寿命超过 10 年。池蝶蚌壳顶较三角帆蚌低，大多顶端因剥脱而发白；幼蚌缘背后面有翼状突起，长大后即消失。壳内的珍珠层，闪着青白色的光泽。池蝶蚌喜欢生活在浅水湖泊的富有泥沙之处，其适应水温 8～30℃，最适水温 20～35℃，是淡水育珠的理想蚌种。日本用于采集池蝶蚌钩介幼虫的鱼类是从英国引进的红眼鱼。

（二）引进动态及效果

我国上海地区曾于 20 世纪 70 年代从日本引进池蝶蚌，并成功繁殖后代。为确保原种的优良性状，农业部"2003 年度国际先进农业科学技术计划"（简称"948 项目"）再次将池蝶蚌纳入从国外引进的新品种内容，并于 2004 年将池蝶蚌作为滚动项目继续引进。

2003 年 2 月 25 日，江西省科技厅召开了"池蝶蚌育珠性能及繁育技术研究"项目鉴定会，专家认为池蝶蚌的育珠性能优于三角帆蚌，具有广阔的应用前景。浙江诸暨龙飞珍珠养殖场通过育珠实践后认为，池蝶蚌育珠周期比三角帆蚌缩短 25%，产量可提高 20% 以上。诸暨市康霞珍珠养殖有限公司成功地进行了池蝶蚌与三角帆蚌的杂交，提高了珍珠品质和产量。江苏省召开的全省珍珠企业负责人和专家座谈会认为，"对于养殖两年以上的珍珠，可部分选用育珠性能优于三角帆蚌的池蝶蚌，以提高珍珠品质和经济效益"。2005 年，全国水产原种和良种审定委员会第三届第二次会议审定通过 7 个原种良种，江西省抚州市洪门水库开发公司的池蝶蚌列入其中。

四、珍珠蚌

（一）形态特点

珍珠蚌又称珠母珍珠蚌，俗称蛤蜊。因其多产天然珍珠而得名珍珠蚌。其壳大、厚而坚实，呈长椭圆形。壳长可达 180 毫米，壳高 70 毫米；壳宽 40 毫米。两壳膨大，壳面深褐色，或近黑色，并布有带光泽的斑，生活于河流及小溪中。在我国，主要分布在黑龙江、吉林等省，在大连的部分河段中也有一定数量的分布。日本和前苏联地区也有分布并均育出淡水珍珠。

（二）生态习性

珍珠蚌栖息于水质清澈透明、底质为沙或石、水较深的河流内。繁殖季节在 4—10 月。内外鳃瓣皆为育儿囊，受精卵在 4 个鳃瓣中发育成钩介幼虫。钩介幼虫很小，无钩状物。10 月脱离蚌体，寄生在鱼体上，逐渐长成幼蚌，离开鱼体，沉入水底营底栖生活。

（三）应用动态

日本北海道曾有过珍珠蚌人工培育珍珠成功的报道，且珠质良好，酷似波斯湾出产的天然海水珍珠。珍珠蚌在我国目前尚未应用于珍珠生产。专家认为，我国若用珍珠蚌作为材料人工培育珍珠，其质量不会比三角帆蚌所产珍珠差。因此，这是一种有待于开发利用的新型育珠蚌资源。

五、背角无齿蚌

背角无齿蚌（彩图13），俗名菜蚌、河蚌、蚌壳、无齿蚌等。

（一）形态特征

背角无齿蚌贝壳大型。壳长可达 190 毫米，壳高 130 毫米，壳宽 80 毫米。壳质薄，易破碎，两壳稍膨胀，外形呈稍有角突的卵圆形。壳长约为壳高的 1.5 倍，贝壳两侧不对称。幼体壳面呈黄绿色或黄褐色，成体蚌的壳面呈黑褐色或黄褐色。壳内面珍珠层呈淡蓝色、淡紫色或橙红色，在贝壳腔内常呈灰白色并长有污点。

（二）生态习性

背角无齿蚌多栖息于淤泥底质、水流略缓或净水水域内，是一种常见的种类。在我国江南地区，性腺一般在 3 月左右成熟。钩介幼虫在 4—5 月排出体外，寄生在鱼体上，逐渐发育成幼蚌而脱离鱼体，沉入水体营底栖生活。

（三）分布与育珠

背角无齿蚌为我国常见的种类，广泛分布于各省的江河、湖泊、水库、沟渠及池塘中。前苏联、日本、朝鲜、泰国、柬埔寨、印度境内也有分布。背角无齿蚌产量高,亦为淡水育珠蚌,但所产珍珠的质量次于三角帆蚌和褶纹冠蚌。由于壳面膨胀,足及内脏团较大,手术操作困难。一般只有在缺乏三角帆蚌和褶纹冠蚌的地区,才将其作为育珠蚌应用。

六、圆背角无齿蚌

圆背角无齿蚌的俗称与背角无齿蚌相同。

(一) 形态特征

圆背角无齿蚌贝壳大型。壳长可达 180 毫米,壳高 115 毫米,壳宽 65 毫米。壳质薄,易破碎,两壳极膨胀,外形呈有角突的卵圆形。壳前部短,后部长,呈斜切形。幼壳常具有由壳顶射向腹缘的多条绿色色带。壳内面珍珠层呈淡蓝色、淡紫色或橙红色,珍珠层薄,光泽暗。外套膜不明显。铰合部弱,无齿。

(二) 生态习性

圆背角无齿蚌的生态习性基本上与背角无齿蚌相同。

(三) 分布与育珠

目前已知圆背角无齿蚌分布于我国黑龙江、辽宁、河北、河南、山东、浙江、江苏、江西、湖北、湖南等省。前苏联、日本、泰国境内也有分布。圆背角无齿蚌亦为淡水育珠蚌。虽然手术操作较为困难,但蚌源丰富,池塘、湖泊常有栖息。因此,在优良珍珠缺少地区,可用来育珠。育出的珠质量与背角无齿蚌育出的珍珠相似。

七、背瘤丽蚌和猪耳丽蚌

(一) 背瘤丽蚌

背瘤丽蚌(彩图 14)壳厚而不大,呈椭圆形,铰合齿发达,壳面粗糙具瘤状结节,成珠迅速,多产白色系珍珠,珠质稍差。可作为有核珍珠的珠核。

(二) 猪耳丽蚌

猪耳丽蚌,又名猪耳朵、牛角蚌。壳大,呈三角形,似猪耳而得名。壳质坚厚，壳的两侧不等；腹缘的后端有一凹陷；壳面黑褐色，有褐色结节；壳内面乳白色，有珍珠光泽。其多生活于流水环境，分布于安徽、浙江、江苏、湖北、湖南、江西等省。猪耳丽蚌近年来用做育珍珠，产珠质量较高。

第二节　淡水养殖珍珠蚌种质资源保护

1973 年前，我国育珠蚌都是采捕天然水域中的三角帆蚌和褶纹冠蚌。随着养殖规模的扩大，天然蚌源已无法满足生产的需要。20 世纪 70 年代初，我国进行了河蚌的人工繁殖技术研究，先后突破褶纹冠蚌和三角帆蚌的人工繁殖技术，为淡水珍珠产业的快速发展奠定了坚实的基础。过去，由于对淡水珍珠蚌良种选育工作不够重视，种质退化现象严重，做好种质资源保护是开展良种选育的基础。现阶段，我国淡水珍珠养殖已经进入以提高珍珠质量为核心的调整期，其特点是加强珍珠蚌优良品种选育、严格保护养殖环境、严密控制病害发生及蔓延，其中淡水养殖珍珠蚌种质资源利用与保护是这些工作的基础。

一、就地保护

建立淡水珍珠蚌种质资源保护区。在对我国五大淡水湖三角帆蚌种质进行了评价与筛选，从遗传、形态、生长等角度进行综合研究后发现，我国最大的两个淡水湖泊——鄱阳湖和洞庭湖的三角帆蚌遗传多样性高、生长特性好，可以直接开发利用，也可以作为很好的育种材料。在对我国其他珍珠蚌类资源的调查中也发现了类似情况。因此，建议在鄱阳湖和洞庭湖这两个主要淡水湖泊建立珍珠蚌自然保护区，对淡水珍珠蚌种质资源进行严格保护。同时，在广西左江、湖北洪湖等一些特殊丽蚌的原种产区建立原种场，保护我国特有的珍珠蚌种质资源。

二、异地保护

浙江和江苏是我国两个最大的淡水珍珠生产省份，也建有我国最大的淡水珍珠交易巾场。为了保护淡水珍珠产业，建议在这两个省建立相应的淡水珍珠蚌良种场，特别是三角帆蚌良种场，将国内比较优良的淡水养殖珍珠蚌种质引入这些良种场，建立淡水珍珠蚌种质资源库，对我国淡水养殖珍珠蚌种质资源进行异地保护。

三、加强对外来珍珠蚌的控制和保护

目前，国内引入的淡水珍珠蚌主要是池蝶蚌和紫踵劈蚌。池蝶蚌已成功实施人工繁殖并正在向全国推广，另外池蝶蚌和三角帆蚌也成功地进行了杂交，培育出"康乐蚌"，也在向全国推广养殖。但是，要对这些引进种和杂交种采取严格的隔离措施，加强保护，防止它们进入天然水域，污染我国现有淡水珍珠蚌种质资源库。对于紫踵劈蚌，在加快人工繁殖技术及养殖、插种等技术开展攻关的同时，要加强种质保护，防止流失。

四、加快淡水珍珠蚌重要种类的良种选育进程

利用异地保护建立的种质资源库，构建育种基础群体，培育淡水养殖珍珠蚌新品种。现阶段，特别要加强三角帆蚌的良种选育进程，培育出具有自主知识产权的三角帆蚌新品种，为我国淡水珍珠产业健康发展奠定物质基础。同时，要进行池蝶蚌和褶纹冠蚌的选育，或直接作为育珠母蚌，或作为育种材料，进一步丰富养殖珍珠蚌的种质资源。

第三节　淡水育珠蚌新品种——康乐蚌

一、康乐蚌的来源

康乐蚌［池蝶蚌（♀）×三角帆蚌（♂）］（彩图15），国家品种登记号：GS－02－001－2006，由上海海洋大学和浙江省诸暨市王家井珍珠养殖场自2000—2006年历经7年时间共同培育而成，2007年1月被全国水产原良种审委会审定为适宜在全国推广养殖

的优良杂交种。它是以池蝶蚌选育群体为母本，三角帆蚌鄱阳湖选育群体为父本，杂交而获得。母本池蝶蚌从日本引进，取回后吊养于浙江省诸暨市王家井镇珍珠养殖池塘，进行保种，并进行群体选育，培育杂交配套系。父本三角帆蚌选用鄱阳湖群体，并进行群体选育，培育杂交配套系。鄱阳湖群体三角帆蚌是目前国内五大淡水湖中生长最快、遗传性状最好的群体。

二、康乐蚌的形态特征

（一）外部形态

康乐蚌 2^+ 龄前形态与三角帆蚌较为接近，2^+ 龄后形态与池蝶蚌较为接近。贝壳大型，壳间距较大，外形呈不规则的长椭圆形，前端钝圆，后端尖长。背缘向上扩展成三角形。壳质较厚、坚硬。前后有轻微的沟痕，后脊发达，略呈双角形。后背翼弱，2^+ 龄以上由此向后背壳呈斜截形。壳面青褐色或黄褐色，具有同心环状生长轮脉，轮脉在壳顶部较粗糙且排列间距也较小。

（二）内部特征

珍珠层呈青灰色、乳白色，富有珍珠光泽，通常具有深色的大色斑。韧带较长，位于三角形翼部的前半段外部，不能发现。贝壳前端的一小块珍珠层比其余部分的珍珠层厚很多。壳顶腔浅，具有一排朝向贝壳前端的小坑。闭壳肌痕显著，前闭壳肌痕明显，贝壳前部的外套痕深。外套痕明显。前闭壳肌痕呈卵圆形，浅而光滑，后上侧有前伸足肌痕，略呈方形，下方有一前缩足肌痕，略深，呈三角形，后闭壳肌痕大而浅，略呈三角形。外套膜结缔组织发达，内脏大，晶杆体粗长。

三、康乐蚌的生长

康乐蚌主要生态习性同三角帆蚌和池蝶蚌，为杂食性，以浮游植物为主。当年4—5月份繁殖的康乐蚌，9月进行插片手术，插片手术后不同年龄组康乐蚌壳长、壳高、壳宽、体重的实测值如表2-1所示。

表2-1　插片手术后不同年龄组康乐蚌壳长、壳高、壳宽、体重的实测值

插片手术后时间	壳长/厘米	壳高/厘米	壳宽/厘米	体重/克
1年	12.54 ± 1.41	5.83 ± 0.33	3.31 ± 0.28	192.9 ± 13.5
2年	14.55 ± 1.99	7.58 ± 0.54	4.29 ± 0.25	355.4 ± 16.3
3年	17.64 ± 2.23	8.94 ± 0.83	5.27 ± 0.46	610.4 ± 30.1

四、康乐蚌的养殖性能和育珠性能

试验表明，康乐蚌插种3年后形成的商品珠，较母本池蝶蚌，平均产珠量增加15%，直径8毫米以上的大规格优质珍珠比例提高50%以上；较父本三角帆蚌，平均产珠量增加32%，大规格优质珍珠比例提高3倍以上；康乐蚌养殖成活率比父本三角帆蚌提高18%。其具有显著的杂交优势。

近10年来我国淡水珍珠养殖产量提高很快，但效益却没有同步提高，主要是由于大规格、高品质珍珠比例没有相应增加，这与缺乏能培育大规格优质珍珠的育珠蚌良种有关。康乐蚌具有生长迅速、产珠性能好、抗逆性强等特点，能满足广大珠农对淡水育珠蚌良种的急需。为了提供更加优质的康乐蚌，目前正继续对康乐蚌两个杂交配套系亲本进行选育，以期获得更好的杂交优势，生产出育珠性能更好、抗逆性更强的新一代康乐蚌。

第四节　育珠蚌的生态习性

育珠蚌的生态习性包括育珠蚌的生活方式、对环境的要求等方面，具体内容有蚌的摄食与营养、生长与发育、生殖以及行动和呼吸等一系列生命机能。掌握育珠蚌的生态知识，对于从事育珠生产具有至关重要的作用。

一、生活方式

（一）摄食

蚌的饵料主要是水中的有机碎屑和微小生物，如轮虫、鞭毛虫、单细胞藻类等。蚌没有捕食器官，不能主动摄取食物，只能被动性滤食，即在蚌呼吸时，依靠鳃上的纤毛有规律地摆动，产生水流，使水中的微小食物随着入水孔的水流进入外套腔中，被鳃过滤后，形成食物粒，再经纤毛及唇瓣纤毛的输送，不断选择合适的饵料送入口中。在输送饵料的过程中，较大的颗粒掉入外套腔中，被外套膜表皮上的纤毛摆动而送至边缘，在闭壳运动时排出体外（图 2 - 1）。由此可见，蚌对食物的大小有一定的选择，但对饵料的性质似乎没有什么选择。蚌过滤水的能力很大，每天经单个蚌过滤的水量，可达到 40 升左右。

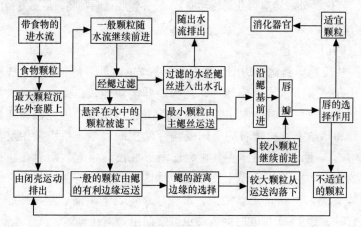

图 2 - 1　河蚌摄食和选食的过程

（二）栖息

河蚌作为水生底栖动物，栖息于淡水的湖泊、江河、池沼等水底或泥沙中，营埋栖生活。生活在自然水域的蚌，在高温或低温时，其身体全部或部分埋藏在泥沙中，蚌体的前端向下，后端朝上外露，出水孔和入水孔露于壳外。

（三）生长

一般来说，河蚌的生长速度较为缓慢，其生长速度随种类、年龄、环境条件不同而有所变化。蚌的一生中，在胚胎初期，体积一般不增长，到幼体开始摄食时才开始增长，但增长速度很慢。进入幼年时生长迅速，到老年时又逐渐变慢或停止生长。

蚌类的生长不仅由内在的条件决定，而且与其生活环境条件（主要是水温与饵料）关系极为密切。一般来说，河蚌的寿命较长，通常为 10 年，其中珍珠蚌的寿命最长，能活到 80 年左右。

（四）行动

在繁殖期内，雄蚌的成熟精子由输精管经生殖孔排到鳃上腔，再随水流从出水孔排至体外的水体中，含有精子的水又顺着水流，进入雌蚌鳃腔内，卵子在雌蚌的卵巢经输卵管从生殖孔送到自己的外鳃瓣的鳃腔中。这样，精子就和卵子相遇而受精。受精卵在鳃腔中分裂发育、孵化（外鳃腔有育儿囊的功能），经过囊胚、原肠胚，最后发育成钩介幼虫。

（五）发育

从受精卵到钩介幼虫，约需一个冬季的时间，每年春季，成熟的钩介幼虫随水流排出体外，在水中开闭双壳，自由地游泳，当遇到水中的鱼类时，则用长长的足丝附在鱼体上，用壳钩钩在鱼的鳃和鳍条上。被钩着的鱼因受钩介幼虫的刺激，组织发生反常的增殖，使钩介幼虫藏在其中，逐渐形成被囊状态。附着在鱼体上的钩介幼虫以外套膜上皮吸收鱼体的养料，营寄生生活，直至幼体变态，也就是足丝消失，形成口、足、平衡器、鳃、神经等器官时，经 2～5 周的时间，幼虫破囊而出，离开鱼体，沉落水底，变成稚蚌，开始营底栖生活。河蚌的发育较缓慢，一般要到第三年鳃瓣才渐渐长全，到第五年才能达到性成熟，进入繁殖阶段。

二、对环境的要求

（一）水温

蚌是生活在水中的水生动物，水温直接影响到它的新陈代谢。三角帆蚌的适应水温为 8～35℃，最适水温为 26℃左右，这正是繁殖高峰阶段的水温。当水温为 8℃左右时，蚌开始处于半休眠状态；当水温为 37～38℃并持续 5～7 天时，蚌多发生热昏迷现象。育珠水域的水温，也影响到水体中的物质循环，以及间接影响到三角帆蚌可能获得的营养物质。

（二）pH 值

三角帆蚌育珠水域的 pH 值宜控制在 7～8。在该 pH 值范围的育珠水域中，饵料生物的生产力较高，更有利于育珠蚌对钙离子的吸收和珍珠质的沉积。

（三）溶解氧

充足的溶解氧能促进蚌的新陈代谢，三角帆蚌育珠时，水体中溶解氧含量低于 2 毫克/升时，则蚌的呼吸频率加快，能量消耗增加，滤食减少，甚至停止滤食。当水体中溶解氧含量低于 1 毫克/升时，蚌在几天内即会窒息死亡。育珠水体中，溶解氧的来源，主要是从大气中溶入和浮游植物的光合作用产生。水体中溶解氧的消耗，除动物的呼吸作用外，还包括有机物的分解、其他气体的上升氧化、水温的升高、地下水的流入等方面。

（四）透明度

育珠水域的透明度，主要取决于浮游生物量和其他有机物质的含量。在集约式的较高密度育珠中，最适宜的透明度为 40～50 厘米。此种水体中，也不适宜饵料生物的繁殖。如果水体透明度在50 厘米以上，则表明水域中蚌的饵料基础薄弱，不利于育珠蚌中珍珠的形成，这时应予以施肥培水。

第三章 康乐蚌人工繁殖与苗种培育

内容提要：概述；生物学特征；康乐蚌培育的理论与实践；问题与展望。

第一节 概述

2006 年全世界珍珠及相关产品销售额超过 50 亿美元，中国仅为 5 亿美元左右。主要原因是质量低劣、小规格珍珠大量充斥市场，制约了中国淡水珍珠产业的发展。半个世纪来，我国淡水珍珠养殖的迅速发展，在很大程度上是依靠增加投入和扩大养殖规模实现的，其发展的局限性已日益显露。其中，缺乏高产、优质、抗逆新品种尤为明显。

三角帆蚌是我国特有淡水育珠母蚌，是淡水蚌中育珠质量最佳者，从 1979 年对其人工繁殖获得成功以来，迅速成为我国最主要的淡水养殖珍珠蚌。池蝶蚌引进前，淡水珍珠产量的 95% 以上由它培育，但三角帆蚌种质退化和混杂现象逐步严重。池蝶蚌和三角帆蚌同属帆蚌属，是日本特有的淡水育珠母蚌，我国于 1997 年引进，目前在全国部分地方有养殖，但由于池蝶蚌育珠效果较我国三角帆蚌的育珠效果差异不大，所以目前养殖面积不大。培育淡水珍珠蚌新品种是淡水珍珠产业进一步发展需要解决的技术关键之一。

针对养殖淡水珍珠蚌没有人工培育的品种问题，上海海洋大学联合浙江有关珍珠养殖企业从 1998 年开始着手新品种培育。生物种间的远缘杂交，可迅速和显著地提高杂交种后代的生活力、经济性状等，获得杂种优势，继而可培育而成新品种。通过三角帆蚌与池蝶蚌种间杂交，有望将它们的优良性状结合，开发出产量高、生长迅速、抗逆性强的杂交种。通过试验，获得了杂交优势显著的杂交组合——池蝶蚌（♀）×三角帆蚌（♂），被全国水产原种和良种审定委员会认定为新品种，定名为"康乐蚌"。

第二节　生物学特征

一、三角帆蚌生物学特征

三角帆蚌别名为三角蚌、水壳、劈蚌、江贝、翼蚌、溪蚌、铲蚌、小壳等，是中国特有的优质淡水育珠蚌。三角帆蚌所产的珍珠质量最佳，珠质细腻、光滑、色泽鲜艳、形状较圆。

（一）名称与分类地位

1. 学名

三角帆蚌 [*Hyriopsis cumingii*（Lea）]。

2. 分类位置

三角帆蚌属软体动物门（Mollusca）、双壳纲（Bivalvia）、古异齿亚纲（Palaeoheterodonta）、蚌目（Unionoida）、蚌科（Unionidae）、帆蚌属（*Hyriopsis*）。

（二）主要生物学性状

1. 外部形态

贝壳大型，扁平，壳质较厚，坚硬，外形略呈不等边三角形。前背缘短，向上伸展的前缘形成不明显的小冠突呈尖角状。后背缘与后缘向上伸展形成三角形帆状的后翼，约占贝壳表面积的 1/4，此翼脆弱易折断，但幼壳及野生成体上保存完整。前缘钝圆，腹缘略呈弧形。壳顶低，不高出背缘，位于壳前端壳长的

1/5 处，易腐蚀。壳面黄褐色或漆黑色，具有同心环状生长轮脉，轮脉在壳顶部较粗糙且排列间距也较小。背部有从壳顶射出的 3 条肋脉，肋脉低，最末 1 条呈钝角状，末端在贝壳中线下，其余 2 条稍平而宽。在后背部布有由结节突起组成的数条斜行粗肋。有从壳顶向边缘射出的绿色放射状线。这种放射状线在幼壳上清楚，在成体上不明显或不存在。

2. 可数性状

贝壳 2 片，左右对称。外套膜 2 片，分左右两叶。拟主齿 4 枚，左右壳各 2 枚。侧齿，左壳 2 枚，右壳 1 枚。

3. 可量性状

对壳长在 9.0 ~ 18.7 厘米、体重 70.8 ~ 708.5 克的三角帆蚌个体实测比例性状值如表 3 - 1 所示。

表 3 - 1　三角帆蚌可量性状值（平均值 ± 标准差）单位：厘米

壳长/壳高	壳长/壳宽	壳高/壳宽	壳长 / 全高	全高 / 壳宽
1.87 ± 0.109	3.668 ± 0.366	2.58 ± 0.198	1.21 ± 0.075	3.046 ± 0.383

4. 内部特征

幼蚌的珍珠层呈乳白色，富有珍珠光泽；成蚌为黄褐色。韧带较长，位于三角形翼部的前半段外部不能发现。外套痕明显。前闭壳肌痕深而略粗糙，呈卵圆形。后闭壳肌痕大而极浅，略呈三角形。铰合部较发达，左右壳各具有 2 枚拟主齿。左壳前拟主齿细、高，呈三角锥状，后拟主齿细小，并有两枚侧齿；右壳前拟主齿呈条状，低矮，后拟主齿大，略呈三角锥状，高于前拟主齿1/2 以上，有 1 枚侧齿呈长条状，较左壳的高而粗。壳顶窝不明显。

（三）生长与繁殖

1. 生长

不同年龄组三角帆蚌的壳长、壳高、壳宽、体重的实测值（范围）与推算值（均值）如表 3 - 2 所示。

表3-2 三角帆蚌不同年龄组的壳长、壳高、壳宽、体重的
实测值（范围）与推算值（均值）

年龄组	壳长/厘米		壳高/厘米		壳宽/厘米		体重/克	
	实测值	推算值	实测值	推算值	实测值	推算值	实测值	推算值
0+	5.7~7.7	6.69	5.3~7.4	6.21	1.1~1.6	1.35	14.9~29.6	20.33
1+	9.0~12.8	11.02	7.0~11.6	9.35	2.2~3.7	2.84	70.8~214.0	122.18
2+	11.7~16.0	14.06	9.7~14.4	11.80	3.0~4.8	3.82	180.4~401.6	248.26
3+	13.1~18.7	16.86	10.6~16.1	13.49	4.2~5.9	4.49	354.5~708.5	540.07
4+	12.5~19.3	17.33	10.2~16.0	13.60	3.9~5.8	4.99	233.5~810.0	576.20
5+	13.7~21.6	18.65	10.9~17.8	14.36	4.6~6.7	5.37	374.5~945.5	608.26

三角帆蚌壳长与壳高、壳宽、体重如表3-3所示。

表3-3 三角帆蚌的壳长、壳高、壳宽与体重

壳长/厘米	6	7	8	9	10	11	12	13	14	15	16	17	18
壳高/厘米	5.5	6.5	7.4	8.1	8.7	9.3	9.6	11.2	12.0	13.1	13.7	14.2	14.8
壳宽/厘米	1.2	1.5	2.1	2.6	2.8	2.9	3.5	3.7	3.9	4.1	4.5	4.8	5.1
体重/克	14.9	24.2	45.2	65.5	88.3	119.1	173.9	212.8	296.6	332.5	441.2	542.3	660.3

2. 繁殖

性成熟年龄为3~4龄。性成熟个体性腺一般每年成熟1次，分一批或多批产卵。不同龄组个体怀卵量如表3-4所示。其繁殖工艺过程如图3-1。

表3-4　三角帆蚌的怀卵量（平均值±标准差）

年龄组	3$^+$	4$^+$	5$^+$	6$^+$
体重/克	440.5±60.3	503.6±47.5	562.4±73.9	645.2±90.1
绝对怀卵量/ （×10^{4}粒）	2.15±0.39	18.74±0.64	24.27±0.85	28.35±0.92
相对怀卵量/ （粒/克）	48.8±46	372.1±58	431.9±69	439.4±97

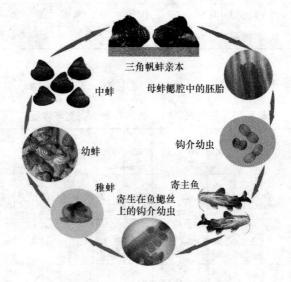

图3-1　河蚌繁殖工艺

二、池蝶蚌生物学特征

池蝶蚌（*Hyriopsis schlegeli*）与三角帆蚌同属帆蚌属（日本称为池蝶蚌属），是近年来从日本、中国台湾引进的优良育珠贝类。与三角帆蚌相比，池蝶蚌具有壳、珍珠层、外套膜较厚，珍珠质分泌能力强等优点。

（一）名称与分类

1. 学名

池蝶蚌（*Hyriopsis schlegerii*）。

2. 分类位置

池蝶蚌属软体动物门（Mollusca），瓣鳃纲（lamellibranchia），真瓣鳃目（eulamellibranchia），帆蚌属（*Hyriopsis*）。

（二）主要生物学性状

1. 外部形态

池蝶蚌贝壳大型，扁平，外形呈不规则的长椭圆形，前端钝圆，后端尖长。背缘向上扩展成三角形。壳质较坚硬。前后有轻微的沟痕，后脊发达，略呈双角形。后背翼弱，由此向后背壳呈斜截形。壳面密布黑色的同心生长线。各龄池蝶蚌形态如图3-2至图3-5所示。

图3-2 0⁺龄池蝶蚌

图3-3 1⁺龄池蝶蚌

图3-4 2⁺龄池蝶蚌

图3-5 3⁺龄池蝶蚌

2. 可数性状

贝壳 2 片，左右对称。外套膜 2 片，分左右两叶。3 拟主齿 4 枚，左右壳各 2 枚。侧齿，左壳 2 枚，右壳 1 枚。

3. 可量性状

当年 4 月繁池蝶蚌，9 月进行插片手术，插片手术后不同年龄组池蝶蚌的实测比例性状值如表 3-5 所示。

表 3-5　不同年龄池蝶蚌的可量性状实测值（均值 ± 标准差）

单位：厘米

插片手术后时间	全高/壳长	壳高/壳长	壳宽/壳长
1 年	0.900 ± 0.076	0.462 ± 0.031	0.263 ± 0.019
2 年	0.879 ± 0.101	0.524 ± 0.039	0.291 ± 0.023
3 年	0.873 ± 0.095	0.503 ± 0.044	0.297 ± 0.025

4. 内部特征

珍珠层呈青灰色，富有珍珠光泽，通常具有深色的大色斑。贝壳前端的一小块珍珠层比其余部分的珍珠层厚很多。壳顶腔浅，具有一排朝向贝壳前端的小坑。闭壳肌痕显著，前闭壳肌痕明显，贝壳前部的外套痕深。韧带较长，位于前半段。外套痕明显。前闭壳肌痕呈卵圆形，浅而光滑，后上侧有前伸足肌痕，略呈方形，下方有一前缩足肌痕，略深，呈三角形，后闭壳肌痕大而浅，略呈三角形。外套膜结缔组织发达，内脏大，晶杆体粗长。

5. 生长

池蝶蚌主要以浮游植物为饵。当年 4 月繁池蝶蚌，9 月进行插片手术，插片手术后不同年龄组池蝶蚌的壳长、壳高、壳宽、体重的实测值如表 3-6 所示。

表 3-6　插片手术后不同年龄组池蝶蚌壳长、壳高、壳宽、
体重的实测值（均值±标准差）

插片手术后时间	壳长/厘米	壳高/厘米	壳宽/厘米	体重/克
1 年	11. 75 ± 1. 22	5. 43 ± 0. 36	3. 09 ± 0. 22	159. 8 ± 11. 3
2 年	14. 01 ± 1. 36	7. 34 ± 0. 55	4. 08 ± 0. 32	313. 4 ± 15. 4
3 年	16. 84 ± 2. 03	8. 47 ± 0. 74	5. 00 ± 0. 42	564. 8 ± 31. 1

三、康乐蚌生物学特征

康乐蚌［池蝶蚌（♀）×三角帆蚌（♂）］，国家品种登记号：GS-02-001-2006，由上海海洋大学等单位历经 7 年时间培育而成，2007 年 1 月被全国水产原良种审定委员会审定为适宜在全国可控水域推广养殖的优良杂交种。它是以池蝶蚌选育群体为母本、三角帆蚌鄱阳湖选育群体为父本，杂交而获得。

1. 学名

康乐蚌［池蝶蚌（♀）×三角帆蚌（♂）］。

2. 分类位置

康乐蚌属软体动物门（Mollusca）、双壳纲（Bivalvia）、古异齿亚纲（Palaeoheterodonta）、蚌目（Unionoida）、蚌科（Unionidae）、帆蚌属（*Hyriopsis*）。

（二）主要生物学性状

1. 外部形态

2^+龄前形态与三角帆蚌较为接近，2^+龄后形态与池蝶蚌较为接近。康乐蚌贝壳大型，壳间距较大，外形呈不规则的长椭圆形，前端钝圆，后端尖长。背缘向上扩展成三角形。壳质较厚、坚硬。前后有轻微的沟痕，后脊发达，略呈双角形。后背翼弱，2^+龄以上由此向后背壳呈斜截形。壳面青褐色或黄褐色，具有同心环状生长轮脉，轮脉在壳顶部较粗糙且排列间距也较小（图 3-6 和图

3-7）。

图3-6 1⁺龄康乐蚌

图3-7 2⁺龄康乐蚌

2. 可数性状

贝壳2片，左右对称。外套膜2片，分左右两叶。左壳有2个低的放射状拟主齿，右壳2个拟主齿。侧齿，左壳2枚，右壳1枚。

3. 可量性状

当年4月繁康乐蚌，9月进行插片手术，插片手术后不同年龄组康乐蚌的实测比例性状值如表3-7所示。

表3-7 不同年龄康乐蚌的可量性状实测值（均值±标准差）

单位：厘米

插片手术后时间	全高/壳长	壳高/壳长	壳宽/壳长
1年	0.903±0.079	0.465±0.026	0.264±0.022
2年	0.889±0.076	0.521±0.037	0.295±0.017
3年	0.881±0.084	0.507±0.047	0.299±0.026

4. 内部特征

珍珠层呈青灰色、乳白色，富有珍珠光泽，通常具有深色的大色斑。韧带较长，位于三角形翼部的前半段，外部不能发现。贝壳前端的一小块珍珠层比其余部分的珍珠层厚很多。壳顶腔浅，具有一排朝向贝壳前端的小坑。闭壳肌痕显著，前闭壳肌痕明显，贝壳前部的外套痕深。外套痕明显。前闭壳肌痕呈卵圆形，浅而光滑，后上侧有前伸足肌痕，略呈方形，下方有一前缩足肌痕，略深，呈三角形，后闭壳肌痕大而浅，略呈三角形。外套膜结缔组织发达，内脏大，晶杆体粗长。

（三）生长

主要以浮游植物为主的杂食性。当年 4 月繁康乐蚌，9 月进行插片手术，插片手术后不同年龄组康乐蚌的壳长、壳高、壳宽、体重的实测值如表 3 - 8 所示。

表 3 - 8　插片手术后不同年龄组康乐蚌壳长、壳高、壳宽、体重的实测值

插片手术后时间	壳长/厘米	壳高/厘米	壳宽/厘米	体重/克
1 年	12.54 ± 1.41	5.83 ± 0.33	3.31 ± 0.28	192.9 ± 13.5
2 年	14.55 ± 1.99	7.58 ± 0.54	4.29 ± 0.25	355.4 ± 16.3
3 年	17.64 ± 2.23	8.94 ± 0.83	5.27 ± 0.46	610.4 ± 30.1

第三节　康乐蚌培育的理论与实践

一、三角帆蚌配套系建立

（一）三角帆蚌种质评价与筛选

对中国五大湖：鄱阳湖（PY）、洞庭湖（DT）、太湖（TH）、巢湖（CH）、洪泽湖（HZ）三角帆蚌群体和诸暨（ZJ）养殖群体三角帆蚌生长性能和育珠性能进行了比较研究。筛选出三角帆蚌优秀种质 3 个（鄱阳湖、洞庭湖和太湖群体）。其中鄱阳湖群体最好，生长速度最快，育珠性能最佳。在培育无核珍珠方面，育珠成活率达到 89.0%，优珠率（1～3 级珍珠比例）高达 52.5%；在培育有核珍珠方面，育珠成活率达到 79.2%，每只蚌产珠量达 3.5

克（表3-9）。

表3-9　五大湖野生与诸暨养殖6个群体三角帆蚌养殖性能和产珠性能比较

群体	生长速度（克/天）	有核珍珠		无核珍珠	
		育珠成活率/%	产珠重量（均值±标准差）/（克/蚌）	育珠成活率/%	优质珍珠（1～3级）比率/%
PY	0.54	79.2	3.50 ± 0.42^{b}	89.0	52.5
DT	0.34	71.3	3.34 ± 0.32^{a}	85.6	50.3
TH	0.39	68.3	3.27 ± 0.33^{a}	80.3	40.6
CH	0.40	62.8	2.85 ± 0.35^{c}	68.0	33.8
HZ	0.37	59.6	2.79 ± 0.31^{c}	70.1	29.0
ZJ	0.44	58.7	2.83 ± 0.32^{c}	75.1	31.4

注：上标相同者为差异不显著（$p > 0.05$），否则为差异显著（$p < 0.05$）。

（二）不同群体间三角帆蚌杂交优势分析

将筛选出的三角帆蚌3个优秀种质：鄱阳湖、洞庭湖、太湖群体的$3^+ \sim 4^+$亲本雌雄各100只于2003年5月21日进行3×3配组，获得9个F_1代杂交组合。3×3杂交实验设计如表3-10所示。

表3-10　三群体三角帆蚌交配实验设计

配组代码	杂交组合	配组代码	杂交组合	配组代码	自交组合
DP	洞庭湖♀×鄱阳湖♂	TP	太湖♀×鄱阳湖♂	DD	洞庭湖♀×洞庭湖♂
PD	鄱阳湖♀×洞庭湖♂	TD	太湖♀×洞庭湖♂	PP	鄱阳湖♀×鄱阳湖♂
PT	鄱阳湖♀×太湖♂	DT	洞庭湖♀×太湖♂	TT	太湖♀×太湖♂

对9个F_1三角帆蚌杂交组合进行生长性能的系统分析研究，

发现以鄱阳湖群体为母本、以洞庭湖群体为父本所得的杂交子一代在体重和壳宽这两个主要选育性状方面，获得的杂种优势最大，分别达到17.08%和7.99%。以太湖群体为母本、以洞庭湖群体为父本所得的杂交子一代在体重和壳宽方面获得的杂种优势次之，分别为14.10%和3.05%。

（三）三角帆蚌选育性状的确定

生长性状比育珠性状直观，是很好的选育指标。研究发现，在同一批繁育的三角帆蚌中，生长性状与产珠量显著相关，其相关性中，壳重＞体重＞壳高＞壳宽＞壳长。进一步研究发现，与珍珠粒径的相关性中，壳重＝体重＞壳宽＞壳高。结合生产可操作性，得出结论体重和壳宽应作为两个最主要选育性状，为三角帆蚌的进一步选育提供了基础。

（四）三角帆蚌配套系的建立

1988年，从鄱阳湖收集了三角帆蚌4 000枚，建立了诸暨养殖群体，该群体为本研究最初采用的三角帆蚌配套系。1998年，开展了"我国五大湖三角帆蚌优异种质评价与筛选"工作，筛选出三角帆蚌优秀种质3个（鄱阳湖群体、洞庭湖群体和太湖群体）。其中，鄱阳湖群体最好，具有遗传多样性高、生长快、抗逆性好、产珠性能好等优点。2003年开始，选择鄱阳湖群体代替原来的诸暨繁育群体，作为三角帆蚌配套系。同年为获得更优秀的三角帆蚌父本，将3个优秀种质——鄱阳湖、洞庭湖和太湖群体进行群体间杂交，以鄱阳湖群体为母本、以洞庭湖群体为父本所得的F_1在体重和壳宽（两个主要选育性状）方面的杂种优势最大，分别达到17.08%和7.99%；2006年开始，以鄱阳湖♀×洞庭湖♂的杂交组合作为三角帆蚌配套系。目前，以鄱阳湖♀×洞庭湖♂的杂交组合为基础群体，以体重和壳宽两个性状进行逐代选育，不断更新三角帆蚌杂交配套系。

二、池蝶蚌配套系的建立

池蝶蚌原产日本琵琶湖，江西洪门水库公司于1997年年底引

进并繁育、开发成功。通过与三角帆蚌育珠性能比较研究，证明了池蝶蚌的育珠性能优于三角帆蚌，主要表现在：壳宽是三角帆蚌的 1.23 倍；外套膜的厚度是三角帆蚌的 1.78 倍；贝壳珍珠层的厚度是三角帆蚌的 2.08 倍；晶杆体粗长，消化吸收能力强，生长旺盛。通过对三角帆蚌病源的抗病性研究，池蝶蚌对三角帆蚌蚌瘟病相关病源和嗜水单胞菌有很强的抵抗能力，抗病力强，这些性能表明池蝶蚌的育珠性能强，可培育大规格、高档、优质珍珠产品。池蝶蚌已通过了省级成果鉴定和国家良种审定，为农业部 2005 年 5 个主推品种之一。

（一）池蝶蚌与三角帆蚌育珠生产对比研究

徐毛喜等对池蝶蚌和三角帆蚌进行培育有核珍珠和无核珍珠生产对比研究，池蝶蚌育珠性能明显优于三角帆蚌；池蝶蚌育珠蚌的成活率、所育珍珠层厚度和珍珠质量均高于三角帆蚌的育珠蚌；至 2005 年 4 月，池蝶蚌育珠蚌的成活率、珍珠产量和所培育无核珍珠的 3 级、8～10 毫米以上珍珠比例都高于三角帆蚌的育珠蚌，显示出较大的经济优势和推广潜力（表 3 - 11 和表 3 - 12）。

表 3 - 11　池蝶蚌与三角帆蚌收获有核珍珠对比

项目	成活率/%	平均单蚌产量/克	优质珍珠比例/%	珍珠售价/(元·千克$^{-1}$)	单蚌产值/元
池蝶蚌	93.3	3.45	62.5	2 400	8.28
三角帆蚌	86.5	2.82	33.4	1 800	5.08

表 3 - 12　池蝶蚌与三角帆收获无核珍珠对比

项目	成活率/%	平均单蚌产量/克	优质珍珠比例/%	珍珠售价/(元·千克$^{-1}$)	单蚌产值/元
池蝶蚌	96.5	14.84	48.1	1 080	16
三角帆蚌	92.8	12.52	32.3	800	10

（二）池蝶蚌配套系的建立

上海海洋大学等单位于 2000 年年初自江西省抚州市洪门水库开发公司引进了 2 龄池蝶蚌，共 4 012 枚。选 2 000 枚作为后备亲本，以壳宽和体重为指标，进行筛选，共 2 次，到 2001 年将选留的 100 枚（♀50：♂50）亲本繁育获得 F_1。从 2 000 枚 F_1 后备亲本中进行筛选，共 3 次，到 2004 年选留 100 枚（♀50：♂50）亲本繁育获得 F_2。用同样的方法筛选，到 2007 年获得了 F_3。生产康乐蚌用池蝶蚌根据选育进程逐年跟进。

1997 年江西省抚州市洪门水库开发公司从日本引进该蚌，并于 1998 年人工繁殖获得成功，同时江西省抚州市洪门水库开发公司与南昌大学合作，开始对池蝶蚌后代进行选育，1998 年自繁成功子一代，2001—2003 年繁殖了子二代，2004—2005 年繁殖了子三代，到 2007 年，已成功选育出了池蝶蚌 F_3 代。经过选育后，F_3 代较 F_2 代的生长速度更快，壳的厚度更大，更适合育珠。因此，江西省抚州市洪门水库开发公司的池蝶蚌选育群体也可作为池蝶蚌杂交配套系（图 3 - 8、彩图 16 和彩图 17）。

图 3 - 8　繁苗车间

三、采用种间杂交技术培育"康乐蚌"

（一）康乐蚌的培育

康乐蚌［池蝶蚌（♀）×三角帆蚌（♂）］，母本池蝶蚌从江西引进，取回后吊养于浙江省诸暨市王家井镇珍珠养殖池塘，进行保种，并进行群体选育，培育配套系。父本三角帆蚌先选用优秀种质——鄱阳湖群体，后用杂交组合（鄱阳湖♀×洞庭湖♂）作为配套系。

由于淡水育珠蚌人工繁殖有很大的局限性，如无法确知雄性精子的来源，使用人工繁殖方法杂交，如控制不好，容易受到杂精的影响，不能精确控制人工繁殖的时间等。针对康乐蚌的苗种生产，可以采用下面的方法：在康乐蚌生产的前一年繁殖季节，将三角帆蚌和池蝶蚌进行雌雄鉴别，在贝壳上做好标记，并分开饲养；到第二年将池蝶蚌的雌蚌和三角帆蚌雄蚌放在一口隔离的池塘，进行康乐蚌苗种的生产，非常有效。

　　有些单位当年引进三角帆蚌和池蝶蚌的亲本，希望当年繁殖，可以用一种康乐蚌全人工繁殖方法。具体步骤如下。

　　(1) 选择雄性三角帆蚌、雌性池蝶蚌亲本　选取 3 龄以上、个体较大、贝壳完整无破损、壳表面色泽光滑、后缘宽大、软体部肥壮无病态、鳃瓣无伤缺、体质健壮雌雄个体作为亲本。

　　(2) 亲本暂养　在繁殖季节前将雌雄亲本暂养于水质清新、溶氧充足、饵料生物丰富的成蚌池中。

　　(3) 人工授精　①在繁殖季节，人工授精前，于雌蚌斧足肌肉注射绒毛膜促性腺激素，并将雌蚌移入暂养池内暂养；②使用解剖刀切开雄蚌生殖腺外皮，用吸管从切口伸入生殖腺中，吸出精液，以等渗液冲稀 10 倍，随即滴注到雌蚌外套腔中；③待雌蚌受精液诱导排出成熟卵细胞后，照同样的方法进行第二次精液滴注，以保证精子与成熟卵细胞结合，受精成功（彩图 18）；④将人工授精成功的雌蚌移入暂养池暂养至钩介幼虫成熟。

　　(4) 幼蚌培育　使用常规的淡水育珠贝类钩介幼虫寄苗、脱苗、幼蚌培育、插珠、养成方法即可。采用全人工繁育法，三角帆蚌、池蝶蚌杂交（池蝶蚌♀×三角帆蚌♂）　次成功率可达80% 以上。

　　(二) 康乐蚌与三角帆蚌、池蝶蚌及正交 F_1 的养殖性能和育珠性能评价

　　将三角帆蚌与池蝶蚌自交和杂交，获得 F_1 代 2 个自交组合：三角帆蚌♀×三角帆蚌♂（SS）、池蝶蚌♀×池蝶蚌（CC）♂；2 个杂交组合：三角帆蚌♀×池蝶蚌♂（正交，SC）、池蝶蚌♀×三角帆蚌♂（反交，CS）。对这 4 个组合在生长性能、育珠性能和养殖效果上进行综合比较，发现三角帆蚌（♂）×池蝶蚌（♀）F₁代组合都具有显著的杂交优势，这就是康乐蚌。

插珠 3 年后，在体重方面，康乐蚌＞池蝶蚌＞三角帆蚌和正交 F_1；在产珠重量、珍珠平均最大粒径和大规格珍珠所占数量比例方面，康乐蚌＞池蝶蚌＞正交 F_1 和三角帆蚌，康乐蚌、正交 F_1 成活率较三角帆蚌、池蝶蚌均有显著提高。康乐蚌较三角帆蚌，体重、产珠量和珍珠的平均粒径分别增加 46.98%、31.96% 和 23.32%，大规格优质珍珠比例提高 3.72 倍（表 3 – 13 和图 3 – 9）。

表 3 – 13　插片手术 3 年后池蝶蚌、三角帆蚌、康乐蚌及正交 F_1 的养殖性能和育珠性能

项目	成活率（均值±标准差）/%	体重（均值±标准差）/克	产珠重量（均值±标准差）/（克·蚌⁻¹）	珍珠粒径（均值±标准差）/毫米	大规格优质珍珠（Φ>8毫米）所占比例/%
三角帆蚌	78.56ᵃ	415.3 ± 35.7ᵃ	16.02 ± 1.26ᵃ	7.89 ± 1.05ᵃ	8.05ᵃ
池蝶蚌	85.69ᵇ	564.8 ± 31.1ᵇ	18.39 ± 1.55ᵇ	8.97 ± 1.69ᵇ	24.66ᵇ
正交 F_1	94.52ᶜ	433.5 ± 26.6ᵃ	16.28 ± 0.97ᵃ	7.90 ± 0.81ᵃ	10.12ᵃ
康乐蚌	94.38ᶜ	610.4 ± 30.1ᶜ	21.14 ± 2.31ᶜ	9.73 ± 2.12ᶜ	37.98ᶜ

注：同年龄组同一参数数值，上标相同者为差异不显著（$p > 0.05$），否则为差异显著（$p < 0.05$）。

图 3 – 9　康乐蚌、三角帆蚌、池蝶蚌及正交 F_1 的生长和产珠量效果

（从左至右：池碟蚌、康乐蚌、正交 F_1 代、三角帆蚌）

四、康乐蚌养殖技术

康乐蚌养殖技术与其他淡水珍珠贝类的养殖技术相同，下面仅叙述上海海洋大学近年来在淡水珍珠贝类养殖方面的一些改进技术。

（一）繁育技术改良

1. 人工采苗时间预报方法

传统的黄颡鱼钩介幼虫采苗时间仅凭经验判断，无预测方法。这种采苗模式在粗放的苗种生产中是可行的，因为粗放的苗种生产对亲蚌无任何要求，只要有足够数量的亲蚌保障寄苗量（彩图19），就可以满足生产需要，因此掩盖了采苗率低的问题。目前，包括杂交育种和选择育种等育种技术对亲蚌的选择有了具体要求，满足条件的亲蚌数量大大减少，采苗率低的问题凸显出来，采苗时间是影响采苗率的关键因素，因此需要预知精确的采苗时间提高采苗率，以保障苗种生产。生物学零度和有效积温是变温动物个体和种群的基本生物学参数，它们不仅可作为衡量变温动物对环境温度适应性的重要指标，在实践中也有广泛的应用，如用它们作为经济动物人工育苗时控制温度或发育历期的重要参考条件。白志毅等以实验观察结合统计方法，探明三角帆蚌钩介幼虫发育至稚蚌的生物学零度为 8.4℃，钩介幼虫（彩图20）发育至稚蚌的有效积温为 165℃/天，建立了准确预报采苗时间的公式，即：

$$采苗时间 = \frac{165}{平均日温 - 8.4}$$

2. 育苗池的改良

在育珠蚌苗种培育过程中，钩介幼虫发育成稚蚌开始从寄主鱼——黄颡鱼脱落时，一般将黄颡鱼直接放入育苗池进行脱苗，由于育珠蚌钩介幼虫发育的同步性差，脱苗时间一般要持续 2～3 天。李家乐等经过对黄颡鱼的行为观察发现：①黄颡鱼受生产活动的干扰会搅动池底，使稚蚌随水流溢出而流失；②黄颡鱼具有摄食稚蚌的习性，大量稚蚌被黄颡鱼摄食。因此，黄颡鱼在育苗池的

淡水珍珠高效生态养殖新技术

时间越长，苗种损失越大，出苗率越低。

为了解决上述问题，李家乐等设计了一种新型育珠蚌稚蚌脱苗及培育池（彩图21），该育苗池增加了脱苗功能区并便于复原。具体而言，育苗池本体内设置临时分隔栅，分隔栅将育池苗本体分隔成临时脱苗区和稚蚌培育区，等脱苗结束后撤除分隔栅（图3-10）。由于脱苗时，将黄颡鱼与稚蚌（彩图22）分隔开来，避免了黄颡鱼受生产活动干扰时对池底的搅动，降低了稚蚌随水流的流失，减少了黄颡鱼摄食稚蚌的机会。本实用新型育苗池通过改良，使出苗率提高了20%。

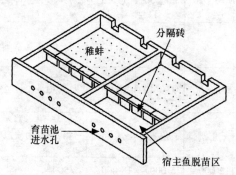

图3-10 脱苗时育苗池布局

（二）环境友好型养殖技术

传统的珍珠养殖需要不断施加有机肥培育浮游生物来满足三角帆蚌饵料需求，这种养殖方法会导致水体的富营养化，从而引起有害藻类的暴发，养殖用水的排放增加了污染周边环境的风险，形成了淡水珍珠产业发展的瓶颈。Yan等发现，三角帆蚌与鲢鳙鱼共养模式不仅可以提高三角帆蚌增长率，还可以改善水质，于是针对该模式的鲢鳙鱼投放比例、鲢鳙鱼投放密度、珍珠蚌养殖密度和施肥强度4个关键因素，设计四因素三水平实验，以育珠蚌成活率、生长率和养殖池塘水质为参考指标，评价和优化养殖模式，建立了最优养殖模式。该模式鲢鳙鱼比例为3/7，鲢鳙鱼的投放密度为0.075尾鱼/米³，珍珠蚌的养殖密度为0.75个/米³，施肥强度为1.75克有机肥/米³。

以养鱼为主要养殖对象的投饵型养殖生产水体，如能结合珍珠蚌养殖，也能从生态学角度实现自我净化的良性循环，减少养殖业自身污染。张根芳等在相关试验的基础上，就如何利用育珠蚌控制水体富营养化，提出如表3-14的基本模式。

表3-14　利用育珠蚌控制水体富营养化的基本养殖模式

水体富营养化类型	轻度	一般	中等	较高	高度	养殖生产型
化学需氧量/（毫克·升⁻¹）	10~20	20~30	30~35	35~40	40~45	20~40
溶解氧/（毫克·升⁻¹）	5	4~5	3~5	3~5	2.5~5	3~5
透明度/厘米	40~50	35~40	30~35	25~30	20~25	20~35
蚌的品种	三角帆蚌	三角帆蚌	三角帆蚌	三角帆蚌	褶纹冠蚌	三角帆蚌
蚌/（尾·公顷⁻¹）	12 000~15 000	15 000~18 000	18 000~22 500	22 500~30 000	30 000	7 500~12 000
鲢鱼/（尾·公顷⁻¹）	700	900	1 000	1 200	1 500	700
鳙鱼/（尾·公顷⁻¹）	600	700	800	1 000	1 200	700
鲫鱼/（尾·公顷⁻¹）	200	800	900	1 000	1 200	700

（三）有核再生珠培育新工艺

康乐蚌新品种的培育极大地改善了育珠蚌的种质，提高了所育珍珠的产量和质量。珍珠的培育方法也是影响珍珠产量和质量的重要因素之一。目前，淡水珍珠的主要培育方法分为两种：一种是培育淡水无核珍珠；另一种是培育淡水有核珍珠。培育淡水无核珍珠的主要缺陷是养殖周期长、产出的大规格优质珍珠比例低，培育淡水有核珍珠可以大大缩短养殖周期、提高所培育珍珠的规格。但是，目前有核珍珠培育方法存在较多问题，主要表现在育珠蚌吐核率高、死亡率高、所培育有核珍珠光洁度差。李家乐、李应森等通过对珍珠形成机制的深入研究，把淡水无核珍珠培育技术和淡水有核珍珠培育技术有机结合起来，形成了一套全新的淡水有核再生珠培育方法。

　　通常，珍珠采收采用杀蚌取珠的传统工艺。方法是杀死育珠蚌，从珍珠囊袋里取出珍珠。该方式一只育珠蚌只能培育一次珍珠，其资源利用率较低，如想再获珍珠，必须重新开始小蚌繁育、插种、养殖等一系列生产活动。有核再生珍珠培育是采用活蚌取珠的方式，即用开壳器将珠蚌撑开，在珍珠囊中活体取珠，利用珍珠囊上皮细胞重新分泌珍珠质而形成新珍珠。这样，一只育珠蚌可循环多次利用，资源利用率高，省工、省本，养殖周期短，年经济效益高。特别是利用培育有核纽扣珠的珠蚌作为再生珠育珠蚌，活蚌取珠后培育有核再生珠。由于培育纽扣珠的珠核形状规则，大小一致，其形成的珍珠囊大，因此培育的有核再生珠大小均匀、规格大，珍珠光滑细腻、珠光强、质量好，适宜加工成多种新奇饰品。目前，该有核再生珠已成为国内外珠商抢手货，市场价在每千克 5 万 ~ 10 万元之间，其养殖周期为 1.5 ~ 2 年，每只蚌的珍珠产量 15 ~ 18 克，养殖经济效益显著。

第四节　问题与展望

一、杂种优势的理论基础

　　由于利用杂种优势对包括贝类在内的海洋经济动物进行遗传改良研究和应用的历史不长，关于其杂种优势遗传机理的研究报道不多。Launey 等通过近交系的杂交，认为牡蛎的杂种优势主要是显性效应。根据近几年来分子生物学，特别是 QTL 定位研究的结果，杂种优势的遗传实质应是各种基因效应的综合，特别是上位效应和连锁效应在杂种优势遗传基础中将占有重要地位。由于海洋贝类的繁殖特性及特殊的进化环境，其杂种优势的机理是否与陆生动植物相同，尚不得而知。而且与陆生生物相比，海洋贝类可用于进行遗传选择的形态学标记少而且不明晰，这些无疑都直接影响了杂种优势的进一步研究和利用，使得现今生产上的杂种优势的研发仅停留在初步阶段，与达到控制利用杂种优势的目的还有很大距离。因此，研究杂种优势的遗传学机理是目前面临的重要课题之一，而遗传图谱和 QTL 定位研究将是探讨杂种优势机理的一把钥匙。

二、杂种优势的可持续利用

杂种优势并不是任一杂交世代都具有的，F_2 与 F_1 相比较，由于 F_2 群体中出现分离，生长势、生活力、抗逆性和产量、品质等方面都显著下降，并且杂种优势的大小还与所处的环境有密切关系。性状的表现不仅需具有一定的基因型，还需要一定的环境条件，不具备或者是所需的条件不完善，性状就不能充分表现，所具有的基因型就得不到充分的表达，优势的潜能就不能实现。因此，杂种优势的保持同杂种优势的获得同样重要，而且在某种程度上比后者更难。由于 F_2 必然出现性状分离，所以大多只能利用 F_1，因此需要不断地杂交制种，以保证杂种优势的利用。如果能通过具有杂种优势的群（个）体间的连续多代选择性杂交，使生长、抗逆等数量性状的遗传力不断提高，使其所有杂交后代都表现出某一预期性状，并最终培育成一个新的具有明显性状优势的品种是有可能的。这样，就使得纯系和杂交得到统一，杂种优势的获得与保持也将得到完美的结合。

第四章　无核珍珠的手术操作

内容提要： 手术室建设与手术工具；手术蚌的捕捞与选择；手术季节与术前培育准备；手术消毒液和小片保养液；无核珍珠的手术操作；提高无核珍珠质量的途径。

　　人工培育珍珠是运用珍珠蚌的外套膜受到外界刺激，引起该处组织增生，分泌珍珠质，形成珍珠囊的原理。无核珍珠就是人为地将一个珍珠蚌的外套膜切成小片，移植到另一个珍珠蚌的外套膜组织中，经过组织增生等一系列变化后，形成珍珠囊而产生的。目前，我国生产的淡水珍珠，90%以上为无核珍珠。

第一节　手术室建设与手术工具

一、手术室选址

　　手术室选址虽无特别要求，既可建在育珠池旁，也可不在育珠池旁，但以下条件必须满足。

　　①由于珍珠手术效果与手术操作的熟练和细致程度紧密相关，所以手术室的地址应选在供电有保障的地方。只有在照明条件好的前提下，手术操作才能顺利进行。

　　②由于手术前必须将参与手术的蚌进行暂养，手术后还要将手术蚌进行伤口修复暂养，所以手术室旁必须有不受任何污染暂养水体，最好是流水水体。

③手术室本身必须有良好的水源，以保证手术期间的用水需要。

④交通便利，以保证车辆或船只进出方便，及时运输参与手术的珍珠蚌。

二、手术室要求

在日本，手术室的条件与医院的手术室差不多，相对来说，我国的育珠手术室就要简陋一些，但现在也在逐步提高。其具体要求如下。

（1）**光线充足、采光条件好、避风向阳**　最好是坐北朝南，室内净高3米以上；南北墙上的窗户（玻璃）面积要占墙体面积的1/3以上。

（2）**室内干净卫生**　地面硬化、光洁，四周稍低，建造倾斜的室内水沟，便于冲洗及排除污物。

（3）**条件许可应安装冷热空调**　保证恒温作业和最佳的手术温度。

（4）**有日光灯和自来水龙头**　以保证阴雨天作业和室内用水。

三、手术工具

无核珍珠育珠手术工具（图4-1和图4-2）包括小片制作工具和小片移植工具，简称制片工具和植片工具。

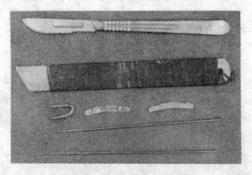

图4-1　育珠手术工具（一）

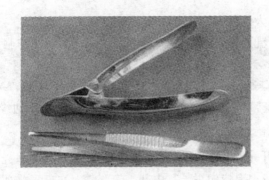

图 4 – 2 育珠手术工具（二）

1. 制片工具

（1）**开壳刀 1 把** 作用是切断制片蚌前后闭壳肌，供制备小片。长 15 ~ 20 厘米，宽 1 ~ 2 厘米，用外科手术刀，也有用钢锯条、不锈钢等磨制而成。

（2）**海绵块数块** 作用是制片手术时擦洗污物、黏液。每块面积约为 10 平方厘米。

（3）**平头镊子 2 把** 用于分离外套膜内外表皮、洗小片及整修小片。长 15 ~ 20 厘米。

（4）**尖头剪刀 2 把** 用于剪除外套膜边缘膜的有色边缘和解剖蚌体。

（5）**切片刀 1 把** 供切取外套膜边缘和切小片（整修小片）用，常用外科手术刀或自制钢锯小刀，也用单面刮须刀片。

（6）**解剖盘 1 只** 供制片和植片手术时放置手术架和小片板用，以防手术时水浸工作台，一般用搪瓷盘，为正方形。

（7）**小片玻璃板 5 ~ 10 块** 放置小片用，一般为 5 毫米厚的玻璃，大小为 10 厘米 ×（2.5 ~ 3）厘米。在日本有用木板的。

（8）**手术架 1 只** 供制片、植片固定蚌体用，木制或塑料制成。日本多是用不锈钢制成的，可调节高低和角度。

（9）**通片针 1 根** 供通片、植小片时用，为不锈钢制成。

（10）**盐水瓶 1 只** 250 ~ 300 毫升，供放置消毒水和处理细胞小片用。

（11）**大号针头 2 根**　用来滴注细胞小片处理液。

（12）**乳胶管 1 根**　长 25～40 厘米，作为滴注细胞小片处理液的导管。

（13）**其他**　进行同体植片时，还需通道针 1 根，弯刀 1 把，供分离外套膜内外表皮和切除外套膜边缘膜上的有色边缘用。

2. 植片工具

（1）**开壳器 1 把**　供植片手术时打开植片蚌的贝壳用，用不锈钢等制成，形状像钳子，中部装有弹簧，头部扁平薄而圆，一片长，另一片稍短，合成一片，便于插入和开壳。

（2）**楔形木塞或"U"字形钢丝塞数只**　供植片时固定育珠蚌壳口，使壳暂时不能闭合，便于进行植片手术。塞子的大小一定要根据蚌的大小而定，过大伤及闭壳肌，过小不便于植片作业。

（3）**鸭舌板 1 块**　用于供植片手术时拨内脏团及鳃瓣，长约 20 厘米。一般为不锈钢薄片，也可用竹片或合金金属片。

（4）**送（植）片针 1 根**　供植小片时送片用。不锈钢制成，针头圆形或半圆形，顶端有短刺（一般为 0.3 毫米）。

（5）**钩针 1 根**　供植片手术时在育珠蚌外套膜上刺口用。为不锈钢制成，有些地方用直针。

（6）**手术台架小蓄水池 2 个（可用面盆等代替）**　供手术前后育珠蚌的暂养。

（7）**固定针 2 根**　同体植片时用来固定育珠蚌外套膜内表皮用。

此外，植片需要的手术架、海绵、盐水瓶等，可与制片手术工具通用。

四、手术工具及物品的清洗

1. 玻璃用具的清洗

最常见的是用软皂、碳酸钠和偏硅酸钠。后者更为常用，因为不会使玻璃带有离子。

清洗步骤为：先把玻璃板浸入 5%～10% 的偏硅酸钠（或 5%

碳酸钠）溶液中煮沸 20~30 分钟，冷却后用清水清洗干净，再泡入 1% 的稀盐酸溶液中 1 天，取出用水冲洗干净，干后用 75% 的酒精棉球擦拭即可。

2. 金属工具的清洗

新买来的手术刀、剪刀等金属工具，其上涂有防护油脂，可用蘸有四氯化碳的纱布擦去，然后用湿布擦净，再用干布擦干；或者用热肥皂水浸泡，清水冲洗干净。

3. 其他物品的清洗

凡与细胞小片有接触的用品，如海绵等，用稀碱液（5% 碳酸钠）煮沸，然后用清水冲洗干净。

第二节　手术蚌的捕捞与选择

手术蚌（彩图 23）是指进行手术作业的蚌，包括小片蚌（用来制作小片的蚌，又称供体蚌）和育珠蚌（用来插植小片或珠核的蚌，又称受体蚌）。

一、手术蚌的捕捞

1. 捕捞季节

手术蚌的捕捞一般在早春或晚秋且水温在 5~20℃ 的时候进行。

2. 捕捞方法

捕捞手术蚌的方法各地不一，常用的方法有网拖、耙子扒、钩子钩、脚踩与手摸等。现用手术蚌多为人工养殖，直接从养殖用网袋、网箱中收集即可。

二、手术蚌的运输

1. 干法运输

干法运输宜于低温季节运输，以气温 5~10℃ 的温度时运输最为适宜，方法简便。但成活率较低，温度过高或过低都不利：0℃

以下的天气，蚌体结冰会引起大量死亡；高温（25℃以上）使蚌体代谢旺盛，耗氧量大，易引起窒息而死。

运输前，先要对育珠蚌进行一次检查，发现有严重脱水而濒临死亡的应剔除；一般体轻、壳微开的蚌，不宜干运，也应拣出。选择个体完整无伤的健壮蚌干运。启运前，将蚌浸在水中，让其吸足新鲜水分，然后装箩筐或草包等，要散装运输。装蚌的厚度不能太大，以免堵塞空气，一般厚度不超过 1 米。在运输途中，要经常洒水，保持蚌体湿润；要防止曝晒和剧烈振动。干运时间越短越好，两三天内能运抵目的地更好。

2. 湿法运输

湿法（带水）运输就是用活水船（车）运输，蚌体不离水，成活率高，适于远距离运输。这种方法运输数量大，一般每吨位可装蚌 750 千克。运输时，水仓内要保持水流畅通，防止蚌体堵塞水口。要保持船身前后平衡，在运输途中不能久停。活水船经过污水区时，应关闭活水门（但时间不能太长），或绕道而行，以免育珠蚌中毒死亡。车辆运输时，一般采用充氧活水车进行。

无论是干法运输还是湿法运输，运回的育珠蚌都应立即进行暂养，不可久置。

三、手术蚌暂养和选择

1. 暂养

从外地运回的育珠蚌，因离水较久或长途运输的缘故，体质受到一定的影响而变弱，不宜立即进行育珠手术，必须进行一段时间暂养，待其体质恢复正常以后，方可进行手术，否则将会影响蚌的成活率以及产珠的质量。暂养应选择水源充足、水流畅通、氧气充足、饵料生物丰富、水深在 1.2 ~ 1.5 米、底质较硬的水域。

2. 小片蚌的选择

小片也称细胞小片，是培育珍珠的根本。小片蚌的体质好坏直接影响小片质量的好坏，小片质量的好坏又直接影响珍珠的形成和珍珠质的分泌能力。小片蚌选择的标准是：当龄（1⁻龄）和 1⁺

龄蚌，蚌体完整无残，健壮无病，体长 6～8 厘米，体膨大，膜肥厚。老年蚌（三角帆蚌 3[+] 龄以上、褶纹冠蚌 2[+] 龄以上）分泌机能衰退，形成的珍珠小，质量也差。因此，老年蚌是不宜用来制作小片的。试验表明：在相同条件下，2 龄以下蚌制作小片，优质珠占 45%；3～4 龄蚌制片，优质珠占 35%；4～5 龄蚌制片，优质珠占 25%；7 龄蚌制片，优质珠仅为 5%。优质小片蚌的标准是：蚌壳的颜色鲜嫩，油光放亮，常为青褐色或淡黑色或油绿色；蚌体完整无损，蚌体厚与蚌体长比小于 1∶4（三角帆蚌），闭壳肌有力，喷水力强，受惊即紧闭贝壳。

3. 育珠蚌的选择

育珠蚌是育珠生产的载体，它的好坏直接关系到珍珠的产量与质量。过去一般认为 4～6 龄的蚌为最佳年龄的育珠蚌。但近年来的大量试验证明，蚌的年龄越小，其产珠能力越强；蚌的年龄越大，其珠质分泌能力越差，成珠慢而且劣珠多。当然，蚌的年龄越小，其手术难度越高。

优质育珠蚌的标准是：年龄小于 2[+] 龄，蚌壳体色鲜嫩，具油光，壳的颜色常为青褐色或油绿色或淡黑色；壳宽距大，蚌体厚与体长比小于 1∶4（三角帆蚌），腹缘部软边明显；斧足肥壮和外套膜完整，蚌体受惊后两壳关闭迅速，喷水远且有力。

4. 小片蚌和育珠蚌的比例

为了保证生产有计划地进行，应准备好相应少量的小片蚌和育珠蚌，两种蚌的比例通常随着蚌个体大小、小片规格的大小和利用率以及植片密度等有所变化。一般来说，小片蚌和育珠蚌的比例为 1∶(1.5～2.0)。

第三节　手术季节与术前培育准备

一、手术季节与温度

为了获取经济效益，很多单位和个人几乎一年四季都在进行手术作业。但是，河蚌是冷血动物，对体温无调节能力，只能随外界环境变化而变化。不同时期蚌的生理活力不同，加上水温、气温等外界因素对蚌的影响，其成活率、分泌珍珠能力和伤口愈合能力大不一样。因此，只有在适宜的温度范围内，在蚌活力最强时实施手术，利用育珠蚌新陈代谢旺盛期，珍珠生长才能快，质量亦好。在夏季高温季节做手术，细胞小片存活时间短，手术受体蚌容易脱水，小片易溃烂，伤口易染病。而在严冬腊月，水温8℃以下时，河蚌几乎进入冬眠状态。这时进行手术作业，伤口不易愈合，小片容易脱落，而且蚌体以及小片离水易冻伤致死。一般来说，水温 10～30℃ 都宜实施手术，其中水温 15～22℃ 是手术操作最适范围，这时育珠蚌的生理状况最有利于珍珠生产。试验表明，在相同养殖周期下，3—5 月份实施手术最好，9—10 月份次之，6—8 月份和 11 月至翌年 1 月份较差，尤其在 6—8 月的夏季高温中不宜进行育珠手术。

当然，对于建立了恒温手术室的生产者，则一年四季均可进行。如日本的育珠手术操作一般都选在冬季进行（11 月至翌年 4 月），恒温 20℃ 左右，保证小片细胞的生命力。冬季手术的好处有以下几个方面：①气温低，减少手术后育珠蚌细菌感染率和死亡率；②育珠蚌处于不孕期，形成的珍珠较圆润，品级高；③可减少斑点珠、污珠的出现。

二、术前培育与准备

手术蚌质量的好坏直接关系到育珠蚌的成败，因此，手术蚌一定要做好术前培育，为实现高产优质珍珠打下基础。手术之前的物质准备包括工具准备和手术蚌的准备等。

（1）筛选 从幼（小）蚌中筛选 5～6 厘米、大小一致的蚌，进行池塘强化培育，一般每亩吊养量为 3.0 万～4.5 万只。

（2）适时投饵 施有机肥，保持幼（小）蚌饥饱适中，过饱影响其食欲，过饥易引起疾病。

（3）保证水质 适时施生石灰和微量元素。控制水体水质，保持 pH 值 7.0～7.8，透明度 30～40 厘米。

（4）**专池强化培育**　一般为 20 天，然后精选合格的幼（小）蚌作手术蚌。

（5）**清洗**　在手术前 1 天，选择好手术蚌洗净，将它们暂养于微流水的清水中，让蚌体内的食物等基本排空，然后进入手术室。

（6）**齐备工具**　并进行消毒（用酒精），新购的工具要洗净油脂。

（7）**换水**　在施行手术之前，把选择好的洗净静养 1 天后的手术蚌整齐地排置在水槽或木盆内，将蚌的腹缘（部）朝上，稍稍露出水面。每隔一定时间（2 小时）换新鲜水一次，或微流水，防止手术蚌缺氧。

第四节　手术消毒液和小片保养液

手术消毒液和小片保养液的作用是杀灭手术工具和手术蚌伤口的细菌，防止感染，促进伤口愈合，减少手术死亡率。

一、手术消毒液

1. 医用酒精

医用酒精浓度为 70%，用于手术器具和手术部位的消毒，防止手术伤口的感染。

2. 金霉素溶液

金霉素溶液（0.1% 浓度）用于切口处消毒，防止细菌感染。金霉素液还可促进伤口的愈合和小片的增殖，起到小片保养液的作用。金霉素是一种良好的抗生素，在水溶液中还能够提高渗透压，既能使细胞小片处在渗透压平衡的环境中，又能防止小片干涸坏死，从而提高小片移植后的成活率。使用 0.1% 的金霉素保养液滴注小片，在保养细胞小片方面要比单纯使用清水滴注小片安全有效得多。因为清水的渗透压比河蚌的体液和血液的渗透压低，使用清水滴注小片后就会通过细胞膜向小片细胞质中渗透，到一定程度时，细胞就会膨胀而破裂，造成死亡。

3. 红汞液

红汞液即医用红药水，0.2%浓度。但是低浓度红药水的杀菌能力较弱，而高浓度的红药水又具有汞毒，对细胞小片有害，故难以掌握使用得当，在手术中建议尽量不用红药水消毒细胞小片。

二、小片保养液

保养液的种类较多，其作用大致有 5 个方面：一是维持细胞小片内外环境渗透压的平衡，保证细胞小片离体后不被干死；二是杀菌灭毒作用，避免病菌感染；三是加速伤口愈合，促进珍珠质分泌；四是维持细胞呼吸所需的中性环境；五是提高手术受体蚌的成活率。但是保养液一般不会同时具备上述 5 个条件，在生产实践中应根据需要自行选择。

1. PVP（聚乙烯吡咯烷酮）保养液

PVP（聚乙烯吡咯烷酮）保养液的组成为蒸馏水 1 000 毫升、1.5% PVP 0.5 毫升、四环素 10 万～15 万个国际单位。PVP 也称人造血浆，具有加速珍珠囊形成和刺激珍珠囊上皮细胞分泌的功能，是目前使用较为普遍且效果较好的一种保养液。

2. 渗透压平衡保养液

渗透压平衡保养液的主要成分为氯化钠 3.50 克、氯化钾 0.05 克、氯化钙 0.10 克、硫酸镁 0.20 克、碳酸氢钠 0.20 克，加蒸馏水。其作用是维持小片内外渗透压平衡。

3. 能量合剂保养液

能量合剂保养液由 1 000 毫升 0.4% 生理盐水、碳酸氢钠 0.02 克、能量合剂 10 毫升配制而成。能量合剂是三磷酸腺苷（ATP）、辅酶 A、胰岛素的复合制剂，能供给机体生理活动所需的能量，有利于促进组织细胞的代谢机能，加速植珠创口的愈合。

4. 细胞色素 C 保养液

细胞色素 C 保养液由细胞色素 C 15 毫升、葡萄糖注射液 5 毫升、碳酸氢钠 0.02 克、0.38% 生理盐水 1 000 毫升配制而成。细胞色素 C 是含铁卟啉的色素蛋白质，对细胞呼吸过程起着非常重要的作用。当离体细胞小片组织缺氧时，细胞渗透性增高，细胞色素 C 便能进入细胞，起到矫正细胞呼吸与物质代谢的作用。

5. 卵磷脂保养液

卵磷脂保养液由卵磷脂 0.5 克、氯化钠 0.02 克、碳酸氢钠 0.02 克、0.4% 的生理盐水 1 000 毫升配置而成。卵磷脂能促进结缔组织中主要组织成分的增生，能加速细胞小片结缔组织和手术蚌组织二者之间的吻合，从而缩短了细胞小片在异体组织中的渗透营养期，加速了珍珠囊的形成。

上述的保养液中，除渗透压平衡保养液为不完全保养液，其余为完全保养液。完全保养液除起等渗作用外，还含有促进小片细胞迅速增殖的作用。完全保养液能促进珍珠囊皮细胞由柱状向扁平状转变，使表皮细胞迅速到达稳定状态，促进珍珠质的分泌，并减少棱柱层珍珠和有机质珍珠等劣质珍珠的产出率。

第五节　无核珍珠的手术操作

无核珍珠的手术操作分为制片和植片两个过程。

一、小片的制备技术与操作

小片质量的好坏，直接影响珍珠的产量和质量，制备小片总的要求是：手术轻快，厚薄均匀，大小规格一致，长、宽、厚比例适中。制作小片的步骤如下。

1. 开壳

用解剖刀分别伸入小片蚌前后端，切断前后两个闭壳肌，蚌就会自然张开两壳，再折断韧带，将左右壳分开。开壳时注意不要使外套膜边缘膜脱离蚌壳，要保持不跨膜（外套膜完整无损地黏附在两壳上），开壳后用清洁水洗净内脏、外套膜等处的污物。

2. 剪除外套膜边缘的有色（色线）部分

外套膜边缘的色线呈棕色或褐色的狭长的一条线状，在外表皮尤其清晰。这部分的细胞主要分泌棱柱层和角质层，如不剪净而制备小片，形成的珍珠大都是没有光泽的骨珠和乌珠，达不到商品珠的目的，所以在制备小片时千万不能疏忽，务必将有色边缘切除干净。

将开壳的小片蚌放在手术架上（手术架一般置于搪瓷盘内），使其固定，然后一手用镊子夹住外套膜外缘，一手用剪刀沿蚌壳腹缘将外套膜的有色边缘全部剪去。

3. 取外套膜边缘膜的表皮

目前使用的方法有3种，即撕膜法、通膜法和削膜法。

（1）撕膜法 取外套膜边缘膜外表皮，即把有色边缘剪除（或剪下边缘膜后切除有色边缘），剪下边缘膜（从冠状膜部至前闭壳肌），放在玻璃板上，外表面朝上，用镊子卡住一端，用另一只平头镊子夹住外表面向后轻轻撕剥，使内外表皮分离（彩图24）。

（2）通膜法 取外套膜边缘膜外表皮，先用剪刀或镊子在边缘近前闭壳肌或后闭壳肌附近开一小口，一手用镊子夹住内表皮，另一手用钝头镊子的脚或通片针插进内外表皮之间的结缔组织中，两手配合直通到另一端，然后向外一拨，这样，边缘膜的内外表皮即分离；或者两手协作，边分离边伸入，将前后闭壳肌之间的边缘膜内外表皮全部剥离。在通膜过程中，尽可能把通针（或镊子）偏向于外表皮一侧，这样分离可使外表皮少带结缔组织，得到均匀的小片条。然后用剪刀或刀片切下边缘膜外表皮，置于玻璃片上。

（3）削膜法 取外套膜边缘膜外表皮，在已切除色线的外套膜边缘膜上，用锋利的手术刀（或单面刮须刀片）从外套膜前端向后端（或从后端向前端）削去外套膜内表皮和结缔组织，然后把外套膜外表皮剪切取下来，置于玻璃片上。

长期的实践证明3种方法制备的小片，育珠效果不一样。首先是撕膜法，技术难度较大（特别是在用幼、小蚌制备小片时），但由于是顺着结缔组织的纹理撕下，厚薄均匀，表皮细胞损伤少，小片质量高，所以育成的珍珠光泽、光洁度、圆度和产量等，均属上乘。撕膜法是目前手术制备小片的主要方法，但应注意：撕膜要准确，用力均衡，防止撕断，否则表皮细胞损伤大，膜的厚度不一致；要撕除所有的结缔组织，防止产生骨珠和死珠。其次是通膜法，技术难度较低，容易掌握，但所制得小片厚薄不均，而且容易损伤表皮细胞，影响珍珠的质量和产量，所产的珍珠颗粒大小不一，相差悬殊。再次是削膜法，一般用于背角无齿蚌，因为背角无齿蚌的边缘膜较狭长，采用此法较为适宜。另外，此法用于褶纹冠蚌同体移植制备小片。褶纹冠蚌的外套膜组织较疏松，使用撕膜法往往容易撕断外表皮，不能剥下整条的外表皮，削膜法可以取下整条的外表皮备用。

4. 外表皮细胞小片整理

把已剪切分离下来的外套膜外表皮沿外套膜肌痕由前至后全部取下，置于小片玻璃上的小片，然后滴加保养液，并用海绵轻轻拭净正反两面上的黏液和污物。再把外套膜外表皮的正面（黏壳的一面）向上，反面（紧贴结缔组织的一面）向下，平展在小片板上，千万要注意，不能搞错正反面。

5. 整修和切片（图4-3）

剪（切）取下来的带状外套膜外表皮往往不整齐，宽狭不一，厚薄不均，须用切片刀修整，然后切成长:宽＝3:2的细胞小片。在制片过程中，细胞小片往往因为被拉伸变化有失自然状态，所以在切制小片时保证这样的长宽比例，待收缩复原后，正好呈正方形或近乎正方形。每只小片蚌切片的多少，往往与小片蚌的大小和片的厚薄有关。一般小片的大小为片厚的4~5倍为佳。

小片切好后，再滴上一些清洁水或者杀菌液，最好是保养液。一方面，保持小片的湿润，维持细胞内外的渗透压，保证细胞小片的活力；另一方面，杀灭病菌，避免细胞小片受到有害菌的感染，提高珍珠囊的形成率。

6. 制片技术要点

①第一刀应在色线内，平整，用力均匀果断。

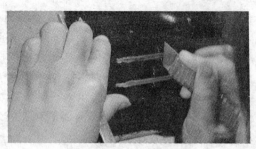

图 4 - 3　切片

②第二刀应在外套膜肌痕处或尽量靠中央（也可省略），以制取较宽的组织带。

③撕膜应从外套膜前部开始，以便尽量利用出水孔附近小片。

④组织带放在玻璃板上后，应对两边粗糙面修平，再切片，要求小片长：宽＝3：2，经收缩后呈正方形。

⑤切片要求果断、干脆，切口平滑。

⑥用镊子夹药棉，整理组织小片，擦除黏液等。

⑦切片后应及时滴加保养液保养。

⑧玻璃板消毒液、药棉浸泡液、保养液等尽量当天配制、当天用完。

⑨组织小片不能接触其他物品，严格防止污染。

⑩制片过程十分重要，事关珍珠质量，应加强管理。制片过程由一人连续完成，要求在 2 分 30 秒内结束，并及时用于接种，不可存放太久。

7. 制作小片注意事项

（1）**制备小片时动作要轻准**　剪刀、镊子等不要碰伤外表皮，小片上的污物一定要清洗，清洗的动作要轻而准。如果碰伤外表皮细胞，会影响珍珠的形成和成品质量。

（2）**制备小片和工具要清洁**　卫生工具清洁最好用 75％ 的酒精棉球，在每天的手术前和手术后擦拭消毒，防止污染或细菌感染。

（3）**小片板不可沾有油脂**　拿小片板时要防止汗水和油污等沾到小片板上，尽量减少接触感染。

（4）制片操作避免在直射阳光下进行　防止紫外线照射影响小片细胞的活力；也不要吹风，以免小片细胞被吹干而引起死亡。

（5）小片要注意保持在湿润的环境中　切不可干燥，及时滴加保养液。

（6）小片的厚薄要均匀，形状要整齐　小片不得出现毛边片、残缺片、色线片、不规则片（三角形、菱形等）。

（7）制备小片要迅速　一般要求在 2 分 30 秒之内、最多也不超过 3 分钟完成全部过程，以保证细胞的活力。

8. 测定细胞小片活力的简易方法

活细胞的细胞膜有选择性地摒弃某些物质的能力，而死细胞则很容易使某些物质进入细胞内，因此应用染料很容易作出死、活细胞的鉴别。一般用生物染色剂染色，如在保养液中加藻红 B 或伊红、浓度 0.2 毫克/毫升时，或苯胺黑、浓度 25～50 毫克/毫升时，染色后死细胞着色，而活细胞不着色，维持正常的活力。染色 5～10 分钟后即可检出细胞小片的活力情况。

二、小片插植的技术与操作

小片插植（图 4-4）也称接种细胞小片，简称植片。小片制成后，要及时插植到育珠蚌（受体蚌）的外套膜结缔组织中去。小片的结缔组织与育珠蚌外套膜的结缔组织愈合为一体，形成珍珠囊，不断分泌珍珠质，产出珍珠。插植小片的步骤如下。

图 4-4　插片

1. 开壳

用开壳器轻轻插入育珠蚌的两壳之间，慢慢地开双壳，壳开到一定程度时，插入楔形木塞或"U"字形钢丝塞子，加以固定，使其不能闭合，以利于插植小片操作。

开口大小要适中，不能张得太大。壳开得大，尽管手术操作较为方便，但易损伤闭壳肌，影响闭壳肌机能，使壳不能闭合，且容易受到水体敌害生物等的侵扰（袭）而引起死亡。开口的大小因蚌的品种和蚌本身的大小和质量而异，一般6厘米三角帆蚌开口不超过0.5厘米，8厘米蚌开口不超过0.6厘米，10厘米蚌开口不超过0.8厘米，12厘米以上的蚌开口不超过1.2厘米。褶纹冠蚌开口可比同等的三角帆蚌大些。

2. 拨鳃洗膜

育珠蚌（受体蚌）开壳后，腹缘朝上，倾斜置于手术架上，然后用拨鳃板把鳃和内脏团拨向一侧，用针头滴水冲洗干净内脏团和外套膜上的污物和黏液，准备插植小片。

3. 插植小片

插植小片的方法有横插法（横向移植）和直插法（纵向移植）两种，这两种方法在效果上没有明显的差异。直插法可移植较大的细胞小片（如削膜法所制备的厚细胞小片），生产的珍珠颗粒较大，但由于斧足的运动，使之容易掉片，即成珠率低于横插法，圆度也不及横插法。日本多采用直插法。横插法生产的珍珠较小，但便于整圆，且成珠率高、珠圆度好。我国较普遍采用横插法。

（1）**横插法**　右手拿送片针，左手拿钩形开口针，用送片针的圆头轻轻斜点在小片正中，用开口针帮助把小片挑在送片针的圆头上，使小片包成袋状（小片的外表皮卷在里面，而结缔组织的一面在外面）；接着，用开口钩针在育珠蚌（受体蚌）外套腔部位将小片送达伤口底部。一侧手术结束后，将蚌调转方向，把鳃和内脏团拨到已植片的一侧，继续进行另一侧外套膜的植片手术。

（2）**直插法**　将小片由伤口与育珠蚌腹缘成垂直方向插入，深度一般为1厘米左右。直插片的育珠蚌采用笼夹式养殖，腹缘向上，以防脱片。

4. 整圆

当小片植入到育珠蚌外套膜结缔组织中后，要及时用整圆器进行整圆。整圆器一般为用钩形开口针或送片针的圆头，在外套膜伤口外面整理小片，使其成鼓状突起。

5. 拔塞

手术完成后，就可以拔出楔形木塞或"U"字形钢丝塞子。拔塞后将蚌养于微流水暂养池中，达到一定数量则吊养在育珠水域。切忌不能在水泥槽或盆中过夜。

6. 插植细胞小片注意事项

（1）要做到稳、轻、准　"一送到头"，即一次性快速将小片插入伤口内，否则，小片擦破，并扩大育珠蚌伤口，造成死亡或烂片。速度要快，高质量的珍珠要求在 5～7 分钟内完成全部移植手术。手术时间越短，育珠蚌体力消耗小，恢复能力越强。

（2）植片时要注意小片的外表皮　外表皮（即光滑的一面）裹在送片针圆头上，而结缔组织一面（即粗糙的一面）在外，切不可弄错，如果搞错正反面，将形成白色粉末状的空心珠，前功尽弃。

（3）植片深度要适中　三角帆蚌植片的深度一般为 0.5～0.8 厘米，褶纹冠蚌一般为 0.8～1.1 厘米，池蝶蚌一般为 0.5～0.8 厘米。小片插得过浅，可能会使部分细胞小片暴露在伤口之外，容易脱片。即使不脱片，也易沾染污物，造成污染形成乌珠。另外，褶纹冠蚌的外套膜含水量高，吐水时易带出小片，故小片应插得深一些为宜。

（4）切忌出现穿膜现象　穿膜后会出现附壳体，而且不成珠，更有可能造成育珠蚌死亡。

7. 植片技术要点

①右手握送片针，左手握开口针，从左到右操作。
②注意送片深度，更不能戳穿外套膜，否则造成贴壳珠。
③排列：第一排 6 粒，第二排 5 粒，第三排 4 粒，呈梅花形布

局。行、列间距适中，整体形状完美。

④"推、拉、压、挤"，整圆严格。

⑤边缘、口珠到位，小片和植片位置尽量一致。

⑥开口塞子不可过大。

⑦严格挑选手术蚌，按要求将制片蚌和育珠蚌选出暂养。

⑧蚌的贝壳上刻字要清楚。

⑨清理送片针的海绵要及时清洗、消毒。

⑩要求每只蚌植片手术时间为 6 分钟。

第六节　提高无核珍珠质量的途径

一、制片作业与珍珠质量

在选择了优质育珠蚌种的前提下，在同批同年龄的手术蚌中，应尽量选取壳厚、生长速度快、形状较圆的作为育珠蚌，而将略微瘦长、较小的选作制片蚌。

1. 撕膜工艺

小片的质量好坏直接影响珍珠的产量和质量。要制得优质小片，从方法上来看，目前以撕膜法较为理想。因为这种方法制成的小片较厚，所带的结缔组织较多，容易成活。撕膜法分离外套膜内表皮，伤口均匀一致，是产生圆珠的一个重要因素。

同是撕膜，各地操作方法也存在一些差异。湖南洞庭湖一带的制片人员用手术剪刀先将外套膜色线以外的内外表皮剪去，再将需要用来制片的边缘膜部分剪下，成为一条如面条样的组织带。将这一组织带内表皮一面朝下，外表皮一面朝上，放在玻璃板上，然后双手各持一把镊子，或从边缘膜后部出水孔附近开始，或从边缘膜前部开始，先撕出一个口子，使内表皮向下翻卷。这时，右手镊子夹一块小药棉压住外表皮，左手用镊子夹住内表皮起先已翻卷头部，向前撕去，边撕边前进，右手的药棉也随着前移，最后彻底分离。

安徽省安庆、贵池、南陵、无为、芜湖等地则采用另一种撕膜方法。制片人员用一把圆口手术刀（解剖刀），先在外套膜色线处轻轻划一刀，这一刀不能用力太重划穿外表皮，而只是将内表皮划破。然后，根据所制片要求的大小，在边缘膜肌痕附近，沿整个蚌口边缘，与原先一刀平行，又划一刀，这一刀要求用力稍重，必须将内外表皮全部切断，然后用镊子在外套膜尚未离开蚌壳时，直接将内表皮轻轻撕去，所采的外表皮用镊子夹到玻璃板上，同样使其表面朝上。由于用解剖刀一次性划成组织带，所制的小片四周边缘较为平整。分离内外表皮时外套膜还在蚌壳内，撕片时没有反复触及外皮表，外表皮基本不受伤。这一方法的优越性较明显。

另外，近年来培育小蚌的时间一再缩短，当年幼蚌已达手术规格。削片法制的小片较厚，对当年制片蚌幼嫩的外套膜很合适，多年来削片法未能在生产中得到应用的状况有望改变。

2. 使用药棉代替海绵

不管哪种制片方法，很多地方目前还广泛地运用海绵来轻擦外表皮，但海绵对细嫩的河蚌组织来说还太粗糙。同时，海绵往往反复使用，容易藏污纳垢，建议改用医用药棉为宜。药棉可以做成一个个小棉球，一次性使用，不再重复。这样的改进，生产成本并不会提高多少，却可以达到较好的效果。

3. 小片形状

制片时需将外表皮色线以外部分切除或剪除，而且一定要干净，否则所产的珍珠会呈白色无光的"骨珠"，切片时下刀一定要果断有力，使刀口整齐，防止来回拉割，因此粘连组珠质碎片收缩后，容易产生螺纹珠、不规则珠。制片时需要正方形的组织小片，但由于"撕膜"等操作，组织带在玻璃板上有一定伸长，所以切片时应切得稍呈长方形，受缩后，小片自然就成了正方形。

4. 小片规格

珍珠的成长速度一般与插入的小片大小和养殖管理有关。小片大小好似一个先天因素，养殖管理就是后天因素。要养出大颗粒的珍珠，需要制大片是毫无疑问的，但是大片往往有一个缺点，就是不容易长成较圆的珍珠。而较小的小片容易插植且易于整圆，珍珠的成圆率较高。因此，小片的大小规格既要考虑大珠，也要考虑圆珠，应以制片蚌大小为准，尽量利用边缘膜。

二、植片作业与珍珠质量

1. 开口要小

手术操作时采用"U"字形塞子撑开蚌壳，这个塞子应根据所用育珠蚌的大小制作，开口不能太大，否则会损伤闭壳肌，严重的会在手术后出现死亡。较大的蚌用2只塞子，较小的蚌（8~10厘米）用1只即可。

2. 植片数量

一般生产无核珍珠，每只蚌插30~34片。插片多，蚌体营养供应分散，珍珠产量可能会达到要求，但颗粒往往较小。不过，也不是插片越少珍珠就越大，研究表明，插32片左右最为适宜。

3. 深浅适中

送片针一定要点到小片正中，并在钩针的帮助下，一次挑起小片。插片时钩针就好比是一把锄头，小片是秧苗，锄头先挖一个洞，再把小苗栽进去。钩针在外套膜上开一个小口，这个小口刚好在内外表皮的中部、结缔组织层中，绝对不能钩穿了外表皮，否则，插上去的小片以后就会生长成一颗在贝壳上的附壳珠。小片沿着这个开口送入结缔组织层中一般有4~6毫米就够了。当然，小片也不能插得太浅，这就好像小苗栽得太浅也不会存活一样。太浅的片露出尾巴容易感染，最后成为焦头珠，或产生吐片。

4. 植片部位

现在只在一只育珠蚌外套膜中后部插上小片，是因为外套膜的中后部被鳃所覆盖，不受斧足和内脏团的压迫，产出的珍珠质量最好。

5. 手术前暂养

刚从池底摸上来的小蚌以及外套膜很薄、内脏囊瘦小、体质虚弱的蚌均不宜手术。应根据水温不同，吊养 15～60 天以上方可手术。为了使手术操作更加顺利、保质保量，在手术前 10～15 天应在暂养池内施用生石灰一次，用量约为每亩 10 千克。

三、系统化药物应用与珍珠质量

采用药棉辅助操作是对传统撕膜法工艺的重大革新，也较易与系统化消毒方法相配套。从 20 世纪 90 年代中期开始，在浙江、江西、湖南等地的操作女工中推广这一消毒技术，到 90 年代末，安徽省的一些操作女工也掌握了该方法。实践表明，"手术操作系统化消毒技术"是成功手术作业的重要保障，是育珠生产中提高存活率和珍珠质量的重要技术措施之一。

1. 手术室（图 4-5）和器具消毒

手术室、手术台、盒、桶、器皿和毛巾等，在每天开工前和收工后，都要用含氯消毒剂（或二氧化氯）冲洗或浸泡再洗净。

图 4-5　插片育珠

2. 玻璃板消毒

制片用的玻璃板，先用清水洗净板上的污物和残片，然后转入特制的消毒液中浸泡使用，制片操作工每次从中取出玻璃板，再进行制片作业。该消毒液可以用抗生素、喹乙醇等配制。

3. 使用消毒药棉

用抗生素等配成等渗的消毒液浸透药棉（小粒棉球）。制片手术操作时，用镊子夹药棉清理、调整组织小片带以及擦除过多黏液。每粒小棉球只用一只小制片蚌，绝不可重复。这样做比使用海绵要好，基本上不损伤组织，又可避免相互感染。用镊子夹药棉操作，完全可以使组织小片避免与手、桌面、毛巾等物接触，达到最好的防疫效果。

4. 使用营养康复滴片液

从运用抗生素（如金霉素）、肌苷、PVP 等单一药物到使用鱼蚌康复剂进行滴片，均无法达到抗感染、滋养、促进伤口愈合的多重功效，同时滴片液的 pH 值、渗透压等也无法保证与蚌体组织相适应。因此，从 20 世纪 90 年代中期开始，研制、推广使用了等渗、抗感染、促愈合的多功能复合滴片药后，生产中"烂片"、"次珠"乃至"烂膜"等现象很少发生。

5. 育珠蚌药浴

刚植片后的育珠蚌，及时放入纯中药的消毒液中浸浴 20 分钟以上，可使药物经外套腔全面接触伤口。

应用手术操作系统消毒技术，各种药物和药棉的成本每只育珠蚌约合 2 分钱，完全可以被生产单位和广大养殖户所接受。该项技术措施应用后，不仅可以防止因手术环节而引起感染等问题，还可减少养殖周期的发病率，提高珍珠的质量和产量。

通过以上系统化药物应用技术，可以促进伤口恢复，加快珍珠囊形成。实践表明，育珠蚌手术后最初几个月的生长速度与珍珠质量有明显关系。手术后初期生长迅速，珍珠胚形好，日后成圆亦佳。该技术的应用，正是通过促进伤口促愈，加速珍珠囊形成初期快速成长，从而提高珍珠质量。

第五章　有核和特异珍珠的手术操作

内容提要：有核珍珠的手术作业；象形珍珠的手术方法；彩色珍珠的培育方法；夜光珠的培育方法；再生珍珠的培育方法。

　　人工有核珍珠和特异珍珠就是用人工的方法，将蚌类外套膜切成的细胞小片、蚌壳或其他原料制成珠核植入另一蚌（称手术蚌或受体蚌）的组织中，手术蚌经过自身生理代谢以及一系列变化，细胞小片通过增殖包围珠核而形成能够分泌珍珠质的珍珠囊，经一段时间培育，分泌的珍珠质逐渐沉积在珠核表面而形成内有珠核的正圆形珍珠和特殊形状（如佛像珠）或特殊颜色（如夜光珠、彩色珠）的一类珍珠。虽然当前我国淡水育珠产业仍以无核珍珠生产为主，但是正圆形有核珍珠和特异珍珠售价高于普通无核珍珠许多倍，因此有核珍珠和特异性珍珠的生产利润空间较大、市场前景广阔。

第一节　有核珍珠的手术作业

一、术前准备

（一）手术工具

1. 制片工具

与无核珍珠的制片工具相同。

2. 植核工具

植核工具包括解剖盘、开蚌刀、空针（注射器）、固口塞、手术架、开口针、通道针、送片针、不同规格送核器、保养液滴瓶、棉球等（图 5 - 1）。关于有核珍珠植核工具，也有一些珍珠养殖公司和个人进行了创新和改进，如专利"一种有核珍珠的育珠工具"（专利申请号 CN200620138528.6）、"一种负压式送核器"（专利申请号 CN200720051485.2）就是两种改进型送核器。

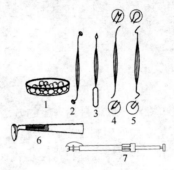

图 5 - 1 有核珍珠植核工具

1. 珠核；**2.** 普通送核器；**3.** 开口针；**4.** 送片针

5. 通道针；**6.** 负压式送核器；**7.** 改进型送核器

（二）消毒准备

消毒药品试剂为：0.1% 金霉素、5% 磷脂、5 毫克/升呋喃唑酮。不锈钢制品不用时加润滑油保护，使用前清洗干净，可先用四氯化碳浸纱布擦掉油，再用湿布擦，然后放入热肥皂水中浸泡10 分钟，最后用清水冲洗，晾干备用。玻璃制品可先在 5% ~ 10%的偏硅酸钠中浸洗 20 ~ 30 分钟，再用清水冲洗，或用 95% 的酒精棉球反复擦洗。竹制品须高温消毒，不用时防虫蛀。橡皮制品一般不用，需要使用时可先在稀碱液中煮沸，冷却后用清水冲洗即可。

（三）珠核制作

1. 珠核材料

珠核是培育生产有核珍珠重要材料之一，是珍珠层形成的物质基础。珍珠层几乎可在任何一种固体材料上生长，珠核的成分、结构和性质与所育珍珠的质量关系密切，使用质量低劣珠核会产生质量低劣的珍珠，用表面有缺陷珠核养殖的有核珍珠大多会有表面缺陷。目前珠核材料主要是河蚌的贝壳，历史上也有用陶瓷、铅、银、铁、黏土、石头、鱼眼珠、硬石蜡、合成树脂和植物种子等各种原料，但非贝壳类珠核所形成的珍珠存在不少问题，主要有：用铅、铁等金属质珠核养成珍珠，钻孔时产生的粉末不易排出，往往导致断针；硬石蜡质、合成树脂质等珠核的热膨胀系数与珍珠层差别较大，在加工过程中珍珠层容易发生爆裂；陶瓷质和玻璃质珠核硬度太大，不易钻孔；黏土、植物种子等珠核密度与珍珠有较大差异，在珠宝业有很大争议，得不到认可。

　　由于贝壳和珍珠为同源物质，相对密度、组成成分基本相似，因此目前在生产上主要运用的还是贝壳珠核。但是利用蚌壳制作的珠核也存在一些缺点，主要表现为：首先，蚌壳是层次构造物质，具有色带，在加工、钻孔和使用过程中容易发生分层裂开现象；其次，蚌壳的硬度具有方向性，钻孔速率在垂直和平行珍珠层方向有所不同，形成的有核珍珠在钻孔时珠核容易发生破裂；再次，受蚌壳资源和蚌壳厚度限制，难以获得足够多的蚌壳来生产各种尺寸珠核，也难以得到大直径珠核，限制了有核珍珠产量规模的提高以及大规格有核珍珠的生产，导致珠核价格昂贵。所以，在贝壳原料渐感不足的情况下，国内谢玉坎等人于 1980 年和 1984 年开展大理石（$CaCO_3$）珠核，它具有类似珍珠和贝壳的密度（约 2.8 克/厘米^3）、硬度大于 3 而小于 4 的性质、表面同贝壳珠核同样光滑而形状可比贝壳珠核更大更圆以及白色大理石珠核不存在分层构造，结构颇为均匀，养成的珍珠在钻孔加工时不会产生热胀后分裂现象，所以有兴趣的企业和养殖户不妨开展一些试验性养殖。

　　由于贝壳珍珠层加工的珍珠核，为珍珠同源物质，因而细胞小片对其具有嗜核性；同时，其相对密度、硬度和膨胀系数等也与珍珠基本一致，虽然白色大理石也具有许多符合珠核制备要求的优质条件，但由于种种原因，尚未开展大规模育珠试验，所以目前生产上用来制作淡水有核珍珠珠核的材料主要为贝壳，大多为丽蚌属的几种贝类，其共同特点为壳壁较厚，能够提供生产直径较大珠核的材质需求。但是淡水丽蚌和海水砗磲都是非常珍惜的生物资源，一旦由于过度采捕而使资源遭到破坏，其损失难以估量。因此，无论是从保护生物多样和生态环境角度，还是从珍珠产业发展的长期需求来看，珠核材料出路必然要走向非生物的岩石矿物材料的开发利用，研究开发得越早则越能在国际珍珠市场上取得先机。现简单介绍目前生产上普遍采用的贝壳类珠核材料。

（1）背瘤丽蚌（*Lamprotula leai*） 又名"麻皮蚌"、"猪耳壳"、"蹄蚌"、"平壳"、"江贝"等（图5-2），外形呈长椭圆形，前端圆窄，后端扁而长，腹缘呈弧状，背缘近直线状，后背缘弯曲稍突出成角形。壳顶略高于背缘之上，位于背缘最前端。壳厚而硬，两壳不等称。壳面除前缘部、后缘部外皆布满瘤状结节，多数个体结节联成条状，并与后背部的粗肋接呈"人"字形。幼壳壳面呈绿褐色，老壳则变成暗褐色或暗灰色。贝壳外形变异很大，有的壳前部短圆，有的前部长。壳内层为乳白色珍珠层。铰合部发达，左壳有2个拟主齿和2个侧齿，右壳有1个拟主齿和1个侧齿。前闭壳肌痕为圆形，深而粗糙；后闭壳肌痕较大，近三角形，浅而光滑；外套膜痕明显。喜生活于水深、水流较急、底质较硬，多为沙底的河流及其相通的湖泊内，有的个体生活在岩石缝中。幼蚌较成蚌行动灵活，往往在水域沿岸带可采到幼蚌，而成蚌则在水深处方能采到。我国江苏、浙江、河北、安徽、江西、湖北、湖南、广东及广西等地有产，尤以沿长江中下游区的大、中型湖泊及河流内产量最高。

（2）多瘤丽蚌（*Lamprotula polysticta*） 又名"直窝"、"麻歪歪"（图5-3）。壳中等大小，呈斜长卵形轮廓，上部呈三角形。前、腹边呈宽弧形，两者相交无明显的界线，后边宽圆，略后伸、壳嘴小、向前内转。壳顶有"W"形双构状饰纹，壳面瘤节小而多，自壳顶区后下方至后腹角均有，形状、大小都不一样，前腹部光滑、无瘤，同心线细密。壳质坚厚，壳面褐色或棕黄色，壳内肉色，常生活于水深、冬季不干枯的湖泊河流以及沙泥底或泥底。多瘤丽蚌是中国特有物种，分布于浙江、江苏、江西、湖南等地。

图5-2 背瘤丽蚌

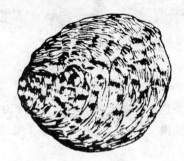

图5-3 多瘤丽蚌

（3）三巨瘤丽蚌（*Lamprotula triclava*） 俗名"白玉蛤"（图5-4），壳大型，呈不等边的三角形，前端宽后端狭。壳质坚硬而厚实。壳面褐色，表面布满瘤状结节；沿后背嵴有3个粗大瘤状结节，故名。壳内面乳白色。所制珠核稍差，但因本种蚌壳厚度大，可生产大型珠核，因此亦属一种重要的制核资源。该蚌常栖息于水较深、水质清的水域中，如江河、通江湖泊、水库等，是中国特有物种，主要分布于江苏、浙江、江西、湖南、湖北等地。

（4）椭圆丽蚌（*Lamprotula gottschei*） 又名"白玉蛤"（图5-5）。壳大，呈长椭圆形，前部短，后端扩张。壳质坚硬。壳面黑褐色；有较细的生长年轮，在中上部具瘤状节，壳内银白色或蚌肉色。生长在水流较急、水质较清的河流中。分布于辽宁的浑江及鸭绿江。

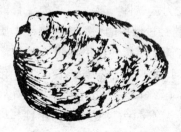

图5-4 三巨瘤丽蚌

图5-5 椭圆丽蚌

除此以外，还有巴氏丽蚌（*Lamprotula bazini*）及猪耳丽蚌（*Lamprotula rochechouarti*）等，成年的三角帆蚌、褶纹冠蚌及池蝶蚌的贝壳均可作为珠核，只是粒小、质量差一些而已。如三角帆蚌的壳可制小型珠核。

2. 珠核的制作

采用符合制核标准的贝壳，经过加工成珠核。珠核加工制造分为切块、研磨、漂白、抛光和中和等过程。加工的成品珠核要求圆滑、光洁、纯白。不圆、粗糙和杂色的珠核，都会影响有核珠的质量。

（1）制核贝壳的选择　选择贝壳厚度大于 3 毫米，相对密度接近珍珠，壳质地洁白，含色素少。以新鲜采集的丽蚌类贝壳为佳。

（2）制核工序　①切壳。首先将蚌壳用切割机切割、锯成条状，然后再切成正方形小块（图 5 - 6），或用钻机（贝壳纽扣车钻机）将蚌壳钻成圆柱状小块，即珠核粗坯。②磨圆。将珠核粗坯用砂轮打角去边（图 5 - 7），研磨成正圆球状体的核坯。③漂洗。将研磨成正圆球的核坯，用 5% 二氧化钠溶液浸泡并加热保持温度在 70℃ 左右约 2 小时，以消除核坯上有机物和有色物质。然后将核坯洗净，再用综合液浸泡并逐渐加热，再保持在 70℃ 的环境中10 小时左右。如果漂白效果不好，可加入适量双氧水，继续处理3 ~ 4 小时。综合液具体配制方法为：在 500 毫升冷水中依次加入硫酸 4 毫升、二氧化钠 8 克、硫酸镁 5 克、硅酸钠 6 毫升即成。配好的综合液应为弱碱性，因为酸性会失去漂白作用。如果为酸性，可加入适量氨水加以调节，使其成为弱碱性。这一体积的综合液可处理 1 000 克的核坯。④抛光。将经过漂白的核坯放在鼓形木质滚筒里，加开水淹没核坯，转动滚筒，使核坯在滚筒里不停地滚动、互相摩擦，同时不断地加入 0.1 摩尔/升热盐酸，使其发生化学作用而制成表面光洁的正圆珠核（彩图 25）。⑤中和。将抛光后呈酸性的珠核用氨水浸洗，然后用温水冲洗，使其成为中性，再放入开水中煮 2 ~ 3 分钟消毒，最后用干净的毛巾擦干，送检。

图 5 – 6　贝壳切块

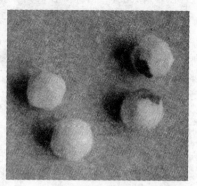

图 5 – 7　贝壳方块整园

3. 珠核质量要求

珍珠核要求越圆越好，以正圆形珠核为最优；核的规格要根据植核手术部位不同而有所不同，直径 2～3 毫米为细核，3～5 毫米为小核，5.0～7.5 毫米为中核，7.5 毫米以上为大核，一般细核和小核插植在外套膜内，中核和大核插植在内脏团。

（四）育珠蚌的选择

淡水有核珍珠育珠蚌（也指受体蚌）一般为三角帆蚌、褶纹冠蚌、池蝶蚌以及经人工选育的杂交良种蚌等，但由于褶纹冠蚌吐核率高，形成的有核珍珠面粗糙，而三角帆蚌、池蝶蚌等蚌种成珠率高，且珠面细腻、光泽好，故生产上多以三角帆蚌、池蝶蚌等为主。育珠蚌要求蚌壳完整无伤、体质健壮、活力强、无感染、无伤病、壳厚且坚实、两壳间距大、腹缘整齐而宽、生长饱满、遇惊动时闭壳快速有力且喷水射程远、蚌龄 4～7 龄的健康蚌（彩图 26）。

二、小片贴核法（常规法）手术操作

（一）细胞小片的制备

1. 制片蚌的选择

一般选用 3 龄以下、蚌体完整、体质健壮、蚌壳珍珠层光泽好、生长快的幼蚌和小蚌，用这样的蚌制备细胞小片，易于优质有核珍珠形成。制片蚌在制片前需进行清洗暂养 1~2 天。

2. 小片制备

有核珍珠手术操作过程中细胞小片制备方法与无核珍珠基本相同，但小片规格要求与无核珍珠有所区别，其小片规格要求小些，一般为珠核球径的 1/3 见方，或核表面面积的 1/10~1/8，一般取 2 毫米见方。过大易产生尾巴珠、皱纹珠或污珠；过小不易于贴片，容易脱落。

小片制备工艺流程如下：剖蚌—剪除外套膜边缘色线部分—分开内外表皮—剪取外表皮—插片去污—切片整修—保养液消毒湿润。

（二）植核手术

1. 手术操作季节

有核珍珠植核手术一般选择在春、秋季，由于培育有核珍珠的育珠蚌蚌龄多在 4 龄以上，所以手术应避开育珠蚌繁殖期，以秋季操作为佳，即 9—11 月份，此时性腺尚处稳定期。夏、冬季节最少。手术操作季节水温以 15~25℃时为好。

2. 植核部位选择

目前生产上有核珍珠培植过程中植核部位主要选择外套膜和内脏团两处：一为外套膜后端及中央膜内侧，可植 2~6 毫米粒径的珠核，再大就易产生附壳珠和出现吐核现象，外套膜等厚线的厚薄，是由结缔组织的发达程度所决定的，结缔组织越发达，可承受插核的规格越大，损伤内、外侧上皮细胞组织的概率越小，插核成功率亦高，插核规格可在外套边缘附近逐渐向后端加大，因此外套膜后端适宜于插植 4~6 毫米的珠核，而中央膜比较薄，该处结缔组织不发达，多插植 2~4 毫米的珠核；二为内脏团，插植的核位为唇瓣下面（肝脏下部）和内脏团背侧（围心腔下方），可植 8~10 毫米或更大的珠核，但因内脏团肌肉非常厚，从外部不能透视到内部，贴片工作几乎全依赖于手的感觉，所以手术难度相对较大，脱核现象较多，留核率低，但内脏团生产的有核珍珠个体一般比较大。因此，有核珍珠植核部位的选择与有核珍珠质量、留核率及生产目的密切相关，目前生产上海水珠一般选择内脏团为植核部位。淡水有核珠多选择外套膜作为植核部位，少数选择内脏团插核。

3. 插植方法

有核珍珠插植方法主要以送片与送核的先后来区分，有3种：一是先插核后送片法；二是先送片后插核法；三是核片同步插植法。

插植的主要流程为：开壳口—洗净手术部位—开孔—通道—消毒—拔塞闭壳—刻字标记。

（1）先插核后送片法 这是目前采用较为普遍的有核珍珠植核方法（图5-8和彩图27）。将育珠蚌清洗干净，开好壳口，放置在手术台上，用拔鳃板使鳃和内脏团贴在另一侧，蘸水洗去污物。在中央膜后端靠腹缘部分用开口针刺开，开口大小与核径基本相等，深度为核径的1.5～2.0倍，然后用通道针从伤口伸入通道，通道大小以正好通过珠核为准，不同规格的核最好用不同规格工具，然后用漏斗状送核器（或弯头小镊子等）蘸水吸核，左手以钩针轻轻钩起伤口处内表皮，右手把核送入通道中，拔出送核器，再用通道针将核推至通道末端。核固定后，右手再握送片针挑起细胞小片，通过通道送至核的上方与核接触，外表皮朝向珠核，然后摆动送片针，使小片平展后紧贴珠核上，插核完成。

图5-8　插核育珠

（2）**先贴片后插核法**　开口、通道方法与上面相同，主要是送片和插核程序上的颠倒。首先，用送片针将小片外表皮面的中央挑起，沿通道将小片送至通道末端，使小片外表皮面向开口；然后，将核插入并让小片与珠核紧贴，插核完成。

（3）**核片同步插植法**　此法有两种操作方式：一是用送核器吸着干核，再将小片紧贴核面，然后一起插植；二是利用特制的"珠核插入器"（图5-9），在其末端装上一细针（最大直径0.4毫米，长13毫米，针尖锐利），先将珠核穿一直径为0.6～0.7毫米小孔，经消毒处理后，在外套膜上开口，然后将珠核插入器细针穿过核的孔道，突出针尖，刺入小片，使小片外表皮紧贴核面，再用钩针挑起伤口内表皮，把核和片直插至通道末端。

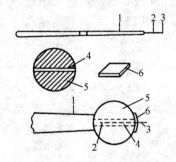

图5-9　珠核插入器

1. 柄；**2.** 针；**3.** 针尖；**4.** 透孔；**5.** 穿孔核；**6.** 小片

育珠蚌插核手术完毕后，不可立即浸入水中，宜作20分钟左右的露空处理，这样有助于其自动排出核创口中的空气，利于插核伤口愈合。

4. **植核数量控制**

插植珠核数量视育珠蚌个体大小、体质强弱、珠核大小、插核技术水平高低以及育珠饲养管理水平等而定，原则上个体大、活力好育珠蚌可以适当增加珠核数量，珠核越大插植数量越少。一般壳长15～18厘米三角帆蚌，外套膜后端区两侧各插植3～4粒4～6毫米大小珠核，内脏团插植2～4粒6毫米以上株核，外套膜中央区可以插植10～20粒2～4毫米珠核或无核珍珠细胞小片。插核伤口总面积控制在外套膜总面积的 1/10 以内。

（三）注意事项

在插植操作中，需注意以下几点。

（1）伤口大小和通道宽度　要与核的粒径相适应，伤口太大，容易出现吐珠现象；太小，珠核难以推入，易造成伤口磨损，发生细菌感染。通道宽大及蚌体蠕动等易造成核片分离，小片易形成无核珍珠。

（2）育珠蚌个体体长　一般要求在 12 厘米以上，蚌龄 4~7 龄。这种规格和年龄的育珠蚌外套膜及内脏团肉厚，且体质强壮，便于手术，留核率较高。低龄幼蚌外套膜薄，不易手术操作，术后留核率低。

（3）细胞小片的大小　应严格控制在 2 毫米见方大小，小片贴蚌一面一定要平整地紧贴核面，小片过大或贴面不紧易产生尾巴珠、皱纹珠，甚至不成珠。

（4）保持清洁　保持手术过程中工具、水、珠核、小片清洁，防止受污染，避免形成污珠。

（5）严格消毒　植核手术前后应严格按常规消毒，防止细菌感染。各种工具、服装和手术器具、案台每天均要消毒；植核手术人员进入手术室后双手应先消毒，外出后回来也需消毒；器具、工具、擦布、护袖等不可共用、串用。

三、体外珍珠囊培育法培育有核珍珠手术操作

目前，淡水有核珍珠主要采用小片贴核插植法（也就是前面介绍的常规有核珍珠手术操作法）培育。小片贴核插植法是将外套膜外表皮切成小片，移植到育珠蚌体内并植入珠核，使小片贴附在珠核上。上皮细胞经移行、增殖、包囊珠核形成珍珠囊，然后珍珠囊开始分泌珍珠质并沉积于珠核表面，形成人工有核珍珠。在整个过程中，上皮细胞贴附于珠核的位置、紧密程度、组织块面积、形状以及取材位置，都直接关系到珍珠囊的形成。应用小片贴核插入法，常出现珍珠质不均匀分布，易产生污珠、尾巴珠等各种疵珠。而通过组织和细胞培养方法，在体外获得的珍珠囊，

其外形整齐、均匀，细胞组成较为一致，植入母蚌外套膜后，能形成均匀的球形珍珠，利用组织培养技术在体外培育珍珠囊，然后再进行插囊育珠的方法在海水有核珍珠培育上应用较为成功。所以，有学者和企业开始利用体外珍珠囊培育法或体外表皮细胞黏附法培育淡水有核珍珠，并形成了论文和专利，现将该法简单介绍。

（一）外套膜组织酶解制细胞悬液制备

选择 2 龄以下活力强的健康幼蚌或小蚌，用解剖刀切开小片蚌闭壳肌，用蒸馏水反复冲洗外套膜，并除去裙带部分，切碎后放入含青霉素（8 000 微克/毫升）、链霉素（10 000 微克/毫升）、卡那霉素（10 000 微克/毫升）的无菌生理盐水中浸泡 30 分钟，用无菌生理盐水或灭菌的平衡盐溶液 D-Hanks 反复冲洗 5～10 次。称取胰蛋白酶 2 克溶解于 50 毫升浓度为 0.3% 已灭菌的柠檬酸钠溶液中，将经过处理的外套膜置于酶解液中进行消化，消化温度为 25℃，时间 2～4 小时。收集消化产物并除去酶解残液，得外套膜细胞悬液。

（二）表皮细胞体外黏附和体外珍珠囊的培养

挑选珠核，洗涤后灭菌处理，以 0.1 毫克/毫升多聚赖氨酸处理过夜，并置于超净工作台上无菌干燥，再用平衡盐溶液 D-Hanks 冲洗；将经处理的珠核置于游离外套膜细胞悬液中培养黏附，使细胞贴附于珠核表面并让其在珠核表面均匀增殖，经过 3～7 天黏附增殖，珠核表面形成体外珍珠囊。

（三）体外珍珠囊的插囊和细胞悬液注射

选择体质健壮的 2 龄或 3 龄育珠蚌，洗刷干净蚌体并暂养于清水中；用经过消毒处理的通道针在手术蚌外套膜或内脏团上开口，制造通道，并向通道内滴加 0.2～0.3 毫升细胞悬液，然后将具珍珠囊的珠核或黏附有游离表皮细胞的珠核移植到育珠蚌体内，在珠核周围滴加 0.2～0.3 毫升细胞悬液，以防止珠核脱出和注射的细胞悬液渗出，注射后用生物胶黏合创口。最后将经过手术插核处理的育珠蚌吊养于育珠水域。

四、插核伤口的药物处理

由于有核珍珠插核手术伤口较大，因此手术完毕后，为防止伤口受感染，需要对伤口进行药物消毒处理，以促进伤口的快速愈合和提高抗感染能力，目前常用伤口处理方法有以下 3 种。

1. 卵磷脂溶液处理伤口

卵磷脂能够促进上皮细胞细胞核与核仁增大，线粒体增多、增大，具有提高外套膜碱胜磷酸酶活性和增加核酸含量等功能。所以，在插核手术完毕后，在伤口处涂抹卵磷脂溶液可以加速伤口愈合。处理时卵磷脂溶液浓度通常为 3%～5%。

2. 抗生素类药物处理伤口

抗生素类药物处理伤口一般用广谱抗菌药物，如四环素族的抗生素，一般浓度采用 10 万～30 万个国际单位（2%～4%）。

3. 营养抗菌双效混合药物处理伤口

营养抗菌双效混合药物处理伤口是指将促进伤口愈合和抗菌类药物混合后，进行伤口处理，这样可以使伤口得到快速愈合，同时也可有效防止感染，起双重保护作用。如利用硫酸庆大霉素注射液和复方氨基酸注射液混合配制的伤口处理液，以及利用环丙氟哌酸（Ciprofloxacin）、氯化钠、氨基酸、维生素和微量元素等药物配制的等渗、抗感染、促愈合的多功能复合滴片药等。

第二节　象形珍珠的手术方法

养殖象形珍珠在我国具有悠久的历史。据资料记载，南宋时期有一名叫叶金杨的人发明了用铅铸成禅宗始祖达摩的形象，贴壳的一面涂上樟脑油，然后插入褶纹冠蚌的外套膜及贝壳之间，养在池塘内，2～3 年后就获得了佛像珍珠（图 5-10）。这一发明当时震惊世界，并由一德国人撰文向世界传播。后来日本有一位叫御木本的学者，根据中国发明佛像珍珠的原理，又发明了能游离的正圆珍珠，即现在的有核珍珠。1974 年江苏省太湖地区水产中

图5-10　象形珍珠

心试验站，根据古代培育佛像珍珠的原理，在模型的形象上、培育技术上进行了多方面的改进研究，并获得了成功，使象形珍珠的生产工艺更加完善，能够培育多种形象的象形珍珠，且形象逼真，丰富多彩。象形珍珠可分为附壳象形珍珠和非附壳象形珍珠。附壳象形珍珠是根据附壳珍珠的形成原理进行培育的，非附壳象形珍珠的形成原理同有核珍珠。无论是附壳象形珍珠和非附壳象形珍珠都是以象形核模为核心，经过人工插核培育形成的具一定形象的珍珠，因其生动形象、光彩绚丽，与普通珍珠相比别具特色，而成为一种名贵的珠宝或工艺品。

一、育珠蚌及手术季节的选择

用于象形珍珠手术操作的育珠蚌一般选择3～7龄三角帆蚌、褶纹冠蚌等淡水育珠蚌，个体大，壳面最好扁平且完整无缺，外套膜完整无伤，壳内面珍珠层光亮细洁，体质健壮，活力强，能够经受象形珍珠育珠手术操作考验的健康蚌。手术季节应选择在春秋两季，水温以18～30℃较适宜，因为这时蚌外套膜上皮细胞分泌珍珠质旺盛，经过1个月左右，象形核模即可被珍珠质覆盖和固定。

二、象形珍珠核模材料与制备

象形珍珠核模相当于有核珍珠珠核，核模形状直接关系到象形珍珠的成品形状，核模的艺术造型可以是佛像、人物和花鸟虫鱼等各种动物，或如嫦娥奔月、八仙过海等典故画。制备核模的材料很多，可以用铅、银、金、合成树脂、硬塑料、蚌壳、石蜡、大理石、陶瓷等，其中以蚌壳为最好。因为蚌壳相对密度和膨胀系数与珍珠层相对密度和膨胀系数基本相同，故不会因膨胀系数不同而使象形珠珍珠层爆裂或脱落。用金属材料制作核模时，表面要涂上一层保护膜，以免被水中有机酸腐蚀而影响质量。核模质量要求质地坚实，雕刻精细，形象逼真，纹路清晰，刻纹要深，模边缘角度控制在45°以内。象形附壳珍珠核模贴壳一面在制备过程中一定要做成规则的凸弧面，弧面幅度与贝壳内壳面弧度相吻合，使其植核后能够紧贴育株蚌内壳面，不留空隙。为了培育彩色象形珍珠，可以在制备核模时预先涂上各种所需的色彩。附壳象形珍珠核模大小与育珠蚌大小相关，一般核模宽度小于育珠蚌中央膜宽度，长度低于育珠蚌体长的2/3，厚度控制在3～5毫米。非附壳象形珍珠核模要小于象形附壳珍珠核模。

三、手术操作

象形珍珠植核手术前，必须对核模进行消毒处理，一般生产上多以酒精消毒后，再用脱脂棉擦干，放于手术盘中待用。

（一）附壳象形珍珠的手术操作

1. 手术工艺流程

附壳象形珍珠的手术工艺流程为：开壳口—割离外套膜（开通道）—植核模—微调核模位置—消毒—拔塞—闭壳—标记。

2. 手术操作

手术前先用毛刷等工具洗刷掉准备手术操作育珠蚌外壳上的污物，然后暂养于清水中24小时以上，让其吐污。手术时首先将蚌放于0.1%～0.2%的高锰酸钾溶液中浸泡5～10分钟，以杀灭蚌体上病菌，然后用开壳器撑开蚌壳壳口，塞上固口塞，用湿海绵或药棉轻轻擦去腹缘及边缘膜内外手术处的黏液和污物，再用锋利的解剖刀在外套膜和贝壳连接处开口，使部分外套膜脱离蚌壳，形成一条缝隙通道。缝隙大小以核模正好通过为度。接着将核模底面涂上一层黏着剂，一手用通片针将已割离的外套膜轻轻挑起，另一只手将核模顺着缝隙挤入，底面贴壳，正面贴向外套膜。用整模器在外套膜内表侧，轻轻拨动核模，调整位置，直至核模与蚌壳紧贴为止。再用整模器轻轻整理外套膜伤口，并轻压，使伤口处外套膜紧贴蚌壳，以帮助外套膜与蚌壳早日愈合。最后用0.1%金霉素或四环素等抗菌类药物对伤口进行消毒处理，拔塞闭壳，用刀在外壳上标记植核信息。每只蚌壳的一面手术完毕，如果手术蚌体质强壮，可以将蚌体翻过来进行另一侧的植核手术；如体质弱只能先植一边，放入池塘暂养，植核模的一边向下放入笼内养殖，等伤口愈合后再进行另一侧的植核手术，一般要1个月左右时间。如同时接受两侧植核手术的蚌，植核后要每2天左右翻身一次，以帮助两侧核模均能贴壳成珠。所以，单次完成两侧手术的方式可以减少手术时间和蚌体开口受伤次数，但养殖过程中要多次翻身，操作上比较麻烦，各地可根据具体情况灵活选择单次植核方式或者分次植核方式进行手术操作。手术完毕的蚌放入0.01%呋喃西林水体中浸浴消毒，防止手术感染。

（二）非附壳象形珍珠手术操作

附壳象形珍珠只有单面珍珠层，也就是半边珠，而非附壳象形珍珠是全珠，四周都有珍珠层覆盖，所以价值比附壳象形珍珠更高。手术操作过程与附壳象形珍珠相比，植核部位发生了变化，植核时要插细胞小片，具体操作方法与有核珍珠手术操作基本相同，插核的部位一般在外套膜和内脏团，核的材质与附壳象形珍珠的核模材质相同，核模形状可以为立体多面雕刻。由于非附壳象形珍珠与附壳象形珍珠植核部位不同、要求核模规格比附壳核模小，所以成品规格要比附壳象形珠小，一般小于5厘米。另外，部位不同珍珠层分泌速度也不同，非附壳象形珍珠成珠时间要长，一般要2~3年。手术操作的消毒处理方法按照附壳象形珍珠手术操作。植核手术结束后，将蚌按照腹缘向上或平放的方式放入笼内养殖，并保持3~4个月内不要翻动笼内育株蚌姿态，避免由于翻动导致核模移位或吐核，影响育珠成效。

第三节　彩色珍珠的培育方法

　　一般珍珠是白色的，但有些蚌所产生的珍珠除白色外，还可呈紫色、橘红色、橘黄色、淡红色等，这些带有不同色彩的珍珠就叫做彩色珍珠。彩色珍珠根据珍珠色彩成因可分为天然彩色珍珠和人工彩色珍珠。天然彩色珍珠是指由于养殖环境、育种蚌种类以及细胞小片不同而自然形成不同色彩的珍珠，它的色彩表达与珍珠成珠部位、小片蚌年龄和小片来源部位、育珠蚌养殖环境中各类金属元素含量以及育珠蚌种类相关。人工彩色珍珠是指经过人工核染色或辐射处理而形成的不同色彩的珍珠，它的色彩表达主要与核所染色彩种类或辐射剂量相关。

一、天然彩色珍珠培育方法

　　无论是人工养殖珍珠还是天然珍珠，无核彩色珍珠的自然显色是根据珍珠层本体色的遗传性质，通过细胞小片移植而成的。它和小片蚌内壳珍珠层的色泽直接相关，也和插片或插核部位、养殖环境、育珠蚌种类、年龄相关，所以天然彩色珍珠培育还需在这些方面进行针对性控制。以下就是目前生产上常用的几种培育彩色珍珠控色方法。

（一）蚌壳色和小片部位控色法

　　制备小片是培育彩色珍珠的关键。长期实践证明，珍珠色泽与制片蚌内壳珍珠层色泽直接有关，同时还因每只蚌取片部位不同而有差异，由前向后逐步加深，如表 5 - 1 和表 5 - 2 所示。故要育出天然的彩色珍珠，可以通过选择所需壳色蚌和部位制取细胞小片进行手术操作后培育获取。这样培育出的彩色珍珠完全是天然颜色，能始终保持光彩夺目，永不褪色。

表 5 – 1　母蚌和小片蚌的壳色各对珍珠色泽的关系

育珠蚌壳色	小片蚌壳色	结果（珍珠各色泽出现率）
青白	青白	白色80%、红、黄
红	红	白色45%、红55%
红	青	白80%
青	红	红60%
黄	黄	黄80%

表 5 – 2　取片部位对于珍珠色泽的影响

取片部位	珍珠色泽
前部	玉白、银白色较多
中部	浅粉红、淡黄色较多
后部	粉红、淡玫瑰红、金黄色较多
背部	深粉红、橙、金黄、铜、玫瑰紫、彩色

①用内壳珍珠层为橘黄色三角帆蚌后端膜及冠羽膜制成的细胞小片，可育成肉色、深黄色、橘红色、纯金色、紫铜色的黄色系统彩色珠。

②用内壳珍珠层为淡粉红色三角帆蚌后端膜及冠羽膜制成的细胞小片，可育成粉红色、深粉红色的粉红色系统彩色珠。

③用内壳珍珠层为深紫色三角帆蚌后端膜及冠羽膜制成的细胞小片，可育成紫色、深紫色等蓝色系统彩色珠。

④用内壳珍珠层为银白色三角帆蚌后端膜及冠羽膜制成的细胞小片，可育成银白色、乳白色、玉白色等白色系统珍珠。

⑤用内壳珍珠层为红绿蓝或红绿色三角帆蚌后端膜及冠羽膜制成的细胞小片，可育成淡红色、淡紫色的彩色珍珠。

（二）小片蚌年龄控色法

用低龄三角帆蚌外套膜制备的细胞小片插植到高龄三角帆蚌多产米黄色珍珠。

（三）不同种类小片蚌控色法

不同种类小片蚌控色应用包括以下几个方面。

①用褶纹冠蚌外套膜制备的细胞小片插植到三角帆蚌外套膜，一般多育成金色珍珠。

②用背角无齿蚌外套膜制备的小片插植到三角帆蚌外套膜，一般多育成浅红色珍珠。

③用圆背角无齿蚌外套膜制备的小片插植到三角帆蚌外套膜，一般多育成粉红色珍珠。

但是，由于小片蚌与育珠蚌种类不同，可能由于生理排斥，培育的彩色珍珠颗粒小、产量低，所以在实际生产中该法用得较少。

（四）育珠蚌种类控色法

不同育珠蚌培育的珍珠色泽有所差异，三角帆蚌贝壳珍珠层有各种颜色，如紫金色、紫蓝色、黄色等，这些颜色都是光泽耀目的；而褶纹冠蚌贝壳珍珠层一般呈白色，较暗淡。因此，三角帆蚌所育出的彩色珍珠比褶纹冠蚌较多。

（五）养殖环境控色法

有人认为珍珠色泽的表达与育珠蚌养殖水域大小、向阳程度、吊养的深浅以及水体中理化因子都有一定关系。根据学者们对各类彩色珍珠中各金属元素的含量差异显示，不同金属元素含量表达不同的色彩，如比较研究黄、白、黑 3 种颜色珍珠微量元素含量发现：镍（Ni）、钴（Co）、铅（Pb）、钼（Mo）、铬（Cr）在不同颜色珍珠中含量很相似，差异不大；3 种颜色珍珠锰（Mn）、铜（Cu）、锌（Zn）、铁（Fe）、镁（Mg）100 克含量差异较大，其中锰的含量：白色珍珠＞黑色珍珠＞黄色珍珠；铜的含量：黄色珍珠＞黑色珍珠＞白色珍珠；锌的含量：黄色珍珠＞黑色珍珠＞白色珍珠；铁的含量：黑色珍珠＞黄色珍珠＞白色珍珠；镁的含量：黄色珍珠＞黑色珍珠＞白色珍珠。又有学者和专家对不同养殖水体中金属元素含量差异以及不同水体生产的珍珠色泽差异进行相关分析，结果显示：珍珠呈色与水体中不同元素的不同含量有直接关系，不同元素的种类和含量影响到珍珠色泽，镍、铁、铅、钼、锰、钴、铜、锌、镁等元素都能影响其珍珠色泽，其中钴、铁元素含量高会对深色珠珠的形成有利；铅、钼、锰、锌、镁对中色珠的形成有利；浅色珠的形成则规律性不强；水体中镍、铁、铅、钼、锰、钴、铜、锌、镁、汞 10 种元素总平均含量来看，中色珠水体＞深色珠水体＞浅色珠水体。因此，在养殖水域中人为重点补充某些金属元素或金属元素含量，有意识地定向培育理想的彩色珍珠，从而达到控制珍珠色彩的目的。

总之，影响天然彩色珍珠色泽形成的因素很多，在众多影响因素中以小片蚌珍珠层色泽和水域中金属元素含量与珍珠色泽表达的关系最为密切，所以目前生产多采用小片控色法和养殖环境控色法来培育彩色珍珠。

二、人工彩色珍珠的培育

人工彩色珍珠可分为核染彩色珍珠、辐照彩显珍珠和直染珍珠。

（一）核染彩色珍珠

核染彩色珍珠是指用染料给珍珠核上色，再插入育珠蚌体内培育有色彩的有核珍珠。但是，这样的彩色珍珠时间一长就会褪色，影响珍珠质量，而且在给珠核上色时，上色层不能太厚，稍厚色彩就反射不出来了。其生产主要是在贝壳珠核的基础上，镀以计划生产所需的色彩，再插植到育珠蚌体内。一般镀层为彩色金属物，其色彩稳定，不易褪色。镀法主要是采取真空电镀法和化学反应法，或此两种方法并用法。化学反应法的原理是利用某些物质进行化学反应，生成有色的且与珠核黏附牢固的沉淀物，例如四氯化钛与甲烷反应即可生成碳化钛沉淀物，使珠核呈金黄色。其培育和手术操作与有核珍珠基本相同，为防止珍珠层过厚而影响核色的显色效果，培育时间上要短于有核珍珠。

（二）辐照彩显珍珠

对育成的珍珠进行人工 $^{60}Co-\gamma$ 射线辐照，可使珍珠产生不同颜色，实现人工增色的目的。经 $^{60}Co-\gamma$ 射线辐照处理后的珍珠无放射线残留已经确实，所以这也是生产人工彩色珍珠的一种方法。

（1）辐射剂量与辐照后珍珠呈色相关 一般随着辐射剂量加大，照后珍珠颜色逐渐加深，80 万～100 万伦琴为珍珠黑度的剂量极限（表 5－3）。

表 5－3　辐射剂量与珍珠显色对照（照射率为 370 伦琴/分）

辐射剂量/万伦琴	显色效果	辐射剂量/万伦琴	显色效果
5	无变化	30	橙紫色
10	灰色不明显	40	深紫色
15	灰色可见	50	深紫色
20	浅灰色	80	紫黑色有荧光
25	深灰色	100	黑色有荧光

（2）辐射率强弱影响辐射后的珍珠质量　辐射率基本上是由钴源强度和照射距离所决定的。当钴源剂量一定时，它与照射珍珠距离的平方成反比。例如照射量 80 万伦琴，370 伦琴/分和 490.7 伦琴/分的照射率辐射，得色后的珍珠质性状，前者黑色，有荧光，皮质光滑，珠层完整；后者亦为黑色，有荧光，但皮质龟裂或有破碎感。可见辐射率过高时，即使是在黑化度照射剂量极限范围内，也容易产生珍珠层破裂现象。

（三）直染珍珠

除了上述方法可以得到人工彩色珍珠外，还可以通过珍珠表面染色方法以及辐照结合染色的方法得到人工彩色珍珠。

第四节　夜光珠的培育方法

人们所熟知的夜明珠是大地里的一些发光物质经过千百万年，由最初岩浆喷发，到后来地质运动，集聚于矿石中而成，含有这些发光稀有元素的石头，经过加工而成。夜明珠有着长时间而复杂的形成过程，十分稀有，人工无法培育。在育珠生产中也有一种经过人工培育能够在夜间发出微光的夜光珠，也有人把夜光珠称作夜明珠。1973 年湖南省水产研究所张元培用化学和原子物理学方法进行了夜光珠的养殖试验，并获得初步成功。夜光珠的插植手术同于有核珍珠。只是在珍珠核上涂有碘化锌等作为发光基体，用放射性同位素^{147}Pm 激光，用高分子化合物的单体在常温下使其聚合作为防护层与保溶剂。细胞小片用相应的二价金属离子及低温处理（同于彩色珠）。然后采用"同放手术"，将基体核和细胞小片移植到育珠蚌外套膜结缔组织中，经 1~2 年养殖，即成夜光珠。从实践来看，以放射性元素作为发光体的夜光珠，一方面，污染养殖环境，对生物产生毒害；另一方面，影响使用者的身体健康，故使用价值不明显。后来，在张元培培育夜光珠方法基础，对夜光珠培育方法进行了改进。现就目前夜光珠的主要培育方法作简单介绍。

一、无核夜光珍珠培育方法

如"夜光珍珠养殖法"（专利号申请号：CN90100591.6）叙述，先按照无核珍珠手术操作方法将细胞小片插植到外套膜，然后将蚌放养在育珠水域进行养殖，养殖 15 天以上时，外套膜内珍珠已经形成，取出育珠蚌，打开壳口并加塞固定，用注射器吸取蚌体的部分黏液与荧光剂调和均匀后，吸取部分带有荧光剂的黏液轻轻地注入到珍珠囊中，注射剂量不能过大，然后将蚌放入低浓度的高锰酸钾溶液中浸泡 20 分钟左右，最后将其在清水暂养 1 天后吊养到育珠蚌养殖水体进行正常培育。经过 1~2 年养殖即可培育出无核夜光珍珠。

二、有核夜光珍珠培育方法

有核夜光珍珠培育方法关键在于制备带有荧光剂的发光珠核。发光珠核的制备有两种：一是如"夜光珍珠养殖法"（专利号申请号：CN90100591.6）叙述，采用三线交叉孔注入法，即在所选珠核上交叉打孔，然后往孔内注入荧光剂，去除孔外余剂，用透明胶水或树脂等物封住孔口，即制成了发光珠核；二是如"夜光珍珠培育方法"（专利申请号 CN200810019733.4）叙述，选用具有透明或半透明的可熔融介质，如石蜡等，然后通过熔融介质，并加入事先准备好的不同荧光颜色的荧光剂并搅拌均匀，最后倒入模具固化成型，即可得带有荧光的珠核。得到发光珠核后，按照普通有核珍珠培育手术操作及养殖方法进行有核夜光珍珠培育。

比较两种夜光珍珠培育方法，有核培育法在育珠蚌成活率和夜光珍珠品质方面均优于无核培育法。

第五节　再生珍珠的培育方法

珍珠采收通常采用杀死珠蚌从珍珠囊袋里取出珍珠的方式，该方法一只河蚌只能培育一次珍珠，其资源利用率只有一次，如想再得到珍珠，必须重新开始小蚌繁育、插种、养殖等一系列生产活动。而再生珍珠生产是采用活蚌取珠的方式，即用开壳器将珠蚌撑开，在珍珠囊的一侧划一刀口，用顶珠叉把珍珠从珍珠囊里挤出来，使珍珠囊仍留在外套膜中，利用珍珠囊上皮细胞重新分泌珍珠质而形成珍珠。这样，一只河蚌可循环多次利用，资源利用率高，省工、省本，养殖周期短，年经济效益高。目前，生产上较为常用的再生珍珠培育方法有无核再生珍珠培育和有核再生珍珠培育。

一、无核再生珠培育

利用一般的无核珍珠蚌，活蚌取珠后，利用其珍珠囊培育再生珠。此法养成的再生珠珠形呈扁形，大小不一，不规则，其效益略差。

二、有核再生珠培育

有核再生珠（彩图28）是活蚌取珠后，把珠核插入珍珠囊，珍珠囊包围珠核分泌珍珠质而形成的有核珍珠。依珠核形状不同，可分为扁形（纽扣形、短菱形等）有核珍珠、正圆形有核珍珠。此法生产的扁形有核珍珠与一般的插入细胞小片培育的有核珍珠相比，具有固核率高、珍珠质全包围珠核的比例高、质量好、生产周期短、经济效益高等优点。更值得一提的是，正圆形有核再生珠是目前生产大颗粒正圆珍珠的研究发展趋向，如上海海洋大学与长青集团开发的周氏巴罗克珠（彩图29）。有核再生珠生产，可选用一般无核珍珠蚌、有核珍珠蚌作为珠蚌，但以有核珍珠蚌作珠蚌生产再生珠最为理想。特别是利用培育有核纽扣珠的珠蚌作为再生珠育珠蚌，活蚌取珠后培育再生珠。由于培育纽扣珠的珠核形状规则，大小一致，其形成的珍珠囊大，因此培育的再生珠呈扁形，大小均匀，规格大，珍珠光滑细腻，珠光强、质量好，适宜加工成多种新奇饰品。

三、再生珠的手术操作方法

选择第一次育珠大、光泽好、数量多、外形完整、养殖年限在2~3年的健壮个体。无光珠、红珠等劣珠，或烂鳃严重、蚌壳不完整的育珠蚌，均不宜育再生珠。在3—4月或6月中下旬，逐一检查育珠蚌，用竹片头轻触一下每颗珍珠，检查珍珠生长情况。把符合培育再生珠的后备育珠蚌，集中吊养在一起，进行强化培育。到了珍珠采收季节，将育珠蚌放在手术台上，用开壳器从蚌的腹缘后端插入，慢慢撑开并加塞固定，使其双壳不能闭合。然后用拔鳃板把内脏团拨向暂不取珠的一侧，先用弯针将珍珠固定，后用手术刀在珍珠囊上划一伤口，轻推珍珠将珍珠从珍珠囊中取出。按此法依次将珍珠逐个挤出珍珠囊，一侧采完后即把珍珠倒出。如培育无核再生珠，则已完成手术操作；如培育有核再生珠，则要把珠核放入珍珠囊内，操作方法与一般有核珍珠放珠核一样。一侧施术完毕，开始另一侧施术。最后，取出塞子，将育珠蚌放养于育珠水域。经过1.5~2.0年后，便可收取再生珠，一个育珠蚌可连续培育再生珠2~3次。

四、再生珠养殖技术要点

再生珠养殖技术要点包括以下几个方面。

①河蚌双壳张开的大小要适中，一般0.8厘米左右，开口过大，用力过猛，均易损伤蚌的闭壳肌，严重时会造成蚌死亡。采珠时划破伤口的大小刚好使珍珠能挤出。过大会使伤口愈合慢，过小珍珠挤不出来。伤口离珍珠不要太远，划破口和推珠用力点成一直线，使珍珠易脱出，用力不能过大，以免珍珠囊顶出，万一外露应将其送回原位，每次取1~2颗，然后把取珠工具头部的污物揩净，防止污物带入珍珠囊内。

②培育有核再生珠时，珠核大小要根据原有珍珠大小来决定，宜小于原有珍珠。插入的珠核必须放入珍珠囊中。另外，要注意蚌的承受能力，不能全部插入珠核，可选择原有珍珠大的囊培育有核再生珠，其余培育无核再生珠。

③再生珠手术季节以每年3—4月、9—10月为佳。

④育珠蚌吊养以腹缘向上为好，尤其是插入珠核的蚌。如条件允许可采用捆绑蚌体的方法提高固核率。

⑤养殖周期一般只需1.5～2.0年。如有特殊需要，可延长养殖时间。

第六章 养蚌育珠技术

内容提要：养蚌育珠的水体条件；珍珠养殖的工具；珍珠养殖期间的管理；珍珠养殖管理实例分析。

珍珠的培育就是育珠蚌的养殖，只有做好经过植片手术的育珠蚌的养殖工作，才能育成个体大、质量好的珍珠。

第一节 养蚌育珠的水体条件

水是蚌的生活环境，水域条件的好坏直接关系到育珠蚌的生长和珍珠的形成。选择良好的水域是养蚌育珠的关键因素之一。

一、育珠的水域类型

一般来说，凡是能养殖鱼类的水域都可以用来育珠。总的要求是水质无污染、水源充足、水位相对稳定、水体面积不能太小。

（一）按水域营养条件划分

1. **富营养型**

水深一般不超过 4 米，透明度为 25 ~ 40 厘米，pH 值为 7 ~ 8，水呈黄绿色，浮游生物丰富（浮游植物为 850 万个/升以上，浮游动物为 25 万个/升以上）。此类型水域最适宜养蚌育珠。

2. **腐殖质贫营养型**

水呈黄褐色，透明度在 70 厘米以上。由于腐殖质多，形成胶状物质分散悬浮于水中，大量地吸收无机盐类，耗氧量大，使浮游植物的养分供应不足而得不到很好的生长。水质较差，不宜养三角帆蚌，但尚可养殖褶纹冠蚌和背角无齿蚌。若在此类水体养三角帆蚌，则需要进行投饵施肥。

3. 贫营养型

水中有机物贫乏，浮游生物量很少，底质为沙土或沙砾底，水质清瘦，透明度常在1米以上，初级生产力很低，一般不宜养蚌育珠。如果育珠的话，就需要投放大量的有机肥和无机肥。

（二）按水体流动性划分

1. 敞水水域

敞水水域具有溶解氧高、水质较清新的特点，一般不会出现溶氧缺乏现象。但饵料生物量不同，育珠效果也不一样。位于城镇近郊的敞水水域，由于大量生活污水及工厂无毒废水的排入，水质一般较肥，饵料生物丰富，育珠蚌在这种水域中的放养密度可较大。在轮养条件下，每亩放养育珠蚌1 000只左右。位于农村的大水面，四周多为农田和村庄的水域，水质好，放养密度可大些；如距村庄较远，水的肥度差，饵料生物量一般，育珠蚌放养密度可稍低些。四周环山或贫瘠的丘陵水域，水质清瘦，饵料生物数量少，育珠蚌放养密度每亩不宜超过300～800只。

2. 微流水水域

微流水能不断给育珠蚌带来大量的饵料和溶解氧，而且能带走育珠蚌新陈代谢过程中产生的大量废弃物，使水体始终保持新鲜状态。这种水域的育珠蚌放养密度可高些，视水体肥瘦情况而确定养蚌数量，一般亩放养800～1 000只。这类水域最好实行轮养制，使水体生产力定期休复。

3. 静止水域

如塘、堰等封闭性水体，池塘水一般较肥，饵料物丰富，但水质条件不如流水水域，而且水质变化大，不够稳，常常出现溶解氧缺乏现象。若放养密度过高，不利于育珠蚌的生长和珍珠质的分泌，严重时会造成死亡。实际上，这类水域是我国淡水育珠的主要水体，一般以鱼蚌混养为主。由于面积相对较小，在管理方面也相对容易一些。只有加强管理，才能克服此类水水质变化较大等弊端。

（三）按水域形态划分

1. 池塘

池塘（彩图30）包括连片精养鱼池、零星分布的塘堰等小水域，是目前养殖珍珠最普遍的水域类型。理想的水域面积应为5～12亩，水深2米左右，水质容易培肥，水体不与外界直接相通，浮游生物丰富，只要管理得当，较有利于育珠生产。

2. 哑河、沟港

哑河是一头断流，另一头通流的河道。哑河与沟港（彩图31）随着养珠业的发展而正在逐渐被认识利用。这类水域水体经常流动，溶氧充足，水质清爽，饵料生物较丰富（略比池塘差），如流速适当（每分钟小于5米），水位稳定，无污染，则是育珠的最佳水域。育珠时应选择水面较宽、水位较深、无污染的河道。

3. 湖泊

水域面积大（彩图32），具有封闭性和通江性两种类型。由于水面大，氧气十分充足，但不同的水域，水质肥瘦不一，饵料生物或多或寡。若进行育珠生产，应择优进行利用。如果利用得当，会产生相当好的经济效益。

4. 水库

水库（彩图33）的功能以灌溉农作物为主，因而水体经常交换，一般水温偏低，水质清瘦，饵料生物贫乏，不宜用于珍珠养殖。但一些中、小型水库，经过多年的养鱼和有机质的富集，水质逐渐由瘦变肥，亦可择优用于育珠生产。

二、育珠水域的基本条件

育珠蚌的生活环境是水域，水环境不仅决定育珠蚌能否生存和生长，而且直接影响到养殖珍珠的产量和质量，因此对水域环境的选择就显得十分重要。通常要求水源无污染，进、排水方便，最好有微流水，水质较肥沃，符合育珠蚌快速生长的需要，水面无水生植物，底质淤泥较少，水深在 1.5 米左右以上。

（一）水深

育珠水域的水位深度以 1.5 ~ 4 米为好，以 2 米左右为最佳。低于 1 米或高于 5 米均不宜养殖珍珠。水位过浅，水温受气温影响变化大，夏季炎热，水温过高，而冬季寒冷，水温过低。水位过浅，同时影响水质的稳定性，如容易受风浪的影响而浑浊。水位过深，则下层水温低，影响水中营养物质循环，饵料生物难于满足育珠要求，对育珠蚌的生长同样不利，严重时会引起育蚌死亡。

（二）pH 值（酸碱度）

水的酸碱度反映了水体的氢离子浓度，用 pH 值表示。大多数淡水水域的 pH 值为 6.5 ~ 8.5（不受外界影响，如污染等），都可以养殖珍珠，但中性或偏碱性的水域（pH 值为 7 ~ 8）最适宜于育珠蚌的生长和珍珠质的分泌。pH 超过适宜范围（低于 6 或高于 9）时，就会影响育珠蚌正常的生活和生长，尤其是 pH 值过高或过低的水体，育珠蚌不能生存。因此，适宜的 pH 值是珍珠培育的必要条件。

（三）水流

一定速度的流水，对育珠蚌的生长和珍珠的培育十分有利。

①流水能保持水质清新，溶氧充足，饵料生物补充快，从而较好地保证了育珠蚌的营养需要。

②育珠蚌的排弃物能得到及时清除，有利于减少污染，提高珍珠的质量。

③使营养盐类均匀分布，促进热量向水层传播。

生产实践证明，三角帆蚌在水流通畅的河道中生长良好，养殖 1 年可产珍珠 5 克/只，且光泽度好，质量较高；而在静水水域中则生长缓慢，养殖 3 年仅产珍珠 2.5 克/只。褶纹冠蚌的养殖也可得到类似的结果。

（四）无机盐

河蚌的生长和珍珠质的分泌离不开无机盐类。水体中溶有多种营养盐类，这些盐类对育珠蚌的生长和珍珠的形成有直接和间接的影响。钙是育珠蚌贝壳和珍珠的主要成分（以碳酸钙形式存在）。因此，蚌对钙的需求量较大，一般要在 15 毫克/升以上。以外，还要求有一定量的镁、硅、锰、铁，以及铜、锌、铝、银、金、钒、铜、镧、硒、钇等元素，特别对一些营养元素（如氮、磷等）需求量很大。

（五）饵料生物与水色

饵料生物是育珠蚌生活和生长的重要基础，水体中饵料生物丰富，育珠蚌需要的营养得到较好的保证，就生长快，育珠质量高。育珠蚌与其他蚌一样具有直接营养和渗透营养的特点，其主要饵料生物是浮游植物、浮游动物及部分原生动物，浮游植物有隐藻、硅藻、甲藻、金藻和绿藻等，浮游动物有轮虫、桡足类和枝角类等，其中浮游植物是育珠蚌的主体饵料，三角帆蚌以食硅藻、甲藻等为主，兼食原生动物和有机碎屑等。育珠蚌由于行动迟缓，基本没有主动摄食的能力，只能靠其鳃和唇瓣上的纤毛摆动，形成水流，使水不断从进水孔进入，经过筛滤得到食物。这种非常被动的取食方式，其饵料组成成分必然随着水体中浮游生物的变化而变化。

水中的浮游生物和泥沙碎屑的含量决定着水体的水色和透明度，从水色的深浅可以看出水中饵料生物的丰歉，饵料生物多，则透明度低，水色深。一般以黄绿色的水体最适宜于养殖育珠蚌，养殖水域的透明度，三角帆蚌以 30 ~ 45 厘米、褶纹冠蚌以 20 ~ 35 厘米为最佳。

（六）光照和通风

光照是影响生物生长的主要环境因子之一。光照能够直接产生热效应，从而对育珠蚌和饵料生物的生存提供能量来源。光照影响水环境的理化性状，对育珠蚌的颜色、生殖和运动等具有重要意义，同时对珍珠的光泽有较大的影响。

（七）水温

育珠蚌的生长、发育、繁殖、分布及珍珠的形成和生长都直接受水温的影响。育珠蚌的适宜温度范围为 20~30℃，此温度条件下，育珠蚌生长迅速，珍珠质分泌旺盛，成珠时间快。而当水温在 8℃ 或更低时，育珠蚌的新陈代谢基本处于停滞状态，活动微弱，珍珠质停止分泌。水温在 35℃ 或以上时，育珠蚌生长受到抑制，异化作用大于同化作用，甚至衰弱死亡。

三、鱼珠混养的水域条件与对环境的要求

（一）水源和水环境

鱼、珠养殖水域必须有充足的水源和良好的水环境。水源充足，排灌方便，如逢天旱水浅或水中缺氧，影响鱼、蚌生长时，可以及时加水或换水，防止鱼类泛池和蚌窒息死亡。同时，在水域附近和水源上游，不允许有污染源，特别要防止工厂的有毒废水或农田施放农药后的排出水流入养殖水域中，稍有不慎，即会造成鱼、蚌大量死亡。环境要求安静、宽敞，无高大的遮挡物，使水面通风，光照充分，有利于鱼、蚌生长。

（二）水深和面积

养殖水域的水深和面积与水体生产力有密切关系。水体越大，水环境变化越小；反之，变化则大。水浅的小池塘，因阳光直射池底，水温容易升高，腐败物分解迅速，细菌和浮游生物繁殖旺盛，水中耗氧量加剧，易引起池水恶化。尤其是静水小池塘，在得不到外来流水增氧的条件下，即使其他环境因子相对稳定，其生产力也是极为有限的。不过，养殖水体也并不是越大越好，如过深的水体，由于下层的光照条件太差，上、下水层对流缓慢，使下层水长期处于缺氧状态，有机物不易分解，从而影响浮游生物的繁殖，生产难以提高。水面过大，会给操作和管理带来不便，一旦发生病害，不易处理，往往造成很大的损失。鱼蚌混养的生产实践证明：池塘面积 5~12 亩、水深 2.0~2.5 米为适宜。

（三）土质和底质

养殖水域的土质与底质，是导致水环境优劣的重要因素。一般土建池塘，以壤土最好，黏土次之，沙土最差。因壤土的保水、

保肥性能好，有利于饵料生物的生长繁殖；黏土的保水性虽强，但容易板结，通气性差；沙土不仅不能保水，而且容易崩塌，不宜建筑养殖池。

池塘经过几年养鱼育蚌之后，由于残剩的肥饲料、鱼蚌粪便以及生物尸体等日积月累，与池底的泥沙混合，形成一层淤泥（含腐殖质）。适量的腐殖质层对生物的生长繁殖是有利的，但平均厚度在 20 厘米以上时，就容易引起池水恶化，必须采取清池、换水、施放生石灰等措施。

第二节　珍珠养殖的工具

养殖珍珠需在养殖水域架设一定的设施，如吊养支架、笼筐、绳索、浮球等。

一、吊养支架及其类型

不同类型的水域和不同的养殖方式，应按照节约及实用的原则来选择相应的吊养支架，常见的有固定型支架、活动支架、桩绳联姻支架、浮球绳索联姻支架及竹筏式支架等。

（一）固定支架

在水面较宽、风浪又较大的水域中养殖常采用固定支架，即用木棒或毛竹架桩，再用毛竹横档，绑扎于桩上即成。这种架比较牢固，经得起一定的风浪冲击，但灵活性差。

（二）活动支架

在水位变化较大、风浪较小的水域中养殖珍珠可采用活动支架，它与固定支架不同之处是横档毛竹的两端用绳子系在桩上，可以活动，随水位涨落而升降，使育珠蚌始终保持在一定的水位。这种支架也适用于通湖的水域。

（三）桩绳联姻支架

桩绳联姻支架指将塑料绳拉直固定在两岸或池边的木桩（或竹桩）上，中间则用竹或水泥桩撑起使育珠蚌保持适宜的水深。

这种支架主要适用于池塘、河道等较小水域。

（四）浮球绳索联姻支架

在水面宽阔、风浪较大、水位较稳定的大中水域中养殖珍珠，一般使用浮球绳索联姻支架。其做法是将塑料浮球（或其他浮力大的物体）绑扎在尼龙绳索上，然后将绳索的两端扎在固定的竹桩、木桩或水泥桩上，浮球浮于水面即成。

（五）竹筏式支架

竹筏式支架指用4根竹子扎成"口"字形，放入水中，四周用不漏水的废油桶作为浮球，以增加浮力，育珠蚌吊养其中，此筏一角再用绳固定在桩上或锚钩上。这类支架一般适用于大水面、水位落差大的水域养殖珍珠。

二、吊养网笼及其类型

（一）网笼

网笼由竹篾做成的三角形或方形或圆形的骨架，再将用尼龙绳编成的网袋支撑成各种形状。网笼的大小可自定，目前多为0.12平方米。

（二）网夹

网夹由网目为2厘米以上的聚乙烯网片剪裁而成，一般长40厘米、高15～20厘米，两头结扎，上缘穿1根竹竿，中部留下一小口以便放入育珠蚌。

（三）铁丝笼

先用粗铁丝做成支架，再用稍细的铁丝在四周编成网即可做成铁丝笼，形状可多样，大小也可自定，一般底面积为0.15平方米左右。因成本较高且操作不便，现已基本淘汰。

（四）塑料篓

塑料篓即为定制的塑料框，有圆形、方形等，底面积一般为0.10～0.15平方米，高度为15～25厘米，上端用网线连接，是常见的吊养器具。

（五）网箱

育珠网箱做法与养鱼网箱相同，但网线较粗、面积较小、网目较大，多为聚乙烯网线编织而成。此法现被较多养殖户使用。

三、养殖方式

育珠蚌由于受到手术损伤等，术后需要良好的水域环境休整恢复。因此，完成手术的育珠蚌应及时放到育珠水域养殖。育珠蚌的养殖方式有串吊法、笼吊法、底养法等。

（一）串吊法

打孔拴绳吊养是在育珠蚌的翼状部钻 1 个小孔，再串上塑料胶丝绳，使之垂吊于延绳之下 20～30 厘米的水层之中养殖。一般行距 1.5 米左右，垂吊绳子的间距为 20 厘米。有时，一根细绳之下可串吊多只育珠蚌，但是每串的最底一只育珠蚌不能与底泥相接触。养殖密度一般每公顷水面以 1 000～1 500 只为宜。

（二）笼养法

笼养法指将育珠蚌放置在网笼内悬吊于绳上，每只网笼放蚌数量依笼的大小而定，一般应让每只育珠蚌都能接触到笼底，蚌腹缘向上，背缘向下，整齐排列。网笼悬挂在离水面 30 厘米左右的深度，行距 1.5 米，笼距在 1 米左右，吊养深度和放养密度与吊养法相同。

（三）底养法

在水面较宽且浅、底质壤土较硬、淤泥较少或沙性底的水域，可采用底养法（或称地播法）养殖育珠蚌。在地播之前，先要将育珠蚌放在流水池中暂养 1 周，待手术伤口愈合后，再播养于水底。底养法具有操作简便、成本低等特点，但由于塘底腐殖质较多，溶解氧低，天然饵料不利于蚌类摄食，故一般不采用此法。

以上 3 种方法，经生产实践证明，笼养法比底养法培育的珍珠产量高 38%，串吊法又比笼养法培育的珍珠产量高 27.4%。但由于现在所养的育珠蚌均为当年繁殖的小蚌，蚌的翼状部比较薄弱，钻孔处容易断裂而使蚌掉入池底死亡，且钻孔时易伤蚌体，使伤口发炎导致死亡，因此现在一般都采用笼养法。

（四）鱼珠混养

鱼珠混养就是在吊养育珠蚌的水体，投放与育珠蚌食性不相矛盾的鱼类，在收获珍珠的同时收获一定数量鱼类的养殖方式。鱼珠混养能够克服单纯养殖育珠蚌时的水体浪费现象，使水体得到立体的利用。通过多年的探索，目前已形成一整套鱼蚌混养的成熟技术，成为淡水产业的一种高效模式。在目前池塘育珠生产中，绝大部分都是实行鱼珠混养，这样，可充分利用水体，提高经济效益。鱼珠混养的放养模式主要有以鱼为主和以珠为主两种模式。

在一般情况下，混养鱼类如鳙鱼、鲢鱼等滤食性鱼类的放养量，可占总放养量的 20% ~ 30%，其中以鳙鱼为主，鲢鱼与蚌的食性相同，应适当少放。草鱼、团头鲂、鳜等食性鱼类可占总放养量的 70% 以上。它们不仅在食性上与蚌没有冲突，而且还可以清除池中的杂草和蚌体上的青苔等附着物及水体中的野杂鱼等。

第三节　珍珠养殖期间的管理

珍珠的养殖时间比较长，一般要经过 2 ~ 3 年方能采收。在整个养殖过程中，要采取各种有效措施，创造良好的环境条件，培育高产优质的珍珠。

一、术后初期管理及日常管理

（一）养殖初期管理

育珠蚌经过手术后，大都体质比较衰弱，需要半个月至一个月的暂养修复期，以促进伤口愈合，恢复正常生理活动。因此，手术蚌入池前应将池水调好，并以清爽为佳，不宜投放各种粪肥，要注意多加新水，以防肥害。育珠手术蚌入池后一个月内，管理工作要特别认真、细致，不论吊养或笼养，都不要随意翻动育珠蚌，不可使其离开水面，更不能开壳检查。一个月后，对其进行清查，发现死蚌应及时清除，之后可重新分笼吊养到育珠水域中。

（二）清除附着物

在养殖期间，由于水生藻类的大量繁殖，往往有大量的藻类附生于吊养的笼子上，阻碍水流畅通，影响育珠蚌摄食。同时，在蚌的贝壳上也常常附着大量藻类，影响育珠蚌的生长。所以，在养殖期间，要定期清除笼子上和蚌壳上的附着物，也要清除水中的杂草，保持水质清洁。

（三）调节吊养水层

水位的变化及水温的变化，要求调节育珠蚌的养殖深度。吊养的深度要随季节温度的变化而变化：冬季和夏季宜吊养深一些，以防寒冷和酷暑的不利影响。夏季离水面30～40厘米，冬季以放深到近河底而又不碰着泥为宜。春、秋季可吊放得浅一些，一般为20～30厘米，以加强光照，促进珍珠的形成和生长。

（四）定期巡查

育珠池应有专人巡视检查。其内容包括蚌的摄食与生长、病害、水质等。正常蚌的腹缘有柔软感、生长边颜色淡黄或嫩绿色、进水管突出，蚌体提出水面两壳闭合迅速、喷水有力等。反之，则说明河蚌可能已经染病，或可能是水体浑浊、水质过肥、溶氧不足、氨氮过高、饵料生物过少、饵料生物质量不好等。

二、水质要求

要育好珠，必先管好水。对育珠水质的要求，如养鱼一样，可用"肥、活、嫩、爽"四个字来概括。

（一）肥

"肥"即指水肥，水色浓，藻类数量高，水体中的营养盐和溶解的有机质含量丰富，浮游生物从数量和质量上都能满足育珠蚌的生理需要，且易消化的藻类数量多。透明度在25～35厘米之间，浮游植物生物量在20～80毫克/升之间。

（二）嫩

"嫩"指水色鲜嫩，水肥而不老，浮游生物处于旺盛的生长期，颜色鲜亮，易消化的浮游植物多，大部分藻类细胞未老化。老水主要有两个特征：

（1）**水色发黄或发褐色**　是藻类细胞衰老死亡的结果，形成老茶水（黄褐色）和黄蜡水（枯黄带绿）。

（2）**水色发白**　是微型蓝藻滋生导致的，这种水 pH 很高（9～10 以上），透明度很低（通常低于 25 厘米）。肥水经过一段时间后，如不调节或调节不当，就会老化，成为老水；老水经过适当的调节，也会转化为肥水、嫩水。

（三）活

"活"指水色、水华形状、水的透明度不停变化，每天不一样，每天的早、中、晚不一样，浮游生物的优势种 2～3 天就发生变化，是浮游生物处于生命旺盛生长期、池中物质循环良好的表现。由于肥水中生活的藻类大多为隐藻、甲藻、硅藻、金藻、裸藻、团藻等能游动的藻类，在生长的旺盛期，不停地在水中游动，造成水色深浅、水华形状的变化。透明度早、中、晚相差 10 厘米左右，水色有"早清晚绿"、"早红晚绿"、"半塘红（棕色）半塘绿"等变化。

（四）爽

"爽"指水质清爽，浓淡适宜，水中悬浮物少，水面无浮膜，水色均匀、不成团或者黏滞，水中含氧量较高。透明度在 25～40 厘米之间，水中营养物质丰富。浮游植物的生物量不超过 50 毫克/升。

要想水质保持"肥、嫩、活、爽"，可以通过合理施肥、四定投饵（定时、定量、定质、定位，投饵主要是养鱼）、加注新水调节水温、溶解氧、pH 等措施来实现。

三、水质判断

根据水色的变化确定育珠水域在育珠期间水质的好坏，是育珠生产过程中很重要的管理工作。一般将育珠水质分为较差、较好和优良三类。

（一）较差的水

较差的水有瘦水、老水和水华水 3 种。

（1）瘦水 水质清淡，或呈浅绿色，透明度较大，可达 60 厘米以上。浮游生物数量少，一般在 10 万个/升以下。水中往往伴有丝状藻类（如水绵、刚毛藻）和水生维管束植物（如范草等）。

（2）老水 肉眼看上去似乎水质较肥，但大多属于难消化的藻类。暗绿色：天热时水面常有暗绿色或黄绿色浮膜，水中团藻类、绿藻类较多。灰蓝色：透明度低，浑浊度大、水中颤藻等蓝藻较多。灰绿色：透明度低，浑浊度大，水面有灰黄绿色的浮膜，水中微囊藻、囊球藻等蓝、绿藻较多。

（3）水华水 俗称"扫帚水"、"乌云水"。浮游生物数量多，池水往往呈蓝色，或绿色带状，或云块状。池水透明度较低，为 20～30 厘米。

（二）较好的水

较好的水一般呈草绿黄色，浑浊度较大，水中多数是蚌类能消化和易消化的浮游植物，如蓝藻门的尖头藻、席藻，硅藻门的针杆藻，裸藻门的一些种类等。同时，浮游植物占浮游生物的比例较大。

（三）优良的水

优质的水呈黄褐色或油绿色。浑浊度较小，透明度一般为 25～40 厘米，水中浮游生物数量较多，浮游植物量为 15～35 毫克/升，所占的比例超过浮游生物总量的 80%，且藻类与浮游动物的种类是蚌类容易或极易消化的种类（比例不低于 80%）。

（1）褐色水 包括黄褐、红褐、褐带绿等，优势种群多为硅藻、隐藻、甲藻，同时也有较多的其他类浮游植物，如绿球藻、栅藻等，特别是褐色带绿的水。

（2）绿色水 包括油绿、黄绿、绿带褐等，优势种类多为绿藻（如绿球藻、栅藻等）、隐藻和甲藻，有时有较多的硅藻。

四、合理施肥

要管理好水质，就必须对该水域的水质和环境状况做好仔细的调查，调查内容有水中的主要营养成分（氮、磷等）、水体肥瘦、饵料生物丰歉等，然后再根据蚌的吊养量和鱼种的放养量来确定其施肥量。育珠水域的施肥应掌握以下的技术要点。

（一）化肥

施用化肥时，应注意以下几个方面。

①施肥比例适合。氮肥的最高限量：尿素不超过 2.45 毫克/升，硝酸铵不超过 3.3 毫克/升，硫酸氢铵不超过 5.6 毫克/升，化肥与有机物有机结合。

②化肥施用时间应在晴天的上午进行。

③水质浑浊，透明度小于 30 厘米时，不施化肥。

④水质的 pH 值应在 6.5～7.5，水质偏酸或偏碱时不宜施肥。

⑤在施用一般化肥后，应增施微肥或稀土。

（二）有机肥

将绿肥沤水堆在水中，勤加石灰勤翻动，沤出清水后必须捞尽残渣以免败坏水质。粪肥要晒干，大块要分散，根据水温和季节，掌握施肥的间隔时间和施用量：务必要求"少量多次"，春秋每隔 7 天一次，盛夏 3 天一次，勤施少施，粪肥每亩不超过 200 千克，沤草每亩不超过 500 千克。

（三）微肥和稀土

养殖多年的水域中培育出来的珍珠不仅色泽有明显差异，而且珍珠的产量（或小蚌的生长速度）也明显下降，珠质也差。究其原因，是因为水体中的微量元素含量下降所致，故适时施加微肥和稀土是十分必要的。施用微肥和稀土，特别是施稀土应注意：每月施 1～2 次，且间隔施石灰 1 次。稀土（硝酸稀土）的用量为 0.1～0.5 毫克/升；石灰的用量为每亩 10～16 千克。切忌稀土与石灰同时施用。

五、鱼珠混养的模式与管理

鱼珠混养主要有两种模式，现简要介绍如下。

（1）以吃食性鱼类为主的鱼蚌混养 平均每亩放养草鱼 140

尾、团头鲂 500 尾、鲢鱼 50 尾、鳙鱼 60 尾、鲤鱼 50 尾（或鲫鱼 200 尾），混养育珠蚌 500 只。在养殖期间，共需投放草料 6 000 ~ 7 000 千克，菜饼或豆饼等精料 60 ~ 70 千克。

（2）滤食性和吃食性鱼类并重的鱼蚌混养 平均每亩放养鳙鱼 50 尾、鲢鱼 150 尾、草鱼 200 尾、团头鲂 600 尾、鲤鱼 30 尾（或鲫鱼 200 尾），混养育珠蚌 500 只。在养殖期间，共需投放草料 1 万千克左右，菜饼或豆饼精料 100 ~ 150 千克。在夏、秋季，每亩增施氯化铵 1 ~ 1.5 千克、过磷酸钙 0.5 ~ 1 千克。

日常管理基本上可采取池塘养鱼的管理方法，但也要注意育珠蚌的生长情况，尤其是混养三角帆蚌的池塘，应侧重于育珠蚌的管理，其中施肥和投饵是两个重要环节。每当早春，在放养鱼和蚌之前应先做好清池和施基肥工作，一般每亩水面施有机肥 300 ~ 500 千克。放养后，必须根据水质的变化适当追肥，一般用无机肥（化肥）作为追肥。在池塘使用化肥时，氮、磷、钾的配比一般为 2:1:0.5，追施化肥一般每 7 ~ 10 天施放 1 次，也可追施有机肥，一般每隔一周每亩施放 100 ~ 150 千克。同时，在鱼、蚌生长期内，最好每月定期泼洒生石灰 1 次，既可预防鱼、蚌疾病，又增施了一次钙肥。对鱼类的饵料投喂以"四定"为原则，蚌也要适量投喂，并以优质的饵料供给育珠蚌，从而起到提高珍珠产量，增强珍珠光泽的作用。在育珠后期，可每天每亩全池泼洒豆浆 7.5 千克，饲养 2 ~ 3 个月，可增强育珠蚌的体质，并使珍珠光泽增加，产量和质量均能明显提高。

第七章　育珠水域水质培育与管理

内容提要：育珠水体的浮游生物；育珠水域的水化学；珍珠塘水质的判别与调节；珍珠蚌池的水质管理；珍珠蚌养殖水域的生态修复。

第一节　育珠水体的浮游生物

　　育珠水体不同，浮游生物的组成也不同。一般来说，池塘中的浮游生物种类最为齐全，数量也多，湖泊、水库次之，河流中最少。

一、育珠池塘中的浮游生物

　　池塘是可人工控制的生态系统。池塘的浮游生物可由人工投入各种有机物质和无机化学肥料进行定向培育。但池塘面积小、水体浅，池塘的水温与气温相应的变化较大，而且池塘水质的物理变化和化学变化又较为复杂，如果水质控制失调，往往昼夜之间浮游生物种群可产生千差万别的变化。对珍珠养殖不利的水质有水华水和老水等。

（一）水华水

　　肥水的池塘中由于某些浮游植物的大量繁殖，以致水色较浓甚至出现藻团、浮膜的现象称为水华。水华若蔓延全池，往往使整个水面铺满该种浮游植物而使其他浮游植物生长受到抑制。出现水华的植物类型属于鞭毛植物，有8种，其他浮游植物7种，共计15种。

（1）隐藻水华　褐绿或褐青色的长条雾状，也有少数为红褐色。

（2）膝口藻水华　褐绿色。

（3）裸甲藻水华　褐绿色云雾状或青绿色斑团。

（4）角甲藻水华　水面呈浓褐色斑块。

（5）鞭毛绿藻水华　水面有绿色的浮膜或气泡膜。

（6）裸藻水华　水色绿中发红，水面有时红时绿的浮膜。

（7）鞭毛金藻（棕鞭藻、单鞭金藻）水华　水色金褐色、透明度较大，主要在早春时出现。

（8）绿球藻水华　水色绿或黄绿。

（9）硅藻水华　水色金褐。

（10）囊裸藻水华　水色红褐色，或水面漂浮一层铁锈膜。

（11）尖头藻水华　蓝绿或黄绿的浮膜。

（12）鱼腥藻或拟鱼腥藻水华　水色蓝绿或深绿，水面可见翠绿色的絮纱状或蓝绿色浮膜。

（13）微囊藻水华　俗称湖淀，水面漂浮着蓝绿色的浮膜。

（14）颤藻或席藻水华　絮状的蓝色团块或灰蓝色的小团粒。

（15）微型蓝球藻水华　水色深绿或褐色。

（二）老水

池塘水质老化，就是水体中优势浮游生物种群（蚌能摄食的种群）减少，劣势的浮游生物种群（蚌不能消化或不能摄取的种群）占优势。引起水质老化的原因是：水体中营养元素缺乏，氮、磷不足，或微量元素未得到补充；氧气不足；二氧化碳缺乏，使水中碳酸氢钙不断分解释放出二氧化碳，形成大量的碳酸钙粉末，肉眼观察，水色失去鲜绿而隐约发生乳白色；水中pH值过度变化；代谢产物的积累；水体透明度降低，光照不足等。

防止水华的措施是灌注新水和施用药物。防止水质老化的措施是及时追肥，经常灌注新水，定期撒生石灰。池塘是珍珠养殖的良好水域，应注意调节水质和加强管理，预防事故发生。

二、育珠湖泊的浮游生物

不同类型湖泊的浮游生物组成有所不同，不同季节中的浮游生物组成也不一样。温带地区的湖泊，由于水温的季节变化，春夏季表层的浮游生物数量高于底层，秋冬季则相反，表、底层的湖水由于水温的差异引起相对密度的差异而进行垂直对流，使表、底层气体与物质不断混合交换。因此，浮游生物有明显的季节性分布。

（1）春季　早春时，底层营养物质慢慢上升，水中营养元素含量首先能满足硅藻、金藻、黄藻等低氮、低温植物的需要，使它们大量繁殖；晚春时，由于有机物质逐渐丰富，绿藻、隐藻、甲藻、裸藻逐渐出现。浮游动物早春首先是轮虫和以幼体形式越冬的桡足类大量繁殖，晚春才逐渐出现枝角类。

（2）夏季　初夏时，由于春天繁殖的浮游生物死亡后的解体，水中有机质和氮、磷增加，造成绿藻、隐藻、甲藻、裸藻出现高峰，有时能形成水华。盛夏时节则为蓝藻的繁殖高峰，富营养型的湖泊往往出现湖淀。整个夏季由于腐屑和细菌的量增加，造成轮虫、枝角类大量繁殖，其生物量有时甚至超过浮游植物。

（3）秋季　蓝藻类死亡解体后，取而代之的是绿藻、裸藻、隐藻等。晚秋时硅藻、金藻、黄藻等低温种类又出现高峰，而浮游动物中轮虫和枝角类也逐渐减少。

（4）冬季　冬季仅少数耐寒的浮游生物种群存在。

我国长江中下游的湖泊多数为冲积平原湖泊，属于河湖，不属于构造湖，季节变化明显，水深一般在6米左右，水温四季分明，冬季水温为 $0 \sim 6℃$ ，4—11月水温为 $13 \sim 30℃$ ，表、底层温差小，有风时能使湖水完全循环，湖泊周围的耕地肥沃，外源物质流入多，湖中有机物丰富，因此浮游生物的季节变化不显著，绿藻、裸藻、隐藻多能在全年繁殖，枝角类、轮虫也只在严冬时较少，所以有利于发展珍珠生产。

三、水库的浮游生物

由人工筑坝拦截径流而成的水库，其浮游生物的特点兼具河流与湖泊的特点。与河流的相同之处是：水流沿着一定方向慢慢流动；不同之处是：大部分时间水的流动只限于上层，浮游生物特别是浮游动物往往下层多于上层，在山洪暴发的季节里，因水中含泥沙多，枝角类种群相对减少。与湖泊的相同之处是：表底层水的交换缓慢；不同之处是：水位变化剧烈，大部分营养元素均依赖于外源性冲刷流入。浮游生物种群组成的特点是：山谷型水库，浮游植物以硅藻、甲藻为主，两者可达浮游植物总量的70%以上，浮游动物中原生动物与枝角类数量少；湖泊型水库，绿藻、蓝藻较多，硅藻次之，浮游动物中轮虫和枝角类也较丰富。水库浮游生物的丰歉由下列条件决定。

①凡集雨面积大，库区周围植被覆盖率高，外源物质补充快，浮游生物较丰盛，否则相反。

②凡地形平坦，土质为肥沃壤土，淹没区大部分为良田或塘堰，水面开阔，阳光充足，浮游生物产量高；凡地形复杂，土质为红沙土或黄土，淹没区大部分为贫瘠的山地，水面狭窄，水库周围高山陡壁，往往光照不足，浮游生物产量就低。

③凡库容量大，水位稳定，水的交换量小，不溢洪或溢洪次数很少，浮游生物产量就高，否则相反。

四、河流的浮游生物

河流浮游生物的特点是适应水的流动性，河流的营养盐类全靠外源性的陆地冲刷流入，由于水的流动性促进了整个生活环境的更新，不仅水团，而且整个水底土壤都经常更新。河流的浮游生物有下列特点。

(1) 浮游植物较浮游动物占优势 因为河水流动，浮游植物营养元素易得到补充，而流水不利于浮游动物的生活，河流中浮游植物与浮游动物比例可达到5∶1，甚至10∶1。

(2) 浮游植物中以对氮要求较低的硅藻为主 占全部浮游植

物的 70% ~ 80% 。

（3）轮虫的种类与数量超过枝角类与桡足类　这是因为河水中含泥沙多，容易阻塞枝角类的滤器，桡足类在流水中不易交配生殖。

河流浮游生物的分布，通常以流速较小的中下游以及沿岸带为多。这类水域基本不适于珍珠养殖。

第二节　育珠水域的水化学

一、育珠蚌养殖水域主要离子的作用

与育珠过程存在密切相关的主要离子有钙、镁、钠、钾、碳酸根、碳酸氢根、硫酸根等，通过水质分析（图 7 - 1）可以获得上述数据。这些离子的含量占水中溶解盐类总量的 90% 以上。

图 7 - 1　蚌池水质检测

主要离子对育珠有两方面的影响：一是主要离子总量决定水的含盐量（矿化度）及渗透压；二是碳酸根与碳酸氢根离子是淡水中含量最多的离子，它们对水质及珍珠养殖起着重要影响（贝壳和珍珠中 95% 的成分是碳酸钙）。

（一）碳酸根和碳酸氢根离子的主要作用

（1）构成二氧化碳平衡系统　构成的平衡系统内二氧化碳、

碳酸氢根、碳酸根的相对含量，主要取决于 pH 值。随着水中二氧化碳的溶解或散逸，钙离子、镁离子、碳酸盐的沉淀或溶解，对水的碱度、硬度、重金属毒性等都有影响。

（2）**形成碱度** 水中碳酸盐（及其他的弱酸盐）的总量代表水的碱度，即水体消耗酸的能力。水中碳酸氢根、碳酸根含量越多，则水的碱度越大。实践证明，河蚌育珠水域中总碱度以 1～4 毫克/升为宜，否则 pH 值将大于 9，对育珠产生不利影响。

（3）**构成缓冲系统，影响水体 pH 值** 动态水中碳酸氢根、碳酸根含量越多，则缓冲能力越强，pH 值越稳定。水体中与碳酸盐有关的缓冲系统主要有两个：一个是碳酸根、碳酸氢根、二氧化碳系统，若碳酸氢根浓度大，则水的 pH 值较好地稳定在中性或微碱性；若二氧化碳占优势，则 pH 值降低；若碳酸根占优势，则 pH 值升高。另一个是钙离子、碳酸钙系统，若水中钙离子浓度大，就会因为生成碳酸钙沉淀，限制碳酸根离子浓度，而限制 pH 升高；若水中碳酸钙含量较多，则会通过碳酸钙溶解，阻止二氧化碳积累。在钙离子、碳酸钙含量高的水中，pH 值能较好地稳定在中性或微碱性，从这方面来说，育珠水域中增施钙肥是有明显效果的。

（4）**储备补给有效碳** 满足水中浮游植物光合作用的需要。

（二）**钙离子和镁离子**

钙离子是淡水中含量最多的阳离子，也是珍珠（贝壳）成分中含量最多的元素，达 38%。它与镁离子一起，是构成水域水硬度的主要成分。钙离子、镁离子都是蚌生命过程必需的元素，对一些重金属的毒性有拮抗作用，并具有改良、稳定水质的作用，被喻为水质调节剂和底质改良剂。生产实践证明，池水总硬度小于 10 毫克/升时，即使施用无机肥料，浮游植物也无法正常生长；总硬度为 10～20 毫克/升时，施用无机肥的效果不稳定，总硬度大于 20 毫克/升时，施肥后浮游植物大量繁殖。

（三）**硫酸根**

硫是藻类必需的营养元素之一。硫酸根可作为藻类的硫营养源，在水体中一般含量较高。值得注意的是，在缺氧条件下，硫酸根会还原为硫化氢及其他硫化物。硫化氢对水生生物有强烈毒性，危害甚大。在水中溶氧不足或有机物多时，或有氨、硝酸根以及其他促进剂存在时，水中硫酸根含量越高，还原生成硫化氢就越多，积累也越多。废藕池塘硫酸根多，硫化氢含量高，这就是废藕池不适宜于珍珠养殖的主要原因。

避免和改善的方法是：避免把大量硫酸根离子引进养鱼水体，打破池水分层停滞状态，避免底泥和底层水缺氧；施用含铁制剂，提高水中铁离子浓度；施用石灰，保持水体为中性或微碱性，减少硫化氢的生成。

二、育珠蚌养殖水域的主要营养元素

育珠水域的主要营养元素大约有 21 种，但常见的限制营养元素是磷、钙、氮，其他如钴、硅、铁等的限制作用也时有发生。水体中缺乏这些元素，直接影响水体初级生产力（饵料生物）的形成，从而影响育珠蚌的生活与生长。

（一）氮

河蚌育珠水域中，氮可以单质（氮气）、无机物（氨、氨基、亚硝酸根、硝酸根）、有机物（氨基酸、尿素、蛋白质）等形式存在。它们在各种生物、非生物因素作用下，不断延移、转化，构成一个复杂的动态循环。从养殖角度来看，上述各种形态的氮中以硝酸、氨基、氨最重要，能被水生生物有效吸收。氮在天然水域中的含量也较高，自然补给较多。育珠水域总氮含量应大于 3 毫克/升。

（二）磷

磷是养殖水域最重要的限制因子，但只有有效磷才能被初级生产力所利用。

（1）**溶解磷**　能通过孔径为 0.45 微米滤器，称为溶解磷，可被浮游植物吸收利用，因此又称为"有效磷"，其次是一些不稳定的有机磷酸酯类。

（2）**表层水内有效磷的含量**　在光照条件较好的生长季节，表层水内有效磷浓度往往呈最低值，成为初级生产力的限制因子。它不能从空气中获得，但又极易被水中黏土粒以及钙离子、镁离子、铁离子、氯离子等离子吸附而沉淀。因此，磷是第一位长期起限制作用的植物营养元素。在生产实际中，要设法促进沉淀物中磷释放出来。同时，在珍珠生长旺季应及时补磷，实现"以磷代氮"河蚌育珠水域，表层有效磷的含量应经常稳定在 0.04 毫克/升以上，或总磷大于 0.1 毫克/升。

（三）硅及其他元素

硅是硅藻生长必需的元素，其含量达硅藻无机物干重的 60%。硅藻是鱼和贝类的良好饵料。因此，水中硅的含量对珍珠养殖也很重要。

除钾、钠、氨基盐外，其他硅酸盐难溶于水。在天然水域中溶解的硅酸盐除少量以硅酸氢根离子形式存在外，主要以硅酸分子或水合二氧化硅胶体形式存在。研究表明，有效硅含量小于 0.4 毫克/升（二氧化硅计）时，就可能限制硅藻的增殖。

除以上这些元素外，其他的营养元素如钙、铁、铜、锰、锌、铝、钴等，在养殖期限较长（3 年以上）的水域中也容易造成缺乏，应根据实际情况加以适当补给。

三、育珠水域中的溶解气体

与育珠有关的水域中，溶解气体有氧气、氮气、二氧化碳、硫化氢、氨气、甲烷等，其中以氧气最重要。

（1）溶解氧（DO） 水体中溶解氧的含量主要决定于增氧作用的动态平衡状况。增氧作用主要包括空气中氧的溶解、水生植物光合作用产生氧气、随水源补给氧气。耗氧作用主要包括向空气中散逸、随水流失、有机物分解耗氧、化学物质氧化时耗氧和生物呼吸耗氧等。对于缺氧水域，应采取人工增氧方法来解决这个问题，含氧量最好能保持在 4 毫克/升以上。

（2）二氧化碳 二氧化碳是呼吸作用产生的废物，又是光合作用的必要原料，对水生植物生长有利，对贝类生长则不利，并且超过一定的含量还有毒害作用。溶于水中的二氧化碳是二氧化碳平衡系统的组分之一，仅 pH 小于 8 时能游离存在。研究表明，藻类生长所需的二氧化碳一般大于 8～10 毫克/升。在实际生产中，应尽可能满足对二氧化碳的要求，既有利于浮游植物的生长，又不会对河蚌生长产生危害，两者兼顾。较好方法是提高水的碱度，控制 pH 值为 7～8，水中有较多的碳酸氢根离子，较少的二氧化碳。碳酸氢根离子对河蚌无害，本身又被大多数藻类吸收利用，在二氧化碳耗空时，又能放出二氧化碳予以补充。

（3）氨（NH_3）及其他氨在水中与氨基之间相互转变，处于动态平衡之中　氨称为"分子态"氨或"非离子态"氨，氨基则称离子铵，两者的总量则称为总氨或总铵。氨对鱼、贝及其他水生动物有很强的毒性，氨基毒性甚小。在总氨一定时，若 pH 值升高，则氨基转变成氨，毒性增强。氨、氨基都是良好的氮肥，水生植物都能吸收利用。氨的最大允许量为 0.025 毫克/升。防止水域氨积累的方法有：①由水生植物光合作用吸收除去；②降低 pH 值，尽可能控制在 6.5～7.5 范围内，使氨转变成氨基；③用一些与阳离子交换能力强的物质或活性沸石、离子交换树脂等，吸附除去。

（4）其他气体　氮气一方面可被某些固着藻类及细菌固氮，转变为化合态氮，对于水体肥力及初级生产力有一定贡献；另一方面，氮气过多，在一定条件下会产生鱼类气泡病。甲烷是沼气的主要成分，是有机物在还原条件下发酵分解的产物，有资料认为它对鱼和蚌有毒害。其实在能产生甲烷的条件下，有机物可分解生成许多有毒物质。

第三节　珍珠塘水质的判别与调节

一、水质好坏的判别

判别珍珠塘水质好坏，可采用以下几种方法。

（1）检测水中 pH 值、溶氧、硫化氢等理化指标　pH 值对育珠蚌的珍珠质分泌有极大影响，pH 值为 6.2～7.5 珠蚌生长较为适宜。其他指标要求与鱼类基本相同。

（2）**测池水透明度** 育珠水体最适宜的透明度为 25～30 厘米。透明度小于 20 厘米说明池水过肥，浮游藻类过多，夜间藻类死亡分解和呼吸作用，使水体严重缺氧，致使珠蚌喷水无力，抗病能力减弱。透明度大于 40 厘米的为瘦水，说明浮游藻类过少。珠蚌饵料供给不足，生长缓慢，体质下降。

（3）**看水色** 水色是水中浮游生物、悬浮物、天气的综合反映，育珠池内随施肥种类、季节的不同，水色也有所不同。适合育珠生产的水体，主要有两类：一是以隐藻、硅藻、金藻和绿球藻等为主，使水体呈绿色或黄绿色；二是以硅藻、金藻、黄绿藻等为主，使水体呈现浅褐色或黄褐色。

（4）**看水华** 有一定水华的池水属于较好的肥水。其中的浮游生物种类虽少，但数量较多，且易被珠蚌消化者占绝对优势，这种水对珠蚌生长极为有利。但是这样的水溶氧较低，如遇天气异常，极易出现鱼虾"浮头"，池水浑浊发臭，导致育珠蚌喷水无力，摄食下降。因此，要控制水华的大量出现。

（5）**看池塘下风处的水面油膜** 一般肥度适宜的池塘下风处油膜多，粘黏且发泡，还有日变化，即上午往往带绿色，俗称"早绿晚红"。如果水面上长期有一层不散的铁锈色油膜，则说明池水老而瘦，必须加新水并增加投饵（豆浆）和施肥量。生产中还发现，一般病蚌塘口在下风口也会出现一层灰白色油膜，主要是由病蚌分泌的黏液与死亡珠蚌的内脏团腐烂的分解物形成的。此时，养蚌育珠户应立即入池检查，并通过相关技术部门指导及时采取有效措施。

（6）**看池内有无青苔** 青苔是池水清瘦的生物指标，青苔的出现，意味着池水较为清瘦，或水质老化，对育珠蚌生长极为不利，导致珠蚌饵料供给不足，体质下降。此时，可施用专用杀青苔药物或人工捞除。另外，可及时在塘内进行施肥，待藻类大量繁殖生长后，抑制青苔的蔓延。

二、水质调节方法

水质调节方法主要有以下几种。

（1）**合理搭养花白鲢及肉食性鱼类** 视塘口环境，花白鲢搭养密度在 80~100 尾/亩，村边塘（肥水塘）搭养量可适当偏多。育珠池内由于养殖周期的影响，往往小杂鱼较多，特别是鳑鲏鱼卵对蚌有不可忽视的影响。因此，适当放养鳜鱼、乌鳢 5~10 尾/亩，对育珠蚌有利无弊。

（2）**科学施肥** 蚌入池前 3~5 天施拌有生石灰的有机肥（经腐熟、发酵）100~150 千克/亩，在 6—9 月份高温季节，育珠蚌生长旺盛，水质容易恶化，有机肥可以少施，半个月左右 1 次，每次 50~100 千克/亩，同时可定时泼洒豆浆，以黄豆 0.5~1.0 千克/亩计，投喂前须滤渣，并分多次投喂。另外，必要时适量补施无机肥：尿素 1.5~2.0 千克/亩，过磷酸钙 3~4 千克/亩，钾肥 0.25~0.50 千克/亩。池底淤泥较厚的，可少施氮肥。

（3）**定期加注新水** 在早春和晚秋，每半个月加水 1 次，6—9 月水温较高，蚌摄食量较大、呼吸强、排泄物多，每 7~10 天加注新水 1 次，每次加水量可视水的肥度及池塘渗漏等情况灵活掌握，一般在 20~50 厘米之间。

（4）**定期搅动塘泥** 选择晴天下午，用铁链、铁耙等搅动塘泥，每月 1~2 次，可翻动底泥和上下水层交流混合，使上层丰富的溶氧带入底层，促进泥底有机物质的氧化分解，释放出泥中沉积吸附的营养盐和微量元素，可以防止水质老化，改良浮游生物的组成及生长繁殖。

（5）**使用增氧机** 在池中开动增氧机，一方面，增加水中含氧量；另一方面，可造成上下层水对流，氧化分解有毒气体。一般晴天中午开，阴天下午或次日清晨开；连续阴雨或蚌密度在 1 500 只/亩以上，有严重缺氧可能的池塘，应在夜间开。

（6）**施入生石灰** 每半个月 1 次，每亩施入生石灰 10 千克左右。

（7）**施用微生物制剂或水质改良剂** 光合细菌（PSB）是一种生物制品，能从根本上改良水质，可降低水体缺氧程度；同时，能增强育珠蚌的摄食消化能力和免疫能力。

第四节　珍珠蚌池的水质管理

一、珍珠蚌池水质管理要点

水质管理乃是河蚌育珠的重要环节。水质好坏关系到珠蚌的成活率和生长速度、珍珠质的沉积、珍珠的产量和质量，可见水质管理的重要性。水质管理要把握以下几个方面。

（一）培育好珍珠蚌生长必需的饵料

珍珠蚌属于软体动物的贝类，其主要饵料是水体中的浮游生物。经研究得知，主要是绿藻、硅藻、隐藻、金藻等藻类和轮虫及有机碎屑，以植物藻类为主，所以对养殖池要做到定向培育有益藻类，要具有充足的生物量。同时，在养殖池水中须具有珍珠蚌生长必需的氮、磷、钙和镁、硅、锰、铁等微量元素，才能提高珍珠产量和质量。为此选择优质肥料才是培育珍珠蚌优良生态环境的重要保证。珍珠蚌的商品饵料（彩图34）开发也是值得研究的课题。

（二）科学施肥，创造良好生态环境

珍珠蚌养殖池的水质好坏，通常以水色来判断。一般以黄褐色、黄绿色为好。珠蚌池中水的透明度控制在 30 ～ 35 厘米较为恰当。

优质肥料的选择和用量用法，具体可根据季节和养殖水的肥瘦度灵活进行。从珍珠蚌养殖的历史上来看，常采用鸡粪、猪粪等有机肥和化肥，而使用上述肥料易产生副作用。有机肥用量大，常常发酵分解不彻底，有过量的残渣沉积在水底，慢慢进行无氧分解，产生有毒的还原性物质，毒害了珍珠蚌，影响珍珠蚌正常生理、生长，使其抗病力明显下降。并使致病菌大量繁殖，致病菌的毒性增强，感染性提高，暴发疾病。特别是每年春天时，由于水温偏低，施了过量的有机肥，不见池水很快肥起来，又追肥，常常使池底堆积大量有机肥，随着养殖期的推移，水温增高，堆

积于池底的有机物加快分解，到了高温季节出现"富营养"现象。藻类繁殖过盛，有毒物质氨氮、亚硝酸盐、硫化氢等严重超标，珍珠蚌疾病迅速暴发和流行。未经发酵的有机肥常会带入寄生虫、虫卵，过多的有机肥还会造成大量纤毛虫的滋生，危害珍珠蚌。

使用化肥，虽然水质肥得较快，但肥效时间较短，其中的阴离子残留于池水中，会影响水质的理化性质，影响池底的土质和结构等。高温季节时期容易促进蓝藻的生长，蓝藻是一种有毒的藻类，又污染了水质，会导致珍珠蚌生理紊乱，很容易发病死亡。天辰渔肥 TC－3 号（珠蚌肥）是一种高科的珍珠蚌肥料，是一种高效、长效、快速的肥料，具有适合珍珠蚌生长需要的营养成分和微量元素以及浮游生物所需要的营养；是无残留、无"三致"的环保型肥料，省用量、省成本、省人力的好肥料，通过全国近几年试用结果可得出使珍珠蚌生长快、发病率低，珍珠产量高、质量好的结论。该肥不仅有肥料的功能，还有改底、调水、解毒的功能。该肥还含有有益菌珠，具有分解底质过量有机物的功能和抑制病菌的作用。

施肥量要根据不同季节、水质的肥瘦程度而灵活进行，根据春季开始时水温较低，随着季节的推移水温从低逐渐上升，珍珠蚌新陈代谢也日趋旺盛，珍珠质开始沉积，饵料量不断增加。4—5月份三角帆蚌性成熟期，营养需求更大。所以，在早春 3 月时施足基肥，用量：一般用天辰渔肥 TC－3 号（珠蚌肥）4 千克/亩，一次。4—5 月份，每亩施天辰渔肥 TC－3 号肥 2 千克左右，根据水质的肥瘦而定，用量亦可适当增减，灵活使用，原则上采取少量多次为好。施肥要选在晴天为好，不要施在蚌体上。高温季节同样根据水质肥瘦情况施肥，用量每亩 1 千克为宜。特别注意的是：不要使水体中藻类生长过盛。否则，藻类会耗去大量的氧气，造成严重缺氧；死亡的藻类沉降于池底腐败，不仅腐败时又耗去大量的氧气，同时产生有毒物质污染水体造成珍珠蚌死亡等。采取少量多次的使用方法，不会产生应激反应。施肥亦可采用吊箩的方法，让其缓缓释放肥力，环境相对稳定。

水质管理中还要注意清除水草和定时冲水。水草过量生长，会吸收水中大量肥素，到夜间呼吸活动时消耗大量氧气，造成水体缺氧等影响珍珠蚌生长。为了提高珍珠蚌的活力，要定时冲水，加强水体流动和提高水中的溶氧，促进珍珠蚌的新陈代谢。在高温季节，水质过肥情况下每亩每米水深用 EM 生物菌 1 千克全池泼洒，降低有害物质，增加水体溶氧，降低水体有机物含量，抑制病原菌生长。

经过精选肥料，根据不同季节和养殖的具体情况，合理使用，方法正确，逐步调节，培育出"清"、"嫩"、"爽"、"活"的水质，珍珠蚌养殖已经基本成功了。在此还要提出，定期监测水体各项指标，作合理的调整，以防隐患。

二、育珠水体酸性水质与控制

淡水珍珠养殖过程中，除了病原菌的感染造成损失外，水体酸性也会造成蚌体死亡。

（一）水体酸性危害的症状

我国淡水珍珠养殖的育珠蚌以三角帆蚌为主，蚌壳较薄，而蚌壳的主要成分是碳酸钙，碳酸钙遇酸后会发生溶解。这就是水体酸性对珍珠蚌造成危害的机制。

珍珠蚌受酸的危害，其主要症状如下。

①蚌壳生长不快，出现套壳现象（新生长的蚌壳被老壳所包围）；严重的，双壳不能闭合，外套膜清晰可见，即所谓的"水肿"现象。由于外套膜及内脏器官都暴露于水体中，极易感染有害病原菌，造成蚌体死亡。

②蚌壳壳顶最老的部分发生腐蚀，出现深浅不一的蚀痕，特别是插蚌后，操作人员要在蚌壳上用刀刻标记的刻痕更易被酸腐蚀。随着养殖年数的增加而造成穿孔，穿孔的蚌也因感染病原菌引起死亡。

③蚌壳的进、出水口因角质层积累较少，蚌壳内部的钙质层被酸腐蚀而引起"烂喷水口"。

④蚌壳的外缘因受网袋、网夹和网线的摩擦，角质层被破坏而被酸腐蚀，造成所谓的"烂斧足"现象。

（二）水体酸性产生的原因

（1）水体的底质　底质是红色或黄色的黏性土，则酸性较重。因为这种土壤的主要成分是铁、铝氧化物，而铁、铝是弱碱性金属，当遇到弱酸根离子时，使水体呈酸性。底质是碳酸钙为主的石灰石性土壤，则水体呈中性或偏碱性。底质是以氧化硅为主的沙土，则水体呈中性。

（2）施肥　施用酸性或生理酸性肥料，会造成水体酸性。酸性肥料其本身就是酸性的，如过磷酸钙、氯化钙。施有机肥料后，因有机质在进行矿物化分解的过程中会产生大量的有机酸，所以水溶液呈酸性。生理酸性肥料是指肥料施入水体后有效养分被浮游植物吸收，留在水体中的物质给水造成酸性影响的肥料，这类肥料主要有氯化钾、硫酸钾、氯化铵、硫酸铵等。

（3）酸雨　大气受二氧化硫等有害气体污染，雨水和空气中二氧化硫反应生成亚硫酸，这种含有亚硫酸的雨水就是酸雨。酸雨水流入养蚌塘造成水体呈酸性。

（三）水体酸性的控制技术

1. 蚌塘的选择

对养蚌塘的选择主要是对塘底质土壤和周边环境的选择。具体地讲，选择底质是石灰性的土壤，特别是有机质含量丰富的石灰性土壤最好，这种土壤所养殖的珍珠圆度好、生长快、光泽艳丽。其次是选择水体酸性缓冲性能好的大水体，如较大的湖泊、水库。周边环境应选择没有大气污染和水体污染的场地。

2. 科学施肥

这一点对养蚌很重要，也是比较难掌握的。

（1）对有机肥的使用应做到以下几点　首先，充分腐熟。在蚌塘边挖一个坑，把有机肥倒入坑中，加盖塑料薄膜，密封半个月左右才能施用。其次，选择温度低时施肥。因为温度低，有机肥分解速度慢，有利于有机质的矿化分解，使有机质的利用率大大提高，并能使肥效持久，不至于因缺肥而影响蚌的生长。再次，加入调酸物质。效果比较好的是磷矿粉，其主要成分是磷酸钙和有机酸，反应生成可溶解的磷酸二氢钙，既中和了有机酸的酸性，又提高了磷矿粉的肥效。

（2）化肥的使用掌握以下原则　首先，施用碱性、生理碱性、中性、生理中性肥料。碱性肥料有碳酸氢铵、草木灰等，生理碱性肥料有磷酸二氢钙、磷酸氢钙等，生理中性肥料有磷酸二氢铵、磷酸氢二铵、硝酸钾、硝酸铵等。其次，少量多次的原则，每 10 天一次，根据肥料养分含量定量施用。

3. 调节水体酸性

当水体的 pH 值为 7 以下时为酸性，5 以下时为强酸性，这时就应对水体进行化学调节。施用生石灰是一种常用的方法，一般每亩施用生石灰 10 千克。但这种方法有效时间不长（使用当时是有效的，过后还会产生酸性）。目前认为用超微粉状碳酸钙调酸更安全、更有效，使用 2 个月后就能控制水体酸性。方法是根据水体的酸度每亩使用 25～50 千克，全池撒施，能够长久地控制水体酸性。

以上方法在浙江省龙游县养蚌农户中使用取得了良好的效果，珍珠的质量、产量都有了较大幅度的提高，经济效益显著。

三、育珠蚌水域施肥技术

（一）施肥的目的

养蚌育珠水域施肥的主要目的是增加水中各种营养物质的数量，有助于浮游植物的大量繁殖与生长，增加有机碎屑，为育珠蚌提供充足的饵料。同时，有些营养物质也能为育珠蚌直接吸收利用，有利于育珠蚌的生长、发育。

（二）肥料的种类、性状及其处理

肥料通常分为农家肥和无机肥两大类。

1. 农家肥

农家肥种类较多，常用的有植物绿肥、动物粪肥等。肥料中所含的营养元素较全面，施用效果好，肥效持久，但分解较慢，见效也迟，因此用做基肥施用较好。农家肥必须经过充分发酵、腐熟后才能施用，这样不仅大大减少水中氧的消耗，而且能加快肥料的分解速度。农家肥中以绿肥和粪肥为最好。可按不同的种类和比例堆沤，配制成农家混合肥（堆肥）施用更好。因为农家混合肥营养成分全面，更适于浮游植物的生长和繁殖；同时，经过堆沤、腐熟发酵，大量的病菌、寄生虫均能被杀死。

常用的几种农家堆肥原料和配比为：①青草 4 份，羊粪（或牛、猪粪）2 份，人粪 1 份，加生石灰 1%；②青草 8 份，牛粪 8 份，人粪 1 份，加生石灰 1%；③青草 1 份，牛粪 1 份，加生石灰 1%；④青草 4 份，猪粪 3 份，羊粪 2 份，人粪 1 份，生石灰按每 50 千克青草加 1.25～1.50 千克计算。

堆肥可在土坑、砖坑或缸内沤制。沤制时的坑内或缸内先铺上一层青草，上撒生石灰，再放一层粪肥，依此程序装入（每层厚 20 厘米左右），再浇上人粪尿和水，边堆边踏实。为了促进堆内的微生物迅速繁殖，先将堆肥露放 1～2 天（夏、秋季）或 3～5 天（冬、春季），待堆内发热时，再加水浸泡，然后用泥密封。堆积后应经常观察，如水分不够，需及时加水补充。如果发现仍未充分腐熟，应上下翻动 1 次，腐熟后的肥料呈褐色液汁，捞除肥渣，余汁即可施用。

2. 无机肥

无机肥即化学肥料，养蚌育珠生产中常用的有氮肥、磷肥、钾肥等几种。无机肥所含营养元素单纯、肥效快，故一般都作为追肥来使用。

（1）氮肥 氮是肥料中三大要素之一，是蛋白质的主要成分，能促进植物体内叶绿素的形成，增强光合作用，促使浮游植物快速生长，使水质很快呈现绿色。根据氮元素在氮肥中的不同形态，无机氮肥又可分为 3 类，即铵态氮肥、硝态氮肥和酰胺态氮肥。

（2）磷肥 磷是植物生长的另一个要素。它是植物细胞核的主要成分，对植物的生长发育是必不可少的。施用磷肥能加强水中固氮细菌和硝化细菌的繁殖，促进氮的循环，对浮游植物的生长有显著效果。常用的磷肥有过磷酸钙，肥效较快，发生作用的时间较短，磷酸很快会受到化学固定和吸附固定而沉积水底，可产生后效性，即在施用后较长的一段时间里，在适当的条件下，仍可变为有效磷向水中释放，供植物利用。施用磷肥，应在水质接近中性（pH 值 6.5～7.5）状态的条件下为适宜。但在施用生石灰后，水中氢离子浓度降低（pH 值提高）时不宜施用。磷肥最好能与农家磷肥共同沤制后施用，可生成一些可溶性络合物，减少磷沉淀或被吸附的数量。

（3）钾肥 它是一般池水的生物化学过程中主要的营养物质之一。在糖代谢过程中，钾是一种催化剂，可激活某些酶的催化作用，故钾有加强浮游植物光合作用的功能。一般池塘水中有充足的钾，因此施用钾肥较少。但是在一些缺钾的池塘中，如沼泽区泥炭土的水域中，施用钾肥则十分必要。常用的钾肥有硫酸钾、氯化钾、草木灰等。草木灰是钾肥的主要来源之一，呈碱性（90％以上是水溶性）。除含有钾外，还含有磷、钙、镁、硫、铁及少量硼、锰、铜等元素，这些元素对于育成的珍珠质量都有一定的影响。

（4）钙肥 蚌壳及珍珠成分的 90％ 以上为碳酸钙。养蚌育珠对钙的需要较多，不仅可从饵料中获得，而且可直接从水中吸收利用。钙肥的种类有生石灰、消石灰、碳酸钙等，目前常用的为生石灰。生石灰除了施肥的作用外，还可以中和酸性、调节水的氢离子浓度（pH 值）、增加水体的硬度。常使用生石灰还可以杀灭各种有害生物，有效防治蚌病，对养蚌育珠特别重要。

（三）施肥方法

为了充分利用肥料效力，取得养蚌育珠的较好效果，应该合理地施用肥料。合理施肥就是根据各种肥料的性状和特点，充分考虑水域的生物、理化环境因素以及施肥作用的影响，科学地掌握施肥的方法。养蚌育珠水域的施肥方法主要有施基肥和施追肥两种。

1. 施基肥

在准备放养育珠蚌之前，在已经准备好的水域中可以施放基肥。可按计划一次施足，保证池水达到一定肥度，以培养、繁殖足够的基础饵料生物，育珠蚌一旦下水养殖，就可以摄食到充足的适口饵料。基肥种类主要是农家肥（粪肥、绿肥、厩肥等）。由于水域中磷的含量普遍偏少，而目前广泛使用的磷肥所含营养成分大多数又难以快速释出，故常把无机磷肥混合在基肥中一并施放。注意，除磷以外，其他的无机肥不能作基肥施放。施放基肥的数量可根据水域的肥活程度、使用有机肥料的种类与质量决定，每亩可施放数百至数千千克不等。施放肥料的方法有堆肥法和遍撒法。瘦水塘和新挖的池塘没有或者有很少淤泥，可以将肥料遍撒于池底，以增加底土的营养物质，利于注水后土壤对水质的调节。有些池塘池底略有渗漏，可在池底多铺撒些有机肥，并用耙耖的方法使肥料与池塘底土混合充分，达到防渗漏的效果。对池底已经沉积了一定数量淤泥的池塘，为使肥料能够直接作用于水体，也可将肥料分成若干小堆，堆放在沿岸浅水处，隔几天翻动一次，使营养逐渐分解后再扩散到整个池塘中去。肥水塘或淤泥较多的塘，为了防止水质恶化，一般可不施或少施基肥。

第七章　育珠水域水质培育与管理

2. 施追肥

施追肥的主要目的是在养蚌育珠的整个过程中，不断补充水中被消耗的营养物质，保持育珠蚌天然饵料生长繁殖的经久不衰，保证水域持久稳定的肥度。施追肥一般以无机肥与农家肥结合施用，其效果较好。如施农家肥，其肥料最好经沤制、发酵腐熟后施用。施追肥的原则是及时、均匀、少量、多次，这样可以保持水质的相对稳定。施追肥的方法有泼洒法、灌注法、堆积法等数种。泼洒法主要是将无机肥加水溶解后或把发酵好的去掉渣后的农家肥汁液均匀地直接泼洒全池。灌注法是把肥料集中堆放在入水口附近，定期用注水的办法，将肥液随水流灌入池中，或将化肥装入用针刺好孔的塑料袋或陶瓷罐里，吊在水中，让化肥慢慢地扩散、溶于水中。堆积法与施放基肥的方法大致相同。泼洒法和灌注法对池水污染较轻；堆积法对池水污染较严重，应慎重使用。追肥的数量和次数需根据水的肥瘦、季节、天气、水温、水色、透明度、pH 值、水域底质以及肥料的种类、育珠蚌的放养密度来确定。

（1）根据不同的季节来施肥　早春或晚秋，一般水温较低，营养物质消耗少，有机物分解也较慢，且持续的时间较长，施肥量可以大些。春季，随着水温不断上升，育珠蚌的新陈代谢活动逐步加强，育珠蚌对饵料的需求量也越来越大，因此施肥量和次数要逐渐增加。晚春、夏季及早秋，水温较高，有机物分解快，浮游植物繁殖生长快，数量增多，消耗营养物质多而且生物耗氧量也较大，加上此时气候多变，水质易发生变化，不稳定，施肥应"量少、次多"。特别是晚春，如果施肥量过多，气温突然升高，浮游生物繁殖量剧增，在其大量死亡后，沉底分解，造成水中溶氧下降或肥料在底层堆积发酵，产生有毒物质而危及育珠蚌的生命安全。如水面出现水泡、水膜，要及时加注新水，停止施肥。一般在水温 20～30℃、天气晴朗的日子里，应正常勤施追肥；超过或达不到此温度时，则少施追肥。雨天或闷热欲下雷雨的天气，不施肥。水温高时，不要施农家肥，应施无机肥。氮肥和磷肥混合施用时，每亩水面一般每次施用尿素 2 千克、过磷酸钙 4 千克左右。冬季水温低，浮游生物不再繁殖生长，育珠蚌进入半休眠状态，不需摄食，故应停止施肥。

（2）根据池水的颜色和透明度施肥　　水色基本上可反映浮游植物的种类和数量，从而也显示水的透明度，故可以根据水的颜色和透明度来判断水的肥瘦，从而决定是否需要施肥。5—10 月的温暖季节，池水呈黄褐色，透明度为 25～30 厘米，水质肥爽而不浑浊，为肥水，可少施肥或不施肥。池塘水色较淡，呈浅绿色，透明度大于 80 厘米，为瘦水，则需及时追肥。施肥后水色变得过浓，水面出现浓重的"水华"时，即发生"转水"。透明度小，在 20 厘米以上，表明水质很肥。此时如果连续晴天，或雨天而雨量又较大，天气凉爽，则池水保持肥爽；如果气候闷热，气压低，水质易变化，在这种情况下，不仅不能追肥，而且要注水增氧，及时排换新水，使水质转向肥爽。水呈灰蓝色，透明度小（20 厘米左右），则为"老化"，应停止施肥。在排换新水后，视具体情况施肥。池水浓黑而浑浊，水面出现泡沫，透明度极小，这是由于水温高，有机质过多，浮游生物大量死亡、分解所致，此时应停止施肥，立即排出旧水并注入新水后再考虑施肥。

（3）**根据水质因子（溶解氧、pH 值）施肥**　水中溶氧量低时，则要减少或停止施肥；反之，水中溶氧量高时则要适当施肥，以防水瘦，浮游植物量少。施肥量过多时，水质易污染，造成缺氧，应减少施肥量。水质呈微碱性或中性时（pH 值为 7.5 左右）施肥效果最好，浮游生物生长最旺盛，可适当施肥；水质呈酸性或碱性偏高时，则不宜施肥，或选用能够中和酸、碱的肥料进行施肥。

（4）**补充钙肥**　蚌育珠水域除了施用氮、磷、钾肥之外，还应根据育珠蚌对钙的特殊需要，补充钙肥。育珠水域一般从 5 月起钙含量开始下降，7—9 月份达到最低值，而该时期正是育珠蚌生长分泌珍珠质的旺盛时期，不论对浮游植物饵料的摄食还是直接从水中吸收来说，都要求有充足的钙含量。施用的钙肥主要是生石灰，每次施用生石灰的量不能过多，不能超过水域的缓冲能力，否则会起反作用，对蚌的生长不利。施放生石灰时，水质的 pH 值在 7.0～8.5 之间，如果氢离子浓度过低（pH 值过高），可考虑施放适量的氯化钙，以提高水的氢离子浓度（降低水的 pH 值），同时又能供给水溶性的钙，达到充分补充钙的作用。如果水中及底部有机物质不足，但施生石灰会加速有机物质分解，造成水体肥力更为下降。在这种情况下，必须同时施以农家肥。为了避免肥力失效损失，生石灰不宜与氨态氮肥、水溶性或弱酸性磷肥混合使用。生石灰使用时，应先溶于水，然后全池均匀泼洒，切勿直接施入水中以及蚌体上。

第五节　珍珠蚌养殖水域的生态修复

我国每年珍珠蚌、贝类养殖规模很大，局部地区作为水产主要养殖品种。珍珠蚌养殖具有一定的周期性，珍珠蚌 3 年所产珍珠质量比较好。有些珍珠蚌、贝类养殖水域使用几年后，蚌贝病害发生率高，养殖珍珠质量急速下降，不得不进行迁移，造成前期投资大量流失。水域使用年限短已经成为制约珍珠蚌、贝类养殖上规模、上品质的重要因素，采用适当的方法延长珍珠蚌、贝类养殖水域使用时间，将提高贝类成活率，节省大量投资。

一、珍珠池塘使用年限短的原因

（一）稀土缺乏

蚌类贝壳和珍珠中含稀土元素 0.7% ~ 0.8%，土壤中含稀土元素 0.015 ~ 0.02 毫克/升，有的养殖水域缺稀土元素。稀土元素具有调节贝类生理活性的作用，通过试验，在缺乏稀土元素的水域中，对幼蚌进行稀土元素的促长，比对照蚌的生长速度高出 30% ~ 50%，有着明显的促长效果。镧元素对珍珠蚌常有"超级钙"的美称。如果育珠水域的底土中和水体中缺乏稀土元素或含量不足，育珠蚌和珍珠的生长便会缓慢。长期严重缺乏稀土元素的育珠蚌，体质恶化后还易感染微生物病原的疾病，造成大批死亡。地壳表面的可溶态稀土是由于地壳长期分化的结果，只有可溶态稀土才是贝类中稀土元素的重要来源。育珠水域环境中即使含有稀土，如果缺乏可溶态稀土，育珠蚌同样感到必需的稀土元素严重缺乏，幼蚌成长度差，应及时补充人工提炼和配制的可溶态稀土。稀土矿经人工提炼浓缩后，配置成硝酸型的可溶态稀土，具有对畜禽、水产和农作物的促生长作用，俗称农用稀土。

幼蚌促长宜选用以轻稀土为主要成分的硝酸型稀土。但必须注意，水质 pH 值≥7.6 时，将会全部沉淀；pH 值≤5.2 时，随酸度增加，溶解度陡升。因此，使用稀土元素时，应把水质预先调节到中性或微酸性。泼洒的用量为 0.2 毫克/升，用量过高亦无害。在中性或弱酸性营养土中添加一定量的硝酸型稀土，幼蚌促长效果更明显。稀土满足贝类养殖需要的 3 个方面是：①稀土对贝类正常生长非常重要；②需要使用可溶性稀土，并且水体 pH 值要偏酸；③在没有外源施入可溶态稀土进入的情况下，养殖水体难以自然补充稀土。

（二）碱度和硬度下降

育珠水域需要一定的碱度和硬度，即需要水中有一定增量的钙、镁和碳酸盐。因为钙、镁是生物不可缺少的营养元素，钙是动物骨胳、贝壳和珍珠以及植物细胞壁的重要组成成分，而且对于蛋白质的合成、碳水化合物的转化以及氮、磷的吸收和转化等都有很大影响。钙能降低重金属离子和一价金属离子的毒性，严重缺钙时，育珠蚌机体本身会对形成珍珠的霰石和方解石结晶的前身物质进行反馈性抑制，导致珍珠沉积减慢。钙是构成蚌壳及珍珠的主要成分，通常要求水中钙的含量在 10 毫克/升以上。为此，在育珠过程中，要定期向养殖水域中泼洒生石灰水，以增加水中的钙离子含量。镁是叶绿素的主要组成成分，缺镁会影响育珠蚌对钙的吸收。

（三）锰缺乏

我国蚌类贝壳中锰需要量大，育珠蚌富集水环境中的锰构成碳酸锰作为珍珠的成分之一，结晶在珍珠的霰石晶格中。碳酸锰和碳酸钙一样，都是呈白色。因此，淡水珍珠无论天然产或人工养殖，多为白色或黄色。

（四）磷缺乏

贝类养殖过程中，对天然水体中的磷消耗非常大，并且天然水体中磷严重缺乏。养殖一段时间后，如果没有及时补充溶解磷，将极大制约贝类生长，导致珍珠养殖池塘弃用。在用磷肥时，要注意使磷肥溶解彻底，最好用喷雾器施入水中，这样磷就可最大限度被利用。溶解性的磷可以直接被植物吸收，也可以转变为无机磷并为植物所吸收。

（五）水质污染

流水育珠池底部和河蚌壳外附着大量含有"泥壳"的水蚯蚓，这是水质污染的生物指标。

（1）外源性污染　在中国工业化过程中，部分区域的环境污染加剧，"三废"通过河流搬运、雨水下降等方式进入贝类养殖池塘，构成外源性污染。从蚌苗培育到珍珠的收获，在蚌的生命各个阶段，其生活的各个方面都和水质有密切的关系。蚌的饵料充足时，水质较好，能够满足蚌的需要，珠蚌的生长和发育就较好、较快，也就可以得到好收成。相反，水质不好，甚至污染严重，蚌就不能正常生长，无法保证珍珠的产量，并可能导致蚌的大批死亡。

(2) 内源性污染　贝类养殖过程中不断产生限制其他贝类生长的毒素，长期累积而引起内源性污染。长期培育河蚌的水体因贝类自身分泌的毒素会造成水质恶化。日本著名的琵琶湖，育珠8年以上的区域，普遍产生水质老化造成死蚌。国内相关报道很少，多在蚌类养殖户间口头流传。

(六) 淤泥变厚底质恶化

(1) 产生有毒物质　珍珠蚌、贝类养殖水域使用几年后，大量的水体投入物和贝类的排泄物使培育池中污物越积越多，这些污物如不及时清除，将使底质恶化，培养成池底质老化，淤泥升高，池底变黑发臭，产生硫化氢、氨氮等有毒有害物质。许多珍珠蚌、贝类高产区变为低产区，并时常发生死亡现象，这与在高密度养殖的情况下珍珠蚌、贝类的排泄物以及由此而引起的硫化物的剧毒作用有很大关系。死蚌腐败可产生大量有毒物质（氨氮和硫化氢）而造成局部水体污染。这种情况，死蚌往往集中在局部小区域中。

(2) 缺氧　网箱或土池培育的幼蚌、暂养蚌常因放养密度太大或底部淤泥腐败而造成缺氧死蚌，一般6—8月易发生。

二、提高贝类养殖水域使用年限的应对措施

(一) 挖除淤泥

当育珠池底淤泥过深时，必须挖除过多的淤泥，减少池塘的负荷，减少有毒物质的产生。降低蚌、贝养殖密度，提高池塘使用年限。

(二) 使用投入品

1. 防治池塘淤泥变厚、池塘恶化的具体措施

(1) 每隔7天泼洒"护底解毒安"　快速去除硫化氢，使用"底净"或"双效底净"或"底改专家"或"底改先锋"或"多氧底改王"等调节底质。

（2）**注意池塘的溶氧**　经常使用"鱼虾增氧剂"或"长效粒粒氧"或"氧立得"，保持池塘底质的有氧分解（发酵）。

2. 池塘缺乏可溶性稀土、可溶性钙、可溶性锰的应对措施

针对池塘缺乏可溶性稀土、可溶性钙、可溶性锰，可使用精博"珍珠蚌营养液"。使用后珠蚌运动能力增强、捕食力旺盛、分泌珍珠质机能明显提高、伤口愈合快；珍珠成珠快，珠形圆润、珠体大，珠质细腻、光滑、色泽鲜艳。其主要成分为：多种氨基酸螯合稀土、多种微量元素、活性钙、促珍珠分泌生长成分等。适用于各类珍珠蚌单养、鱼蚌混养水体，在幼蚌、成蚌的各养殖阶段均适用。功效具体包括以下几个方面。

①补充营养，促进生长，延长蚌池使用年限。

②促进珍珠蚌新陈代谢，提高珠蚌活力。

③快速提高手术蚌恢复能力。

④提高珍珠品质。

⑤改良水质，改善养殖环境。

认清珍珠蚌、贝类养殖水域养殖使用年限补偿的原因，对池塘和贝类采用适当措施，一定会延长养殖水域养殖使用年限，提高经济效益。

第八章　蚌病控制技术

内容提要：蚌病发生的原因；育珠蚌疾病的初步分类；育珠蚌疾病的流行规律；育珠蚌疾病的诊断技术；育珠蚌疾病群体治疗性控制；育珠蚌疾病群体预防性控制；育珠生产的常用药物。

第一节　蚌病发生的原因

随着群众性养蚌育珠生产的日益普及，蚌病的流行也越来越严重。特别是 2001 年春季以来，江、浙一带的养蚌区蚌病又呈泛滥之势，其中诸暨养蚌户更是深受其害，2002 年湘、鄂等省的蚌病亦十分严重，控制蚌病成了育珠生产成败的关键。由于大规模人工育珠生产的历史较短，研究蚌病的历史更为短暂。所以，蚌病防治的理论和技术并未被广大水产科技人员普遍掌握，养蚌户对蚌病的科学防治更是知之甚少。

水体理化环境的一些不良刺激、人为操作管理不当、蚌体不健康和病原生物的侵害等，是造成蚌病的根本原因。

一、水体环境

（一）水温

首先，水温过高或温差变化剧烈，会使育珠蚌的新陈代谢失调。特别是在手术操作过程中，育珠蚌从暂养水域转到室内，手术后又从室内池中重新吊养到外界。这些反复变换水体，必然存在一定温差。如果不注意温差大小而随意放养，就很容易造成蚌体伤害。其次，在养殖水域中，或者冬、夏季吊离水面很近，经常受到气温昼夜温差的影响，也会影响蚌的健康。对蚌体来说，温度的突然变化，最好不要超过±4℃。研究证明，蚌病最多的季节，就在气温昼夜变化最大的季节。

（二）pH 值

pH 值太低或太高，育珠蚌也无法适应。若 pH 值过高，会使水中分子态氨积累，微囊藻等蓝藻也会大量繁殖，从而直接或间接地影响到蚌体的健康。pH 值低，往往是一些红黄壤地区水体的特点，同时生产过程中有机酸的积累，本身也会使水体 pH 值下降。过低的 pH 值，不仅影响蚌的呼吸，而且像硫化氢之类的有毒物也因得不到有效分解而增多，毒性加强，所以也直接或间接地危害育珠蚌的健康。在实际生产中，经常发现有养蚌户因使用生石灰过量而造成碱性危害的事件，继而引发流行病。

（三）溶氧

水中溶氧量的高低，对珍珠蚌的生长和健康也有重要影响。水中溶氧量低，珠蚌得不到生命活动所必需的氧，健康直接受到危害；同时，在较低的溶氧状态下，水中一些有益微生物（如硝化细菌等）因得不到良好的条件而受抑制，其他有害微生物（如厌氧菌、反硝化细菌等）和病原微生物却会大量滋生。低溶氧状态，造成水体有机物得不到完全的氧化分解，结果有机酸类积累增多，导致水体 pH 值下降。从而间接地影响了珍珠蚌的健康生长，久而久之，便引发了疾病。

（四）外来污染

当前环境污染日趋严重，其他外来有毒物一旦进入水体，对蚌体所造成的危害就更大。生产实践中经常发生水污染而造成育珠蚌的死亡事件，应该让养殖户引起足够重视。这些污染源，有的来自生活区各种废水和垃圾，更多的是工业废水，其危害也更为严重。外来污染重者直接造成珍珠蚌的死亡；轻者使珠蚌生理功能遭受破坏，抵抗外界病原入侵能力下降，从而容易染病。这种轻度的污染最不易发现，而引发的疾病又都暴发在流行季节。

二、蚌体体质

正常的河蚌有机体对外界环境的变化和致病生物的侵袭都具有一定的抵抗能力，所以仅仅由于外界环境的变化和病原体的致病作用，河蚌还不一定会生病。自身抵抗能力如何，即河蚌机体免疫力的强弱，也是疾病发生的一个关键因素。而河蚌对病原的抗性，往往随不同年龄而有所不同。所谓易感性，则说明某些河蚌缺乏免疫力，养殖河蚌中具有易感群体，则该病原就可以在这些个体中致病。河蚌群体免疫力下降而易感病原生物，往往是由于水体环境因素不良或营养状况不佳造成的。动物机体对病原生物的免疫力，可分为非特异性免疫和特异性免疫两方面。据研究，河蚌的黏液以及吞噬作用、炎症反应等都是非特异性免疫的重要结构和反应。由于操作不当、管理不善引起河蚌机体损伤或免疫力下降，可以为病原入侵提供便利。过多使用化学消毒剂，可以大量消耗河蚌机体黏液或腐蚀身体，也为病原提供可乘之机。

还没有资料可以证明，蚌类具有特异性免疫（主动免疫、先天获得被动免疫、病后免疫和人工接种免疫等）。

幼蚌培育不科学，体质虚弱即进行手术，术后暴发死亡亦相当普遍。

三、生物（病原）原因

绝大多数蚌病，都可直接找到相对应的生物病原。

致病的生物称病原体。据估计，河蚌疾病大致有 50 种以上类型，至于蚌病病原到底有多少，还没有一个确切的数字。随着河蚌育珠的日益普及，各种疾病也在增多。引起各类疾病的病原生物包括病毒、细菌、支原体、衣原体、立克次氏体、真菌、藻类、原生动物、扁形动物、线形动物、环节动物和软体动物、节肢动物等。

病原生物一般是营寄生生活的，被感染的养殖动物则称为宿主。有一些病原体对宿主有严格的选择性，而另一些病原体对宿主无严格的选择。例如，鳗伪指环虫只寄生鳗鲡，而小瓜虫则可以寄生在各种鱼体身上。又如，气单胞菌则可以引起许多水产动物的疾病。河蚌也不例外。

病原体可以在一个宿主身上定居、繁衍，并通过各种途径感染到其他宿主个体身上。这种病原体从一个宿主到另一个宿主的感染过程，形成了疾病的传播。大多数病原的传播是在养殖河蚌群体内进行的，但也有的病原是通过鸟、兽和人类传播的。如很多吸虫、哺乳动物是它们终寄主，而鱼类往往是其中间寄主。

病原生物进入河蚌机体后，是否引起生病，还取决于病原体致病力的大小。而致病力的大小不仅直接与病原体的数量、繁殖速度和由此造成对蚌组织的损害程度，或是否产生特异毒素有关，也与外界环境条件和河蚌的抗病能力有关。一般来说，细菌和病毒在适温范围内对河蚌的致病力是最强的。

总之，造成河蚌发病的原因是由病原体、环境、河蚌机体三者之间相互作用的结果。病原体与河蚌之间的发病关系，必须依赖环境条件的相互作用。因此，改善与控制养殖水体的生态条件，是预防河蚌疾病发生的关键。

四、人为因素

（一）管理

在生产管理中，有时因操作不当，或投放了过量的有机肥料，或没有及时将死亡的蚌清除出去，或在育珠水体放养了过多的鱼类，同样都会间接地影响蚌体健康，严重时就会由此得病。施肥不当而引发蚌病的现象在生产中最为常见。

（二）操作

由于长途运输或运输条件恶劣，或暂养堆积、离水时间过长等操作不当而造成蚌体损伤，进而暴发疾病的事例也较多见。

当然，引发蚌病最主要的，也是最根本的原因，就是病原生物。到目前为止，能够引起珍珠蚌生病的病原知道的有病毒、细菌、真菌、原生动物和其他寄生蠕虫。其中，危害最为严重的是各类细菌性传染病，而寄生虫也是各类疾病的诱发因子。

第二节　育珠蚌疾病的初步分类

从 1975 年首次发现育珠蚌病病例至今，蚌病的研究还不到 30 年历史。多年以来，包括已故水产动物疾病学先驱倪达书在内的许多国内学者对蚌病做了大量卓有成效的工作。但是，淡水育珠蚌属低等无脊椎动物，其组织学、生理学和病理学方面的基础研究还不够深入，蚌病的种类到底有多少？各类疾病所引起的病理变化如何？细菌性蚌病分类还没有提出，而只笼统称为"蚌病"，还有人称为"蚌瘟"。某些病理反应为一般性病理反应还是某种疾病的特殊反应，尚不清楚。规范蚌病分类体系的工作尚有待进一步完善。

一、由病毒引起的疾病

水生经济动物病毒病向来是水产动物疾病学的棘手课题，许多病毒病到现在仍然没有有效的治疗药物和方法。曾几何时，广大养蚌育珠户谈"蚌瘟"而色变。但事实上，通过近 10 年的研究和临床诊断，三角帆蚌病毒病在实际养殖过程中发生的概率比较小，绝大部分的蚌病是非病毒性的，是可以治疗和预防的。

对于三角帆蚌病毒病，导致蚌瘟病的病毒性病原是否仅仅是"类疱疹病毒"和"嵌砂样病毒"，还不清楚，而其产生的相应病理变化和临床症状是否有共性，也未有更深入的研究。

二、由细菌引起的疾病

三角帆蚌细菌性疾病是种类最多、流行时间最长、危害最大的疾病，并且往往具有继发性。主要细菌性疾病如下。

（一）烂鳃（炎）

烂鳃（炎）（彩图 35）由细菌感染引起，或由寄生虫寄生后继发细菌感染。

病蚌鳃丝糜烂，末端肿胀，鳃瓣外缘能见到明显的色素沉积带，鳃瓣上黏附污物，在外套膜内表面黏液中能镜检到大量成簇或分离的鳃上皮细胞。当水体混浊、水质恶化时，容易暴发此病。

（二）红斧足

红斧足（彩图36）病原是弧菌属的河弧菌变种，革兰氏染色阴性，弯杆状。病蚌病灶处呈溃疡状，沉积有细菌的红色代谢产物，所以呈现微红或粉红色。此病原也偶见感染边缘膜或闭壳肌。

（三）烂斧足

烂斧足（彩图37）由细菌感染而引起。病蚌斧足有严重缺刻，带乳白色腐烂病灶，黏液较多，肌肉组织缺少弹性。

（四）外套膜溃烂

外套膜溃烂（彩图38）是由手术消毒不完善导致术后感染而造成的，其部位往往在中央膜的接种区。如果蚌体健壮环境良好，可以在手术后自然愈合，但该接种区多不产珠或产贴壳珠，严重影响珍珠产量。如果溃烂严重，则会引起全身感染，并在手术后两个月内暴病死亡，或10天内急性死亡。

（五）边缘膜溃烂

边缘膜溃烂（彩图39）是一种慢性细菌性疾病，病灶一般在蚌壳腹缘与边缘交接处，呈典型糜烂状，微内凹。

1997年9月6日，在义乌市一蚌池发现1只病蚌，有明显的边缘膜溃烂症状，蚌体比同池其他珠蚌明显要小，珍珠产量约为同池珠蚌平均产量的1/2（3龄蚌为10.72克，而其他蚌平均在20克左右）。病因往往是网袋或网夹的网线卡入蚌壳腹缘生长软边，造成机械损伤而继发细菌感染。病灶处呈典型糜烂状，蚌壳外观表现为明显的内凹。病原菌种类有待鉴定，革兰氏染色阴性，形态呈特殊的S形，具有很强的专一性，可明显与烂鳃、烂斧足等细菌性病原区分开。

（六）胃肠炎

胃肠炎（彩图40）病原为点状产气单胞菌，革兰氏染色阴性，短杆状。病蚌胃肠道水肿、发炎，内有黏液。当水温较高、水质较肥时易发此病。水体藻相失衡，长期出现微囊藻水华、裸藻水华等是重要诱因。

（七）闭壳肌炎

闭壳肌炎（彩图41）表现为闭壳肌处炎症，溃疡，病灶呈乳白色、粉红色。

（八）侧齿炎

侧齿炎往往是由于手术时开口用力过猛、开口幅度过大，侧齿受伤后感染细菌，或是穿孔单吊时位置偏低而伤及侧齿处外套膜。蚌壳不能紧闭，侧齿四周组织发炎、糜烂，呈黑褐色。

三、由寄生虫引起的疾病

三角帆蚌寄生性疾病相对比较多发，并发症现象很普遍，特别是线虫和轮虫的寄生比其他水产经济动物常见得多。目前，已发现的主要寄生虫病如下。

（一）车轮虫病

车轮虫病的病原为车轮虫。虫体侧面观如毡帽状，反面观圆碟形，运动时如车轮转动，口面上有向左或逆时针方向旋绕的口沟，口沟两侧各生1列纤毛，形成口带。压制水滴片镜检时由于虫体不能转动，可见口带纤毛的波动。反口面具有齿环，齿环由齿体构成，能见到辐射线。车轮虫寄生在病蚌外套膜内表面、内脏囊表面、鳃瓣及唇瓣，引起组织发炎，分泌大量黏液而形成清淡的黏液层。

（二）肾形虫病

肾形虫病的病原为肾形虫（彩图42）。虫体呈肾形，背腹扁平，周被纤毛，胞口裂缝状，侧位。寄生于病蚌外套膜内表面、内脏囊表面、鳃瓣及唇瓣。该病原属原生动物的纤毛虫纲，具体属种有待进一步鉴定；该病原具有极强的专一性，在研究人员近10年的临床过程中，亦未在育珠蚌以外的水产动物上发现其存在。

（三）线虫病

线虫病的病原为线虫（彩图 43），初步鉴定为旋尾目、杆咽科。虫体细长，两端较中部细，尾部特别尖细或弯曲，体不分节，呈圆筒状，几乎透明。线虫分幼虫和成虫两种形态，幼虫寄生于病蚌外套膜内表面，而成虫主要发现于蚌壳附着生物中。关于其生活史、发育过程及在蚌体内外的迁移机制尚不清楚。

（四）轮虫病

轮虫病的病原为轮虫。虫体长圆筒形，躯体外观上分节，中部的节比前后端的大，体前后端能向中央部分缩入而成椭圆形；头冠分成左右两个轮盘，能缩入头部内面；足在身体后端，有假节能自由伸缩，足末端具趾，可以附着在物体上。在水滴片上当足趾自由时，由头冠纤带协调地旋转摆动下，轮虫本身在水中沿螺旋轨道运动。

（五）其他寄生虫病

在门诊过程中也发现少量由鞭毛虫、纤毛虫等其他寄生虫引起的疾病（彩图 44 至彩图 49）。

四、其他类型疾病

（一）触手溃疡

触手溃疡是养蚌区最为常见的疾病，其发病率占外套膜疾病的首位。大量的病例检查发现，该病找不到相应的病原生物，也无明显的传染性；病程很长，以致在蚌体后部进出水孔处的蚌壳上形成明显的内凹，外观十分清楚可见（彩图 50）。解剖发现外套膜微肿、发白，触手缺失。但此病一般不会引起大量死亡，可以确诊为是一种非侵袭性的蚌病。在水质环境不良，特别是大量使用禽类粪肥，水体氨氮偏高时容易诱发。

（二）水肿

水肿的病因及发病机理较为复杂，可能是营养性疾病（如缺硒、钙等），导致病蚌生理功能失调。有些细菌性蚌病往往也伴有水肿现象，如斧足或内脏囊水肿往往也同时呈现烂鳃（炎）或胃肠炎症状。所以，是否也存在肝病性、心病性、肾病性或炎性水肿，尚有待研究。

（三）藻毒素中毒

藻毒素中毒无侵袭性病原，主要由具有藻毒素的藻类（彩图51）引起的中毒。在养蚌育珠水体主要形成微囊藻水华和裸藻水华等，当这些藻类在水中大量繁殖，被育珠蚌大量摄食而引起中毒，或死亡后尸体被一些细菌分解，从而使藻毒素大量释放到水体中，影响水体中育珠蚌的生长，严重时可造成大量死亡。

（四）鳑鲏鱼卵寄生

鳑鲏鱼卵寄生即鳑鲏鱼卵在蚌鳃上寄生（彩图52），超过一定数量时会导致呼吸困难，影响珠蚌健康和正常生长，继发感染其他疾病。

（五）病因不明疾病

在门诊过程中，也发现一些病因不明的特殊病例，如肌萎缩、肝病变、围心腔纤维样病变等。

第三节　育珠蚌疾病的流行规律

1994—2010 年，通过对 2 800 个蚌病病例流行病学资料的收集、临床诊断以及病理学、病原学检查，基本探明了蚌病的主要寄生性和细菌性病原生物，同时发现了腔肠动物等主要敌害生物；初步提出了三角帆蚌疾病种类及其相应发病率。蚌病与鱼病的周年流行规律有明显不同，每年的 3—9 月为蚌病高发期，与三角帆蚌月龄亦有相关性：手术接种后 1～2 个月、14～15 个月、20～23 个月为明显的蚌病高发阶段。统计结果还表明，蚌病发生与手术消毒、施肥等日常管理操作及水体生态环境密切相关。蚌病一般呈"亚急性"或"慢性"型，不应统称为"蚌瘟"病。忽视寄生虫危害的严重性，可能是蚌病防治难的重要因素。对大量蚌病群体控制的详细资料进行科学统计分析，初步发现了三角帆蚌疾病流行病学的一些规律，现予以概述。

一、蚌病发生的一般规律

（一）手术消毒不严

在调查结果中，69.8%的病例是于上半年手术的。上半年手术伤口恢复快、珍珠成圆率好，但由于术后水温日渐增高，如果手术消毒不严格、手术操作不规范，往往容易感染细菌，继发细菌性疾病；下半年手术由于温度较低，手术后发病率低，但是伤口恢复慢，珍珠圆度差。关键是很多养殖户在手术操作过程中，未能按要求采用系统化消毒技术。

（二）种质退化、抗病力下降

由于多代留种甚至育珠蚌原塘采苗等近亲繁殖导致珍珠蚌种质退化、珠蚌抗逆能力下降，性早熟等现象十分普遍。加之水质环境恶化、生态平衡破坏和管理操作不善，往往因影响珠蚌健康而与高发病率有关。

（三）施肥不当

过多使用禽类粪肥，且在使用的过程中，很多养殖户习惯将肥料堆放在池塘四角，或装入编织袋里投入育珠池，任其自然分解。因没有腐熟发酵和消毒，特别容易滋生病原生物；或者因有机物过多，水体富营养化严重而缺氧、水质恶化，导致病害增多。有机物含量高，还导致敌害生物增多。化肥营养元素单一，也间接与蚌病发生相关。

（四）呈"亚急性"或"慢性"型

寄生虫感染率高，但一般不表现出急性致死性。长期寄生隐患的潜伏，往往使蚌体虚弱，也为细菌的进一步入侵打开了方便之门。因此，蚌病一般表现为"亚急性"或"慢性"型。这也符合条件致病菌以及珍珠蚌生理特性。

二、蚌病发生的时间规律

（一）蚌病的周年流行规律

蚌病全年都可发生，特别是红斧足等病见于 12 月至翌年 3 月的低温季节；蚌病发生高峰期在每年的 3—9 月（92.8%），特别集中在 4—8 月（80.7%），这与同一温度条件的鱼病高峰期有所不同。这一特点与寄生虫流行时间较长（特别是线虫一类的寄生虫）有密切关系。相当多的病例属于寄生虫感染后继发感染细菌。

另外，触手溃疡主要危害 2 龄以上育珠蚌，且多在夏秋季发生。

（二）蚌病与蚌龄的关系

从手术接种至珍珠收获的整个养蚌周期内，有几个明显的疾病高发阶段：手术后 1～2 个月、14～15 个月和 20～23 个月。第一阶段以外套膜溃烂穿孔、术后感染等为多，第二阶段是各类疾病的高发期。生产上许多专业户发现高龄蚌染病后，由于珍珠已经初步达到商品珠规格，即放弃治疗，杀蚌取珠，所以 30 个月后蚌病病例较少。

三、蚌病发生与水体环境的关系

（一）水位、面积

在调查诊治的病例中，养蚌育珠池水位主要集中分布在 1.0～1.5 米，但有 12.1% 的育珠池水位过浅（小于 1.0 米，最浅的只有 0.3 米），这些育珠池绝大多数由农田改挖而成。浅水池水体理化环境不稳定，鱼类活动易搅浑水体，昼夜温差大，易出现水华等。从水体动态角度考虑，静水池面积越大，风浪运动越猛，上下水层交换越充分，水质因子相对稳定；但是从防病治病角度看，以 3～7 公顷较宜。面积过大的蚌池，用药、换水都较难，日常管理操作难。以面积过小、水面静止的死水塘作为育珠池，水位往往很浅，水体理化因子变化剧烈。这些环境胁迫因子或直接危害蚌鳃或导致应激反应，从而危害蚌体健康。统计发现，30.6% 的病例面积小于 0.3 公顷。

（二）水源

由于工农业发展和城镇、乡村居民生活水平提高，河道富营养化和各种污染日趋严重，间接与蚌病高发率相关。水库排放出的是库底水，或由于多年养殖大量有机质沉积、氨氮等有害物质随水流带入蚌池，或因夏秋季底层库水温度较低，直接入池后，易引起珠蚌应激反应。这些都和蚌病高发间接相关。因此，河道水和水库水作为养蚌水源与蚌病发生有较大关系。

（三）水体类型

近几年，挖田改塘在一些地区很普遍，大部分养殖户科学意识淡薄，不注意清塘消毒，使田改塘的发病率较高。经过多年养殖的池塘（老鱼塘），有机质淤积严重，有害物质增多，也是蚌病多发的重要因素之一。

（四）pH 值

统计表明，有 60% 左右的病例水体 pH 值小于 7。红黄壤地区，一般水质偏酸，使水体有害物毒性增高，也是诱发蚌病的重要因子，而触手溃疡等疾病与水质因子关系更为密切。

（五）水流

由于河蚌被动吊养，改变了其原有的生态习性，必要的水流可以带来充足的溶氧、饵料，带走代谢产物。但水流过大，特别是有的养殖户一旦发现发病，即大量冲水或长流不止，反而有害。流量大，流速快，如果水源生物量低，育珠池水就容易变瘦，缺少饵料，从而进一步加重病情。

（六）昼夜温差

温差大对蚌体健康有很大危害。而浅水池则终年无法避免"温差"对蚌体的危害。

（七）浑浊度

水浅、鱼类放养太多或大雨冲刷泥土入池，造成蚌池混浊，日久不清，悬浮颗粒随水入鳃，污染鳃瓣，随之暴发蚌病（尤其是鳃炎）。

（八）生产方式

统计还显示。育珠蚌吊养方式与蚌病的发生没有明显的关系，但是网夹容易将网线卡入蚌壳边缘，有时会诱发外套膜炎症。鱼类放养密度适宜时，吊养密度（在 2 万只/公顷内）、吊养深度（在20 ~ 40 厘米）与蚌病发生没有明显关系。

四、蚌病流行规律的特点

（一）蚌病和鱼病周年流行规律的差异

首先，某些细菌性病原（河弧菌）可以在低温的 12 月至翌年 3 月间发现，是否对低温有较强的适应性，尚值得进一步研究。相反，线虫等寄生虫在高温的 7—8 月也相当活跃。其次，某些疾病（触手溃疡）特别在水温高、水质恶化时易发。这些应该是导致蚌病周年流行特点的主要原因。

（二）蚌病流行的阶段性

手术后 1 ~ 2 个月和 14 ~ 15 个月（珠蚌月龄）的蚌病高发现象十分明显。手术操作是第一阶段蚌病高发的关键因子。第二阶段大概在手术后一年左右，是恰好进入蚌病的高发季节还是体质出现了变化，尚待进一步研究。第三个阶段蚌病的高发现象没前两个明显，而其产生的原因，目前也还不怎么明了。手术接种23个月后，蚌病明显减少，30 个月后几乎少见，分析原因：①经过优胜劣汰，存塘育珠蚌已具备较好的体质和抗病能力；②很多养殖户在育珠蚌发生少量死亡时，因为珍珠已初步达到上市规格，就放弃治疗，杀蚌取珠。

（三）危害严重

在蚌病防治的理论和实践中，忽视寄生虫危害的长期性和严重性，可能是蚌病防治难的重要因素。寄生虫的危害大，流行时间长，可能也是蚌病季节性不像鱼病那样有两个明显高峰的一个原因。

158

（四）蚌病不是"蚌瘟"

蚌病多属"亚急性"或"慢性"型。生产中绝大多数蚌病都可以通过杀虫、灭菌、改良水质和泼洒豆浆药饵等群体控制措施有效控制死亡率，故将蚌病统称为"蚌瘟"的提法不妥。

（五）蚌病的人为因素

除了育珠蚌种质资源退化现象严重，导致蚌病泛滥以外，生产中操作不当、管理不善、不良的手术作业，加之环境日趋恶化，都可导致蚌体产生不可逆的生理损伤，这是最主要的诱因之一。

（六）敌害生物有上升趋势

近几年陆续发现了一些附生在网袋、网夹或蚌壳上的附着敌害生物（主要是腔肠动物门的一些种类），严重影响珠蚌摄食，使蚌体消瘦，降低生产力，同时也会诱发其他疾病。关于这些敌害生物的分类、生活史等基础生物学尚有待于进一步研究。主要敌害生物有水栖寡毛类、鳙鲅鱼卵、水蛭、腔肠动物、多孔动物，以及微囊藻水华等。调查表明，1998 年以前鳙鲅鱼卵、水蛭是主要的敌害生物。此后，水栖寡毛类和微囊藻水华明显增多。2000 年后，几种附着的低等多细胞动物在各地养殖水域出现，并有逐年增多的趋势。

第四节　育珠蚌疾病的诊断技术

诊断方法向来是水产动物疾病研究中较为活跃的领域，并不断引入其他研究领域中新的研究成果和技术。由于电镜的广泛应用，亚显微结构水平上的观察已相当普遍。近几年来，特别是免疫学及血清技术的应用，使水产动物疾病的诊断达到了一个新的水平。但是在实际生产中，传统的诊断方法仍占主导地位。尤其是对于珍珠蚌这类低等软体动物，在疾病诊断方法上，临床应用与专题研究之间相距甚远。这些诊断方法都是针对个体诊断而言的，在蚌病防治领域群体诊断倒显得十分重要。

毫无疑问，蚌病的群体诊断是生产上对症下药、彻底治愈蚌病的关键。

通过大量的病例调查、诊断实践，研究人员力图寻求一种适宜直接服务于群众性生产的简便易行的群体诊断方法，以期能够做到以下几个方面。

①流行病学研究方法不仅局限在收集数据与资料进行比较，而且强调在致病过程中，环境因子与生理状况之间关系的了解，以及对群体稳态偏离度的估计。

②病症观察与病蚌解剖方法等个体诊断技术建立在大量病例资料的基础上，是判断育珠蚌群体状况的第一线索。

③直接涂片，显微镜检可以进一步确定病原，个体诊断结果为群体诊断蚌病提供有力依据。

自 1993 年蚌病爆发前期始，研究人员开始对蚌病群体诊断技术和方法进行探索，到 1994 年后研究人员以不断完善的群体诊断方法为基础，使 78.9% 以上的病例得到了治愈。而群体预防性控制有效率可以达到 90% 以上。

一、发病个体与群体的关系

育珠池发现死蚌或已有很多空壳，只有在入池观察时才能发现，养殖户也才意识到珠蚌患了病。此时，养殖池的育珠蚌根据病程发展，可以将系统中的育珠蚌群体健康等级划分为死亡蚌、濒死蚌、重病症蚌、轻病症蚌、潜伏期蚌和健康蚌 6 个等级。

环境条件的不同、发现时间早晚不同和发病类型不同（急性、亚急性或慢性）：使这几部分的比例并不一致。这样划分有利于从个体诊断结果到群体诊断结果的推理，有利于对发病育珠池群体稳态偏离度的估计，从而根据群体控制理论采取有效的群体治疗性控制措施。

对发病育珠池的抽样检查，以及镜检样品蚌，是通过对发病个体的诊断，从而推断蚌池的群体病情。所以，样品蚌是否具有代表性，是关系到正确诊断对症下药的关键程序。送检的病蚌样品，应采集蚌池中病重的或濒死的珠蚌，如果是刚死的蚌，应严格保证送达实验室之前能保持新鲜。随意抽样或将已死亡的腐败样品蚌送检，都可能导致误诊。还要注意，不应将不同地点的送检样品蚌放在一起。样品如不能及时送检，应暂养在洁净的水中。

除少数疾病类型的病死蚌产气上浮外，一般病蚌表现为提出水面喷水无力甚至不喷水，闭壳无力，反应迟钝，或腹缘滴流黏液，往往这类蚌两壳间距较窄，蚌壳腹缘生长软边不明显，所以在蚌病流行季节，养殖户应该经常入池检查，及时发现病蚌并送检诊断，以不延误时机，及早治疗。

发病池就诊时间的死亡数，与病变的珠蚌数占总蚌数的比例，可结合样品检查结果，判断病情轻重。

二、育珠蚌疾病个体诊断技术

（一）病理变化的肉眼观察

1. 蚌壳外观

首先要注意壳长、壳高和两壳间的蚌体厚度，年龄生长线的疏密，腹缘软边多少等情况，以判断珠蚌生长情况和健康水平。根据蚌壳附着生物群落的特色，则可以推测养蚌池水体理化和生物环境。如外套膜进出水口处触手溃疡，往往造成进出水孔处蚌壳内凹。

2. 黏液的数量和性质

黏液镜检是蚌病检查诊断的关键。在珠蚌养殖池中，可以看到外吐黏液的病蚌，样品蚌被打开后也可看到不同性质的黏液：清淡透明、稠白、浓厚微黄、多泡沫和沾染污泥，或沾染藻类而成绿色。研究发现：原生动物、线形动物寄生后黏液多且清淡；而继发感染细菌后，黏液不断浓厚。

3. 消化道

凡患各类疾病的珠蚌均会因停食而使胃肠内无食无粪，停食不久者则只在后肠看到少量积粪。经大量病例诊治发现，这也是一个普遍的病理过程，而非所谓的"肠胃炎"所至。看来单凭晶杆体的变化而诊断为"肠胃炎"是片面的。

4. 肝脏颜色

要区别两个基本色系：绿色和褐色。由于停食和病程发展，肝色普遍趋淡。肝脏是否解体自溶，甚至产生恶臭？

5. 是否水肿

细菌性蚌病往往也伴有水肿现象，如斧足或内脏囊水肿往往也同时呈现烂鳃（炎）或胃肠炎症状。全斧足，还是局部。是外套膜或内脏囊。

6. 鳃丝鳃瓣

应观察鳃色是否灰暗，但根据鳃色判断鳃病是不够的。尚未注意鳃上皮细胞是否脱落；鳃瓣上有无寄生鱼卵；母蚌是否正处于繁殖抱卵期。

7. 斧足

应观察斧足丰满或消瘦、局部或全部水肿、有无溃烂病灶及病灶色泽（粉红、微黄或微蓝等）。溃烂病灶的色泽与不同致病菌产生的代谢物有关。

8. 外套膜

外套膜有的扁平消瘦或浮肿，甚至泡涨。边缘膜也会因溃烂而内缩，出现时断时续。植片手术时消毒不严会使外套膜溃烂穿孔，轻者可以愈合，但局部不产珠或产贴壳珠，严重者感染者在 1 周内出现死亡，或因此暴发疾病。

上述肉眼症状为进一步确诊提供线索。镜检寄生虫、革兰氏染色油镜检查细菌，采用直接法检查出致病生物的密度，可以比较正确地诊断出蚌病。

（二）病原生物的显微镜检

经解剖初步掌握病理变化后，要确诊蚌病，一定要对病例样品蚌进行显微镜检，找出不同病原生物以及各病原生物间的致病关系，认准病灶和相关病变器官。

1. 寄生虫活体观察

与外界水体密切接触的鳃、唇瓣等器官，以及外套腔内的黏液，用100～400倍的显微镜直接检查。

在不同温度条件和水域环境中，可以发现不同的寄生虫。原生动物中的鞭毛类和纤毛类，线形动物中的线虫、轮虫，环节动物中的水蛭等是蚌体内寄生较多的病原寄生虫。寄生虫侵袭除直接危害外，还可引发细菌性蚌病，造成双重感染。

值得注意的是，鳃上皮细胞脱落，往往是细菌性鳃病的一个特征；水蛭一类在外套腔中肉眼可见；而有一些水生寡毛类则可能是在蚌体死亡后才进入外套腔的。

根据病例统计表明：细菌性蚌病中的52.4%都不同程度地有寄生虫并发的现象。这在诊断和治疗时都应加以重视。

2. 细菌涂片观察

对肝、鳃、肠（胃）、黏液和溃烂病灶，按无菌操作法进行涂片、革兰氏染色，再用油镜观察。主要探明细菌感染的重要部位，亦可以从细菌形态学上初步区分细菌的类属和密度，以推断样品蚌的疾病种类和病程。

镜检中寄生虫和细菌密度，我们采取 +、++、+++ 表示。各项操作要严谨细致，防止器官间互相污染，影响结果。

（三）组化分析、观察

分别取小块外套膜、生殖腺、鳃、心室、心房、闭壳肌、斧足、肾、食道、肠道和直肠等脏器组织，用 Zenker 氏液固定，按常规法制成 5～6 微米厚的石蜡切片，苏木精—伊红（H. E.）染色，尼康万能显微镜观察并照相。

1. 组织病理变化

三角帆蚌病毒性疾病的组织病理变化主要集中在消化系统的肝脏、胃、肠道和直肠等组织，其他脏器未见明显的异常变化。组织切片用过碘酸雪夫试剂（PAS）和汞—溴酚蓝试剂（Hg - BPB）染色，曼（Mann）氏染色法进一步显示吸收细胞和未成熟细胞的胞浆中是否存在大量嗜酸性病毒包涵体。若包涵体的孚尔根染色和过碘酸雪夫染色呈阴性，布拉舍（Brachet）染色和汞—溴酚蓝染色呈强阳性。则可诊断之。

第八章　蚌病控制技术

2. 组织化学分析

把健康蚌和病蚌的脏器组织，分别用丙酮或岑克尔（Zenker）氏液固定，石蜡包埋切片，Gomori 氏钙—钴法显示碱性磷酸酶（AKP）、McDendel 体、汞—溴酚蓝染色法和蛋白酶消化法显示酶原和蛋白质颗粒、过碘酸雪夫试剂反应和糖甘酶消化法显示糖原和杯状细胞、孚尔根反应及脱氧核糖核酸酶（DNase）消化法显示 DNA、布拉舍反应及核糖核酸水解酶（RNase）消化法显示 RNA。

另外，可分析酯酶同工酶变化、α-磷酸甘油脱氢酶变化等。

三、育珠蚌群体诊断技术

对于珍珠蚌这类低等软体动物，在疾病诊断方法上，临床应用与专题研究之间相距甚远。其他动物的疾病都是针对个体诊断而言的，但毫无疑问，蚌病的群体诊断是生产上对症下药，彻底治愈蚌病的关键。

（一）随机抽样

按生物统计学的抽样原理与方法，计算样本容量，计算公式为

$$n = 4p \times q/L^2$$

式中：n 为随机取样的样本容量；p 为对育珠蚌群体发病率的预计（通过养殖户的全塘检查得到）；$q = 1 - p$ 为对育珠蚌群体健康率的预计；L 为本群体诊断的容许误差。

确定样本容量后，采用简单随机抽样法进行全塘随机抽样。

（二）育珠蚌群体健康程度评价

把育珠蚌个体按健康程度分为 6 个等级，分别建立评价标准。把随机抽样得到的育珠蚌样品，逐个进行健康程度分级评价，建立育珠蚌群体健康评价指数，计算公式为

$$H = 1P_1 + 2P_2 + 3P_3 + 4P_4 + 5P_5 + 6P_6$$

式中：1，2，……，6 为健康程度等级；P_i 为 i 等级育珠蚌个体数所占样本百分数。

则 $1 \leqslant H \leqslant 6$，$H$ 值越小，表明育珠蚌群体健康程度越差；反之，群体健康程度越好。

（三）育珠蚌日死亡率的计算

根据养殖户定期不定期入池检查得到的育珠蚌死亡数量（X），则该时间间隔内平均日死亡量（X_i）＝X/间隔天数（D），当前存塘育珠蚌数量（N_i）＝育珠蚌放养量（N_0）－累积死亡量（$\sum X_i$），所以育珠蚌日死亡率为

$$Y_i = \frac{X_i}{N_i} = \frac{X_i}{N_0 - \sum X_i}$$

根据近10年的蚌病防治研究与实践，把0.01%设为育珠蚌养殖系统日死亡率的预警值是适宜的，当通过以上计算方法得到育珠蚌日死亡率$Y_i \geqslant 0.01\%$，从另一个角度表明育珠蚌群体健康程度受到了威胁，要积极主动查找原因，解决问题。

（四）系统稳态偏离度的估计

根据问诊调查结果、送检样品蚌个体诊断结果、育珠蚌群体诊断结果和育珠蚌日死亡率的估计，应用群体诊断基本原理，对育珠池系统稳态偏离度进行估计，进而确定群体治疗方案。

第五节　育珠蚌疾病群体治疗性控制

育珠蚌养殖也和其他水产养殖生产一样，疾病的发生在所难免。在生产中如能及时发现病情，科学诊断，再经有效治疗，绝大多数蚌病都是可以治愈的。如能坚持"无病先防、有病早治、以防为主、防治结合"的综合防治原则，根据全年气候变化、水体生态环境改变的规律，结合蚌病流行病学规律，进行有效的群体预防、积极的群体治疗，则可以控制病情，把损失降到最低点。研究人员通过长期以来的实际诊断治疗经验，总结出一整套行之有效的蚌病群体控制技术。

通过蚌病的临床诊断技术和方法正确诊断蚌病，估计群体稳态偏离度，找出疾病的根源所在，无疑是有效治疗蚌病的先决条件。有效的药物和良好的用药方法，对治疗蚌病同样重要。广大养殖户在生产中表现突出的问题是未对症下药，或用药方法不当，往

往使原来有效的药物难以达到治愈的目的。在珍珠蚌养殖疾病防治应用中发现，浸泡法和注射法不切合实际，挂袋法实际也是一种水体消毒，亦不适于珍珠蚌规模化生产模式，在珍珠蚌疾病防治方面主要采用群体控制技术。

一、环境因子偏离度的校正

随着工农业污染的加剧、水体富营养化问题的日益严重等，养殖水体环境正在日益恶化。对于发现水质不好、水体浑浊、藻相失衡、底质发黑的病例，首先进行水质、底质的改善。氨氮（NH_3-N）、亚硝酸盐氮（NO_2-N）、有机质等有毒有害物质的超标，不仅影响杀虫消毒药物的使用效果，而且直接危害珠蚌的体质健康。

（一）物理方法

物理方法主要采取换水等操作，通过引入清新洁净的水源，改善育珠池水体理化环境，冲淡稀释有毒有害物质到容许的限度。如果育珠池水体藻相严重失衡、长期出现微囊藻水华或裸藻水华等，则需要从水色良好的池塘引入水源，作为藻类培养的种源。但是也要避免有的养殖户一旦发现育珠蚌死亡就大量换水甚至长流不止的错误做法，大量换水导致水体理化环境的突变，将引起育珠蚌的严重应激反应，从而加重病情。有条件的池塘配备增氧机等配套设备，在闷热或阴雨等水体易缺氧天气适时开启，防止水体缺氧情况的发生，定期开启增氧机搅动池塘底泥，减少池底长期沉积有机物而造成环境恶化。定期清除池底淤泥，在小水面育珠池采用水泵等动力设备人为制造水体循环微流水环境。

（二）化学方法

采用青苔净、络合铜等药物杀除水体有害藻类。青苔净等灭藻药物能对水体中的青苔及藻类（特别是微囊藻）具有强力的杀灭作用，并能有效治疗蚌壳或网袋网夹上附着的纤毛虫、聚缩虫等敌害生物。

采用水质、底质改良剂处理水体，降低水体浑浊度，化学耗氧量，重金属、氨氮、亚硝酸盐等含量。底质改良剂是针对养殖池底处理而开发的一种新型改良底质产品，能有效防止池底有害物质的水产动物的危害，有利于形成新鲜优良的水体环境。针对水产养殖中水体污染（包括重金属、氯制剂、季铵盐、抗生药等），水质恶化引起的氨氮、亚硝酸盐、硫化氢、藻毒素升高等现象，采用化学、物理和中西结合等方法进行调控。在短时间内降解各种毒素，恢复并提高池塘生产力，改善水质。并对环境、鱼、虾、蟹、贝及人、畜、植物均无毒、无副作用。

（三）生物方法

在水体施用光合细菌、硝化细菌和芽孢杆菌群等益生菌，维持水体良好的菌相，抑制致病细菌群的数量和种类。为了保证生物制剂的效果，在使用生物制剂的前3天不能使用杀虫剂、消毒类剂，使用后短期内尽可能不要再使用杀虫剂、消毒类剂，不要保持太大的换水量。

二、病原生物的群体控制

（一）杀灭寄生虫

蚌病临床诊断为寄生虫病的，根据寄生虫的种类、数量、寄生部位和病程发展选择合适的杀虫药。只要药物浓度适当，往往用药一次即可将寄生虫杀灭。对于检查中发现有寄生虫或细菌并发症的病例，一定要先杀虫，否则细菌性疾病很难治疗。针对珠蚌易感寄生虫，尤其是线形动物的特点，经常性的杀虫工作很有必要。

1. 药物实验

烟酰苯胺具有杀螺力强、对鱼毒性低的特点，普遍用于灭螺，但试验发现对育珠蚌有很强毒性。在常用灭螺浓度0.5毫克/升条件下，在夏季对育珠蚌的致死作用可长达4周。鱼虫灵安全浓度为0.13毫克/升，晶体敌百虫为1.30毫克/升，硫酸铜、硫酸亚铁合剂为2.93毫克/升，甲醛为15毫克/升，冰乙酸为30毫克/升。还有实验表明：2.5%溴氰菊酯对瓣鳃纲代表动物——背角无齿蚌平

均体重300克，24小时、48小时的半致死浓度（TLM）皆为11.9毫克/升，安全浓度为3.57毫克/升。对背角无齿蚌的安全浓度大于其最高使用浓度0.015毫克/升，因而2.5%溴氰菊酯对背角无齿蚌是安全的。

2. 控制蚌病的常用杀虫剂

①有机磷类溶于水后产生一种胆碱酯酶抑制剂，与虫体内的胆碱酯酶结合，使虫体内乙酰胆碱蓄积，导致虫体先兴奋而后痉挛，麻痹至死亡。

②菊酯类溶于水后以触杀和胃杀作用为主，对水生甲壳类寄生虫及水体中浮游动物有较好的杀虫作用。

③阿维菌素本品促使动物体内 γ - 氨基丁酸（GABA）与突触后细胞上的受体结合能力加强，从而提高了突触后细胞膜上的正常休止位能，使神经难以将刺激传递给肌肉，使肌肉细胞不能收缩，虫体发生弛缓性麻痹而死亡。

由于珍珠蚌特殊的摄食生理，至今未见有应用于珍珠蚌的内服杀虫药。实际应用效果表明，仅采用外用杀虫药一般也能取得较好的效果，但是内服杀虫药的开发应用也显得很重要和有意义。

（二）消毒杀菌

凡确诊患有细菌性疾病（如烂鳃、烂斧足、红斧足等）的育珠蚌，都必须根据不同病症和病情严重程度，选择合适的药物，连续使用2~3次。特别是像红斧足等蚌病，致病菌比较顽固，如果不采取连续多次用药，很难控制病情的发展。

1. 药物实验

有人对三角帆蚌病原——嗜水气单胞菌进行药物敏感性实验，结果认为氯霉素敏感度最高，四环素、呋喃唑酮、链霉素次之。对河弧菌生物变种Ⅳ和耐盐产气单胞菌进行药物敏感性实验，对主要抗革兰氏阳性菌的窄谱抗菌药有较大的耐药性，而对广谱抗菌药比较敏感，对氯霉素也比较敏感。

硫酸铜常用于淡水珍珠养殖中的蚌病防治，但实验发现：经铜溶液处理后，在蚌的肝脏、鳃和外套膜中都有累积，引起机体组织形态、生理、生化、免疫等方面的一系列病变，甚至导致死亡。

漂白粉是淡水养殖中经常使用的水体消毒剂，但在1.5毫克/升浓度下，漂白粉可引起育珠蚌外套膜表皮细胞结构和黏液组成改变，在一定程度上抑制贝壳珍珠层的形成，同时影响外套膜钙代谢，影响珍珠的产量和质量。高锰酸钾在0.32毫克/升浓度范围内浸浴96小时无中毒反应。

2. 控制蚌病的常用消毒剂

（1）三氯异氰尿酸　作为一种高效、快速低毒的消毒剂，对三角帆蚌的细菌性病原生物均有较好的杀灭作用。同时，它还具有除水臭、增氧、改良水质的作用。

（2）溴氯海因　本品具有缓释功能，比单纯氯制剂具有更高效能，并使水体长时间保持抑菌状态。每立方米水体用药0.024克。

（3）单元二氧化氯　单元二氧化氯制剂与传统的双组分二氧化氯相比有着安全、高效使用方便等优点，可以用于一般养蚌水体。

（三）杀灭敌害生物

根据不同种类的敌害生物，先使用杀虫剂，后使用较高浓度的氯制剂，一般来说都能得到较好的控制效果。由于在育珠池形成的特殊群落结构而出现新的敌害生物群体，对珍珠蚌的危害很大，目前尚未开发出专用药物，这方面有待于进一步的研究。

三、蚌体机能偏离度的校正

在双壳贝类的抗菌防御中，也存在着细胞免疫和体液免疫。细胞免疫主要通过吞噬作用、血细胞聚集和包囊形成等方式排除异己成分；而体液免疫通过溶酶体酶、凝集素和溶血素等起到消毒病原的作用，其中细胞免疫往往需要体液因子的介导。在贝类所具有的开放式循环系统中，存在着大量的抗菌因子，在机体抵御病原细菌感染中起重要作用。这些抗菌因子以溶酶体酶为主体，包括溶菌酶、β-葡萄糖苷酸酶、酸性磷酸酶、碱性磷酸酶、脂酶、氨肽酶和淀粉酶等。其中，溶菌酶可破坏细菌细胞壁的肽聚糖结构，尤其对革兰氏阳性菌具显著破坏作用；而β－葡萄糖苷酸酶可破坏细菌细胞壁中的黏多糖，因此对革兰氏阴性菌更具破坏力。除溶酶体酶以外，在贝类体液中还存在着一些迄今仍不了解其性质的神秘抗菌因子，这些抗菌因子的作用在所有的溶酶体酶被排除后显现出来，同样可以阻碍细菌的生长。

和其他水生动物一样，育珠蚌在养殖过程中也要受到水体中大量存在的各种病原细菌的侵袭。但并不是所有水中病原微生物都会造成危害，这是因为蚌体本身具有一套抗菌的防御系统。处于同一生长期的不同个体蚌间的抗菌能力的差异，是由蚌体健康程度所决定的。因此，关注蚌生长过程中的健康状况对疾病的预防至关重要，尤其是对条件致病菌的侵袭。通过体外抑菌试验表明：蚌血清在体外具有抑菌效果，可见在体内，血清具有抗菌作用。贝类的溶酶体酶和吞噬作用可由免疫增强剂诱导而增强，从而减少病原菌的感染机会，提高防病抗病的能力。

根据内服外用相结合的治疗原理，研究人员在蚌病治疗过程中，为了达到扶正祛邪、加速康复之目的，独创了"豆浆药饵"治疗法。由于治疗对象为被动吊养的珠蚌，有效剂量难计算，所以药物要求悬浮性好。目前，研究人员采用滤过豆浆为介质，每天多次泼洒，以保证药饵的有效摄入量。

豆浆用量每亩以500克黄豆为宜，并根据水的肥度酌情增减。一般经过连续杀菌消毒，水体饵料生物往往减少。所以，泼洒药饵也是为了恢复珠蚌的体质，提高抗病能力，加快病蚌康复。

有关研究人员成功研制开发出蚌康系列药物（发明专利"悬浮药饵内服法防治珍珠贝疾病技术"），从而结束了淡水珍珠蚌病防治无内服药的历史，内服外用相结合显著提高了蚌病治愈率。同时，蚌康系列药物能提高珠蚌免疫力，有效预防珍珠蚌病的发生，促进珍珠的生长，增加珍珠光泽。实践证明，通过水体杀菌消毒，再口服豆浆药饵，可以大大提高治愈速度，减少水体消毒药的副作用，使珍珠蚌体质很快恢复。

第六节　育珠蚌疾病群体预防性控制

"有病早治、无病早防；防治结合、以防为主"，是水产动物疾病学的指导方针，更是蚌病群体控制技术的基本理念。采用群体控制技术理论的预防性控制策略和措施，完全能够达到生态健康养殖的目的。

一、环境因子稳态的保持

由于集约化高密度被动吊养，改变了育珠蚌原有的生态习性，所以往往更容易受到环境各种胁迫因子的影响。由于对蚌病病原生物和流行规律的不断认识，利用生态学基本原理，采取各种健康养殖手段，生产上完全可以做到预防蚌病发生，并提高珍珠的产量和质量。

（一）选择适宜的养殖水体

实际生产中，那些珠蚌生长快、珍珠质量好的水域，往往也是很有风险的场地。主要是一些地势平缓的水体，像河流一般的小外荡，由于这种水体有微流水，而且水源来自农田、村舍，有充足的饵料生物；但缺点是水源复杂，各种致病生物也多，所以容易发病。

从实际出发，虽然不可能全部选择有自然微流水的水体，但要选择有稳定水体（1~4公顷）的水域，要求能保持溶解氧5毫克/升，周围环境不应有陡峭的山崖、高大建筑和树荫。大水库坝下的冷水流区、黄土坡的中央区都不适宜养蚌。农田开挖的面积小、水位浅的鱼池，更不适宜。

总之，养蚌的环境要求比养鱼更高。选择好养殖水体，无论是防治蚌病还是优质高产，都可以获得事半功倍的效果。

（二）吊养方式和密度

一般水体吊养密度以1.5万~2万只/公顷为宜，穿孔吊养应改成网袋或网夹为好。吊养深度以25厘米适中，并根据水温变化上下调整。研究人员根据淡水育珠蚌的生长特性，珍珠形成基本原理，结合最新生物物理学理论，历时数年、反复试验，终于成功研制出一种能抑制蚌壳生长、促进珍珠成圆的养蚌笼，已申请了发明专利（02143667.3）。它能温和而有效地抑制蚌壳的生长，使蚌体膨大，促进珍珠生长、成圆，并能减少边缘膜溃疡、触手溃疡疾病的发生。可以保持珍珠特别是大直径珍珠的圆度，明显提高淡水育珠生产的经济效益。

（三）鱼类搭养

适当搭养一些滤食性鱼类，一般年产量在 3 000 ~ 4 000 千克/公顷以内；以草鱼、白鲢、鲫为主，同时适当混养一定数量的鳢、鳜等凶猛鱼类，以控制小杂鱼的数量。如有青虾养殖，也应常捕捞以控制数量。适当的搭养花白鲢（每公顷夏花 10 000 尾，或鱼种 2 000 尾），既能鱼蚌混养，提高经济效益，又能在一定程度上缓解水体富营养化的生态压力，控制藻类数量。

（四）合理施肥

在生产中大量施用单一种类的有机肥，往往会造成营养元素结构失衡，是水华产生的重要因素。施用畜禽肥的同时，结合施用高科技微生物发酵技术生产的商品有机肥及无机肥，并且适当补充微量元素，可以取得较好的珠蚌饵料藻类培养效果。具体方法为：春秋两季水温适宜时以有机肥为主，夏季高温时期可施化肥或定期泼洒豆浆。施肥原则也根据气候、水色而定，少量多次。特别是有机肥一定要充分腐熟，在发酵坑中堆放发酵化成液浆状为好，使用前再拌生石灰消毒。绝对不能把新鲜有机肥施入池塘。保持水体透明度 30 厘米，水色以黄褐色、黄绿色为佳。

肥水素是根据养殖水体环境中浮游单细胞藻类的营养生理特点而开发的，含高活性的氮、磷、钾、硅等主要营养元素及部分微量元素；具有迅速促进浮游单细胞藻类（如硅藻、金藻、绿球藻等）生长繁殖，消除氨氮、硫化氢等有毒物质，增加溶氧，改善并稳定水质，促进水生生物正常生长。

育珠蚌手术后 2 个月内，如能坚持泼洒豆浆，施用肥水素，保持水质清新，又有丰富食物，不仅可以减少发病率，也能提高珍珠质量。

可以结合生石灰消毒，定期补充钙质。生长旺季每 10 天 1 次，春秋两季 15～20 天 1 次。每公顷 150 千克和 300 千克交替使用。如果水源含钙量高（如金华市北山水系），次数可减少一半。生石灰应充分化浆泼洒，沉渣应集中倒入池中。保持 pH 值 7.0～7.5 左右。并且每两个月增施 1 次以微量元素、矿物盐为主的营养素。

（五）使用微生物制剂

光合细菌等活菌微生物制剂，能有效降低水体富营养化因子，改善水质，保持水体良好的生态环境。光合细菌在其对数生长期使用，具有活力好、增殖快的特点，避免一般生物制剂商品存在复苏率不稳定、难以保证质量的问题。在 5—10 月，每月补充 1 次，补充量根据天气和水质调整，一般为正常用量的 60%～80%。常年使用微生物制剂，能保持水体系统的优良生态环境，是健康养殖的有力措施。

二、应用手术操作系统化消毒技术

提高珍珠质量，降低珠蚌死亡率，是育珠生产的关键。在大规模淡水育珠生产中，采取严格的系统化消毒程序，可以取得很好的效果［国家发明专利技术"育珠手术新工艺和系统化消毒技术"（03157607.9）］，成活率可超过 98.66%。气温最高的 8 月，死亡率也不会超过 1.53%；一般在 0.02% 左右。并且细胞小片与育珠蚌组织愈合快，珍珠囊形成迅速，珍珠生长快（2 个月平均 2.4 克），成珠圆度好。由于手术后珠蚌体质恢复快，也大大降低了育珠养殖生产中的发病率。手术操作系统化消毒技术，成为蚌病综合预防技术的关键组成部分。

三、病原生物的流行病学控制

春秋两季（水温 15～20℃），每隔半个月入池检查，如果发现有少量珠蚌腹缘滴流黏液，即需用杀虫药 1 次。4—6 月、9—10 月，每个月用一次杀菌消毒剂。

定期入池检查，及时发现疾病苗头，及时预防是关键。珠蚌生长良好，一切正常时，不需过多使用药物，以免产生副作用。

四、蚌体机能稳态的保持

蚌康可以有效防治传染性蚌病，迅速控制死亡率，促进病蚌康复。实践证明，定期或不定期口服豆浆药饵，可以大大提高育珠蚌的免疫力，增加其生产性能，提高珍珠质的积累产量。

具体用量与用法为：每天每 2 000 只珠蚌 1 瓶。1 千克黄豆制成过滤豆浆，加药 1 瓶，混匀，分 2～3 次全池均匀泼洒投喂。

定期补充矿物盐和微量元素，可维持育珠蚌正常的矿物质代谢，进而维持育珠蚌旺盛的生命力和高效的珍珠质分泌功能。

五、水华的控制

（一）水华的主要存在形式

淡水育珠池水华多种多样，但主要以微囊藻水华和裸藻水华为主。

1. 微囊藻水华

微囊藻水华以铜绿微囊藻（Microcystic areuginesa）及水华微囊藻（M. flosaguae）为主。呈现翠绿云斑状，随风漂浮在水面或悬浮在水中。

2. 裸藻水华

裸藻则以裸藻为主，早期为蓝绿色漂浮物，中后期表现为早晨呈铁锈色，水体透明度低。裸藻水华能比较容易地通过显微镜镜检作出判断，具体如下。

（1）初期　以小形态、游泳快、仅眼点红色的裸藻为主的是生长初期，是水华前兆的特征。

（2）高峰期　以较大形态、游泳慢、藻体后部转红的裸藻为主的是水华高峰期的特征。

（3）晚期　以球形态、不运动、通体发红的裸藻为主的是藻种老化、水华晚期的特征。

（二）水华产生的原因

水华是由于珠农养殖管理不科学，造成水体生态环境失衡所引起的。具体表现在以下几个方面。

（1）频繁施用大量高氮磷、高有机物肥料致使水体富营养化

铜绿微囊藻在夏季分层期以前主要集中在水底土壤中，随着水温分层期的出现和底层水缺氧后，一旦施进高氮（如碳氨）、磷（如磷酸盐）肥料于育珠池内，促发了微囊藻细胞的活性，使伪空胞的容积增大，因而群体浮到水体上层，开始迅速繁殖。到秋季上下水层混合后，许多群体被带到深层，由于水压力增大，部分伪空胞破碎，浮力减少，再使群体沉到土壤中，并在那里越冬。

（2）施肥种类单一化　不注重配比，造成水体中各种营养元素比例失调。

（3）水体缺少某些微量元素　部分珠蚌饵料藻类及珠蚌生长受到抑制。

（三）水华对育珠蚌的危害

淡水育珠池水华的存在，会从多方面影响育珠生产。具体表现在以下几个方面。

（1）水华藻类大量繁殖后继而大批死亡　特别是微囊藻水华，其蛋白质分解产生的羟胺（NH_2OH）、硫化氢等有毒物质，不仅会使育珠蚌停止摄食或壳开不闭，体质下降，导致死亡，还会毒死鱼类。如水中浓度达到 100 万个/升群体以上，则青鱼、草鱼、鲢、鳙都可大量死亡。

（2）育珠蚌对微囊藻类难以消化吸收　镜检粪便能见到完整的微囊藻团块；裸藻类对育珠蚌而言营养价值也不高。所以，水华水体会造成育珠蚌营养不良，蚌体偏瘦，生产力下降。

（3）微囊藻多具伪空胞　可以通过增减伪空胞的数量调节浮力，使身体在各水层垂直移动从而有效地吸收养分，造成水体清瘦，育珠蚌饵料供给不足，体质下降。同时，在生产中还发现，水华藻类高度集中在水表时，阻断阳光射入水体，使得其他藻类和浮游动物很难繁殖起来。

（4）光合作用　在强光照射下，微囊藻的光合作用可以使水体 pH 值上升，表层水甚至可达到 10 左右，使育珠蚌产生严重应激反应，并且极度影响珠蚌珍珠质分泌。鱼类也会躁动不安而搅浑水体。

(5) 裸藻适温范围比较广　无明显季节性，常年可以发生，危害时间长。

总之，水华造成水体物质、能量流阻断，生态失衡，育珠蚌营养不良、蚌体消瘦、育珠生产能力下降、免疫功能失调等，容易诱发各种蚌病，从而给育珠生产造成严重的损失。

（四）水华的综合治理措施

淡水育珠池水华问题由来已久，且有日趋严重的势头。生产中许多养殖户采用生石灰的灭藻措施，不仅未取得良好效果，pH 值上升还促使藻类进一步繁殖，使微囊藻危害进一步加剧。根据多年的蚌病防治经验和生产实践，已摸索出一套综合治理淡水育珠池水华问题的操作措施，在生产中取得了良好的效果。

(1) 彻底清淤，严格清塘，搭养滤食性鱼类　根据水体肥瘦程度，每亩搭养白鲢 80 ~ 150 尾、鳙 30 ~ 50 尾。这样既能鱼蚌混养，提高经济效益，又能在一定程度上缓解水体富营养化的生态压力，控制藻类数量。

(2) 科学施肥　在生产中大量施用单一种类的有机肥，往往造成营养元素结构失衡，是水华产生的重要因素。施用畜禽肥的同时，结合施用高科技微生物发酵技术生产的商品有机肥及无机肥，并且适当补充微量元素，可以取得较好的珠蚌饵料藻类培养效果。

(3) 药物控制　选晴天有风天气，在下风山水华藻类密集处用灭藻类药物泼洒，注意浓度不可过量，并及时将藻类尸体排放。使用药物时要防止水体缺氧，慎用生石灰。换水 1/3，数天后再抽入藻相良好的水体，重新培养良好的藻相。

(4) 使用微生物制剂　光合细菌等活菌微生物制剂能有效降低水体富营养化因子，改善水质。扶植有益藻相的建立和增殖，以其群体扩增抑制有害水华的蔓延，实现"扶正祛邪"。同时，其本身营养丰富，是淡水育珠蚌的优良饵料。

（5）使用矿物元素　在老养蚌池，适量增施矿物元素和各种微肥，既可调节水体藻相结构，又可促进珍珠生长。

总之，由于生产管理操作模式的特殊性，淡水育珠蚌养殖水体往往容易出现水华，从而给育珠生产带来直接或间接的危害。生产管理上更应做到严格科学管理，积极预防。

六、鳑鲏鱼卵对育珠蚌的危害及防治方法

鳑鲏鱼是一种小型的杂食性淡水鱼类，在全国各个水系皆有分布，在天然水域（包括河道、湖泊、外荡等）野杂鱼中占有相当高的比例。在养蚌水域里，鳑鲏鱼不仅与珠蚌争食，消耗水体溶氧，而且鳑鲏必须通过受精卵寄生于贝类鳃瓣上进行繁衍后代的繁殖习性，大大影响了蚌体的呼吸，导致蚌体体质下降，极易间接引发或加重蚌病，甚至直接造成珠蚌死亡，严重影响育珠生产。

（一）危害情况

对来自金华、兰溪、衢州、诸暨、湖州等区市蚌病门诊病例257个，其中14个有鳑鲏鱼卵寄生的100多只病蚌样品进行解剖化验。

①从病例统计结果显示：4—9月是鳑鲏的繁殖季节。因此，珍珠蚌的整个生长期几乎都会受鳑鲏鱼卵寄生，其中5—7月为高峰期。

②通过解剖，发现鳑鲏鱼卵主要寄生在1龄以上育珠蚌，这可能是较小的蚌体不利于鳑鲏产卵管插入蚌体外套腔之故。

③鳑鲏鱼从受精卵发育到出膜的整个胚胎发育阶段，一直在蚌鳃瓣上完成。所以，对蚌体危害时间较长。

④同一病例不同蚌体鳃瓣上寄生鳑鲏鱼卵的数量在1~37枚之间不等，有时寄生卵多达70枚以上，就有可能直接导致育珍珠蚌呼吸困难致死。另外，同一只蚌体每瓣鳃上的寄生卵数量也各不相同，表明鳑鲏鱼卵寄生数量及寄生部位存在一定的随意性。

⑤鳑鲏鱼卵可寄生在褶纹冠蚌、三角帆蚌以及其他非育珍珠蚌等鳃上。

（二）防治方法

防治鳑鲏鱼害的方法包括以下几个方面。

（1）彻底清塘　将鳑鲏鱼杀灭，每亩可用生石灰 100～170 千克，带水清塘或干塘曝晒等方法，能取得良好的预防效果。

（2）进水严格过滤　在进出水管口套有过滤网（20～40 目），并且定期进行清理。

（3）放养适量的凶猛鱼类　如鳜鱼，放养体长在 8～10 厘米，每亩密度在 20～30 尾较为适宜。如放养成密度过高，则会对育珠蚌产生不利。

（4）用药物杀灭　选用某些对蚌无害又可杀死野杂鱼的药物，在蚌塘四周泼洒，如茶粕等。

（5）人工捕捞　可用虾笼（内放诱饵）或丝网捕获。

第七节　育珠生产的常用药物

用于鱼、虾、贝、蟹、蛙、鳖等水产动物疾病防治的动物医药品，通称为水产药。广义的水产药也包括水产增养殖生产中，以增加产量和改善品质为目的而使用的一切药物，以及一些水质改良剂。按照商品名称和药物成分看，水产药已有数百种之多，但在河蚌育珠生产实践中较常用的却不多。如能根据贝类生物学特点，注意药性、剂量和使用方法，大多数水产药物可以用于河蚌育珠。

一、河蚌育珠药物的种类

水产药物从化学成分和生理功能上看，与一般动物医药品相同，生产上还大量使用不仅包括人医、兽医的原料药和成品药，也包括许多农药和化工产品、染料等。

在众多的水产药物中，按其来源可分为天然药物和人工合成药物两大类；按其化学性质可区分为无机药、有机药和无机与有机混合的药物；按临床应用可分为预防药、治疗药和诊断药。在河蚌育珠生产中，多数是以用途来划分的。如手术作业用药：滴片药、药棉浸泡剂、玻璃板消毒剂等；又如，蚌病控制用药：杀藻剂、水体消毒剂，以及防腐剂、杀虫剂、水质改良剂、营养药和添加剂等。

二、河蚌育珠生产的用药方法

水产动物的疾病防治，在给药方法上与陆生动物有很大的差别。首先，口服药物以养殖动物自愿摄食为前提，那些因重病而停食的个体无法接受这一防治措施。其次，水体外用药物往往受环境理化因子的直接影响。所以，在生产上为了有效达到疾病防治目的，往往采取内服外用相结合的方法。河蚌育珠生产也一样，外用药物可直接接触蚌体，遍洒法、挂篓（袋）法和药浴法均是外用法的具体应用。注射法在生产上仅用于手术作业过程，控制蚌病时一般不能采用。

（一）口服法

口服法是水产动物养殖中最常用的方法。一般在生产上是将药物混入饵料，加工成药饵投喂，随着科技进步和生产发展，专用的胶囊药饵也开始应用，这为有效保证药物剂量提供了可能。但在蚌病控制实践中，仅尝试了利用豆浆作为载体的"豆浆药饵法"。

由于病情轻重的不同，摄食量差异会造成摄入药物多寡与防治目的相反的倾向。因此，在实际生产中，针对一个发病水体而言，可以投喂不加药物的普通饵料，让健康动物个体和病轻个体先摄入一定量的常规饵料，再投喂药饵的方式，以保证患病个体足够的药物摄入量。另外，也可在投药之前停食一餐或少喂一些来增加动物对药饵的摄入量（因为有的药饵往往口味不佳，这样可以保证足够的首次剂量）。由于河蚌被动吊养的关系，口服剂量更是难以掌握。所以，只能每天多泼洒几次。口服药物的添加剂量在生产上有两种表达方法。

（1）以养殖动物体重为标准　即每千克动物日用药量。该方法以养殖动物的存池数和单位体重为基准，计算出单位水体的总重量，进而算出日投药量或餐投药量。

（2）以投饵量为标准 即每千克（或每吨）饵料的药物添加量。该方法以单位体重的日投饵率为依据，一般动物不同生长阶段的日摄食量有一定的标准，按单位体重的用药剂量和日投饵量也可以计算出单位饵料的药物添加量。在预防、控制蚌病时，单位面积中的珠蚌个体数一般容易确定，个体大小可以按毛重（G）表示，单位为克，再根据经验公式算出肉重（W），即

$$W = 0.334G$$

（二）全池遍洒法

全池遍洒法是我国养殖生产中最常用的施药方法，也是河蚌育珠生产中控制蚌病的最常用方法。但遍洒法不仅用药量大，药物一般也不能被养殖动物吸收而进入体内，所以主要针对体表和鳃上疾病，而对体内的一些疾病，往往需要配合内服法才能取得明显疗效。

遍洒法以水体容量为基础计算用药量，所使用的浓度以能杀灭水体病原生物为前提，同时对河蚌又是安全的。正确计算水体容积（面积、水深），成了该方法是否能达到治疗效果的主要问题。在生产实践中，很多水体的形状多不规则，水位深浅不一。对掌握恰当的药量造成困难。面积太大或流动的水体，也因施药量大等给遍洒法施药带来困难。

遍洒法用药要求药物有较好的水溶性，对难溶的药物，最好先用助溶剂加以溶解；对光敏感的药物宜在傍晚使用。

水体环境的水温、pH 值、有机物含量和浑浊度等都会直接影响水体使用的效果。一般药物随着温度的升高对病原生物的毒性增加，对河蚌的安全性下降。很多药物溶解于水后显示不同的酸碱反应，所以不同水体 pH 值状态，对这些药物影响较大。含氯制剂、氧化剂等的药效则受有机物含量的影响。

由于药物在水体环境中的自然降解，药物使用后，有效浓度不断下降。在蚌病防治实践中，应根据不同药物在水体中降解代谢的速度，确定重复施药的次数和间隔时间。特别是在细菌性疾病的控制中，一次施用往往难以达到目的；一般疾病预防或寄生性

病治疗，只要药物浓度正确，一次用药也可以取得效果。

（三）挂篓（袋）法

挂篓（袋）法是一种特殊的水体施药法，特别在大水面或流动水体，蚌病预防时有较大使用价值。

挂篓（袋）法要选在水域的上游，并根据流速确定药物单位，药物从悬挂的容器（篓、袋等）中缓慢地溶解，使其在养蚌水体中造成一定的药物浓度。

（四）药浴法

药浴法也称浸洗法、浸泡法。可短时间地使河蚌与高浓度药物相接触，以达到杀灭体表、鳃上病原体或消毒、敛结伤口、病灶之目的。该方法在盛有高浓度药物的容器内进行，所以通常只对手术后的珠蚌使用，在大面积育珠生产中很难用此疗法。

药浴法的水体容积比较容易确定，所以药物浓度较易掌握，药浴的时间应根据当时的水温、药物浓度和河蚌的耐受力来确定。同时，长时间高密度的药浴也易出现缺氧，所以，药浴时间以10～30分钟为宜。

（五）浸沤法

将中草药直接浸沤入养蚌水体，以达到消灭病原生物的方法。由于作用缓慢持久，多用于预防。

（六）注射法

注射法是直接将药剂注入河蚌体内的方法，具有吸收快、药量准、疗效好的优点，但是在实际生产中往往并不实用。主要应用在有核珍珠的手术时注射麻醉剂和免疫抑制剂等。

三、河蚌育珠药物施用原则

蚌病防治的成功与否，既与药物种类和水体环境对药物的影响有关，又与药物的使用方法密切相关。良好的使用方法，有效浓度的掌握，可以尽量减少环境对药物的不良影响，适时的重复使用可以将病原生物充分消灭。在蚌病控制实践中，出现疗效不明显的病例，除了没有正确诊断外，绝大多数是因使用方法不当造成的。

（一）药物的选择

首先，要根据河蚌育珠生产的特点，区分手术作业用药和疾病控制用药。控制疾病应根据诊断结果，选择针对该病病原体作用最有效，能在较短时间内达到目的的药物。其次，要求该药物的毒副作用低。由于蚌病的控制往往是对养殖珠蚌进行群体用药，不可能针对水体中的发病个体。因此，应选择毒性小、半衰期短、对水体污染小或无污染的药物。水产药物还应价格便宜、来源丰富。特别是水体遍洒药物，因用量大、成本高，应尽量选择疗效显著而价格低廉的药物，所以中草药往往深受群众欢迎。另外，也要求蚌病控制药物使用方便，以减少劳动操作。

（二）适合的给药方法

由于河蚌育珠生产环境的条件、养殖密度、病情轻重等因素各有不同，在正确的疾病诊断和有效的药物前提下，还要具备适当的施药方法。蚌病控制的常用施药方法有内服、遍洒等。还应考虑疾病的类型、水体养殖环境和药物性质等因素，既能使药物充分发挥效能，同时又可避免或减少药物的毒副作用。

蚌病防治，科学用药、确保用药安全的原则包括以下几个方面。

①准确计算用药水体（水面×平均水位）。

②明确用药器具，如氯制剂等不得用金属容器溶解。

③用药应选在风力较小的晴天08：00—11：00，或14：00以后，并从上风口往下风口用药。

④雨天、闷热天气或鱼、虾"浮头"时（水体缺氧）不用药。

⑤用药期间尽量做到无进排水，保持水体稳定。

⑥在使用有刺激性药物时，应戴口罩和手套等，以保证人身安全。

⑦用药时应注意周边环境，确保苗木、蔬菜、花果等农作物、经济作物和饮用水安全。

⑧用药后，若鱼虾"浮头"或天气变闷应及时采取加水或开增氧机等增氧措施。

⑨掌握药性和药物配伍禁忌，防止药物随意混合产生药效拮抗或毒性增强的情况发生。

⑩颗粒消毒剂不宜直接撒入网箱、网袋和网夹等育珠蚌吊养器具内。

⑪杀藻后尽量放掉上层死水，或用网捞掉上层藻类尸体，同时采取泼洒水质改良剂或抛洒增氧剂等措施，并引入相对良好的水源。

⑫为避免藻类大量死亡分解急剧耗氧并释放藻毒素危害珍珠蚌，杀藻药先用半口塘，隔天后再用半口塘。水位超过 1 米的只能按水位 1 米计算用量。

⑬硫酸铜等灭藻剂对珍珠蚌有较强的毒性，不能滥用该类药物。

（三）了解药物性能

药物的理化性质在某种程度上决定了采取哪一种给药措施，如口服药能否作为治疗全身性疾病，则取决于它能否被肠道吸收。在蚌病控制中，作为豆浆药饵制作的药物不能是水溶性的，否则将会溶化在水里，达不到口服的效果。

水产药物包括化学药品、农药、人畜用药和中草药等，每一种药品均有各自的理化特性。如漂白粉潮解后，有效成分下降；高锰酸钾应避免光照等。药物性质也是河蚌育珠生产中确定两种药物可否进行配伍或混合使用的关键。

（四）注意理化因子的影响

特别是水体遍洒药物，水体环境的理化性质对疗效产生直接的影响。如有机物含量高的肥水，会影响含氯制剂的效果。pH 值低则会增加含氯制剂的杀菌作用。所以，按常规确定用药剂量后，除正确地丈量、计算养殖水体的面积和水深外，还应了解水体的一些化学指标，以便准确地掌握药物用量。

（五）注意环境保护

随着人们物质生活水平的提高，水产品在人类食物结构中的比例不断增加，而养殖业的迅速发展，水产动物疾病发生频率增加，疾病的药物防治也日趋普遍。虽然药物不会对珍珠造成影响，但是河蚌育珠水体也还有其他养殖动物，所以，如果药物使用不当，也会造成其他养殖动物体内药物积蓄、残留不断严重。同时，由于大量使用消毒药物，水体环境污染现象也日渐严重，这些都直接或间接地影响着人类的健康。因此，有必要提醒水产养殖业者，在进行药物防治时，认真考虑给环境带来的危害。严格禁止使用违禁药和淘汰药，禁止使用残留高、毒性强的药物。

第九章　珍珠的采收和疵珠的预防

内容提要：珍珠采收；产生疵珠的原因和对策；变形珍珠形成原因的及预防。

　　珍珠采收是育珠生产过程中的最后一个环节，育珠蚌经过一定周期的养殖后，就到了收获时期，为保证珍珠质量和效益，要进行珍珠的适时采收工作。在珍珠采收过程中或多或少地会发现一些不圆、不光、有尾巴、色泽不艳、附壳珠等劣质珠、次品珠，或叫疵珠。本章将主要介绍珍珠的采收以及疵珠形成的原因和预防方法。

第一节　珍珠采收

　　珍珠的采收通常应根据珍珠的生产情况和珍珠的市场行情，科学决策，以确保养殖珍珠能获取较好的经济效益。

一、育珠周期

　　褶纹冠蚌、背瘤丽蚌育的珠，一般"两夏一冬"可采收，有的当年植片、当年采收；三角核蚌和其他贝蚌，一般要经过"三夏两冬"才能采收，有核珍珠要比无核珍珠时间短。珍珠形成之所以需要这样长的时间，是因为无论哪种贝蚌育的珠，也不管培养的是哪种珍珠，都要经历珠囊形成期、珠胚期、珠核期、增厚期、成圆期5个阶段。无核珍珠一般需2~3年，最长的养殖期也不超过 4 年，一般有核珍珠、象形珍珠等具核珍珠培育，其育珠周期要短于无核珍珠，一般 1~2 年即可。一些人认为，珍珠育珠周期越长，珍珠的颗粒越大，质量就越好，实际并非如此，随着养殖年限增长，珍珠颗粒确实可略微增大，但因蚌体及其分泌功能减退，珠质、珠色远不如适时采收的好，有的还会因珍珠颗粒过大而胀破育珠蚌的珍珠囊及外套膜内表皮而脱落，或胀破外套膜表皮后而形成附壳珍珠，造成不应有的损失。所以，当养殖年限达到育珠周期时，就要跟据市场及质量的综合效益进行及时采收。

二、珍珠采收

（一）珍珠采收季节

采收珍珠，每年有 3 个时间段：一是秋末，因为这个时间气温变冷，水的温度下降，育珠蚌分泌珍珠质逐步减慢，促使珍珠表面逐步变得细腻、色泽光亮；二是冬初，这时的育珠蚌已进入半休眠状态，完全停止了分泌珍珠质，故这个时期采收珍珠质量也是最好的；三是早春，此时不仅珠的质量好，最重要的是，这时采珠可以和下一轮育珠手术作业衔接起来，采用先制片，后取珠，可充分利用上一轮年轮育珠蚌做下一轮的制片蚌，还因春天水温升高，有利于珍珠伤口的愈合和珍珠生长。夏天是严禁采收珍珠的，主要是夏天珍珠质分泌旺盛，造成珠体表面不整齐、质地松、光泽暗淡；同时，由于气温高，珍珠易感染，容易污染水质，导致育珠蚌大量死亡。所以，一般珍珠采收时间为每年 10 月至翌年 2 月，水温在 15℃ 以下为佳。

（二）珍珠采收方法

珍珠的采收方法有多种，各地可根据当地采收习惯及育珠生产的需要，因地因时制宜选择。目前，常用的取珠方法有活蚌取珠法和剖蚌取珠法。

1. 活蚌取珠法

如果养殖户或生产企业需要育珠蚌进行再生珍珠培育，可以选择体质健壮、育珠能力强、育成的珍珠质量好、符合再生珍珠培育要求的一些年轻育珠蚌进行活蚌取珠，然后进行再生珍珠的培育。活蚌取珠时，不要切断闭壳肌，手术操作基本和育珠手术相似，用开壳器开壳，加塞，切开珍珠囊一个小口，然后用工具压出珍珠，操作过程保持珍珠囊完整且不移位。

2. 剖蚌取珠法

剖蚌取珠方法是目前生产中最为常用的方法（图 9-1 和彩图 53）。对于不考虑再生珍珠培育的育珠蚌都可以采用该方法进行珍珠采收。剖蚌取珠法根据剖蚌后取珠方式可分手工分离法取珠和机械分离法取珠两种。

图 9-1　剖蚌取珠

（1）**手工分离法取珠**　先把准备采珠的育珠蚌从竹架或篾笼里取下，清洗干净育珠蚌外壳上的污泥和其他附着物，运到室内待手术。手术时，将蚌放置在手术操作台上，用解剖刀用力切断前后闭壳肌，打开蚌壳，用手指轻轻地逐粒挤捏出外套膜或内脏团内珍珠，或用镊子等工具夹出，或用手术刀切下长有珍珠的中央膜，集中后放入粗布袋或 40 目网布袋中，扎紧袋口，连袋放入盆中用手搓揉，并用水冲洗、清洗，珍珠就可从外套膜中挤捏出来。

（2）**机械分离法取珠**　对于规模较大的生产单位来讲，手工分离法取珠在工作量上显得相对繁重，现在大规模采收珍珠时多采用一种珍珠分离器进行机械分离法取珠（图 9-2），该法方便又

图 9 - 2　珍珠分离机

省力且速度快。珍珠分离器（图 9 - 3）结构比较简单，可以临时请木工或铁皮匠自行打制，即用木材或铁皮制成底部成锥形的长圆桶，中间装有一根转动轴，轴上装 2 ~ 4 把碎肉刀，轴的上端靠电动机带动，珍珠分离器的机械原理如同碎肉机。取珠操作时，育珠蚌开壳后先将长有珍珠的外套膜或内脏团隔离蚌体，将其投入到分离器中，加入一定量的清水，然后开动电动机带动中央转动轴上碎肉刀进行高速切割，将投入桶内外套膜切成肉浆，珍珠就可与组织分离，根据珍珠与外套膜组织的相对密度差，剥离下来的珍珠就会自动沉落圆桶底部，打开出珠口，即可进行收珠。但是，这种方法有时不能将残留在碎小的外套膜或肌肉组织块中的少数细小分裂珠、粟米珠分离出来。对于第一次未分离出来的分裂珠、粟米珠等可以采取以下两种方法进行进一步分离取珠：一是在这些带有细珠的组织块中加入 30% 的生石灰进行搅拌混合，2 ~ 3 天后重新投入分离器内进行二次分离，这种方法对珍珠表面光泽可能有些损伤；二是将这些留有珍珠的组织块放入毛巾袋，用手揉搓，细珠就可从组织块中挤出并粘在毛巾上，然后将粘有珍珠的毛巾袋放入清水中轻轻漂洗，珍珠就会自动掉落水中，即可收集珍珠。利用机械分离法分离出来的珍珠由于在转动中遭受一定程度的机械撞击，会对珍珠表面产生一定影响。

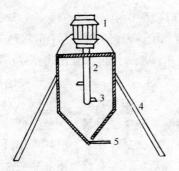

图 9 – 3　珍珠分离器结构模型

1. 电动机；**2.** 转动轴；**3.** 碎肉刀；**4.** 外支架；**5.** 出珠口

三、珍珠采收后的后处理技术

　　刚采收的珍珠由于外表面常附着有黏液、组织碎片或其他污物，如果不除去这些物质，时间长了会凝结在珍珠表面，腐蚀和氧化珍珠质而使珍珠色泽变得暗淡，甚至变成白色哑光而成为废珠，影响质量。所以，珍珠采收后要立即进行洗涤等处理后打光保存。

（一）珍珠洗涤

　　珍珠的洗涤方法可分为一般洗涤法和药物洗涤法。

1. 一般洗涤法

　　珍珠采收后，先将珍珠放入饱和的盐水中浸泡 5 ~ 10 分钟，洗去表面黏液和污迹，然后捞出用清水冲洗掉珠面上的盐水，再用弱碱性肥皂或牙膏轻轻搓擦珍珠，进一步除去珍珠上有机物，并用清水漂洗干净珠面上肥皂液或牙膏，最后用吸水性好的干毛巾或柔软干布吸干珠面上水分，晾干后用绒布或绸布打光后就可作为商品珠分级出售。

2. 药物洗涤法

　　珍珠经一般洗涤（彩图 54），并不能显示其应有的光泽。为了显示其珍珠应有的光泽，有条件的企业或养殖户可在一般洗涤法基础上，再采用药物方法洗涤来增加光洁度，方法是将经过一般洗涤的珍珠盛放在容器（图 9 – 4 至图 9 – 7）内，然后倒入 0.15% ~

0.20%浓度的十二醇硫酸钠溶液至药液淹没珍珠，并用手轻轻搅拌3~5分钟，使药液和珍珠表面能够得到充分接触，每3~5小时搅拌一次，第二天用清水冲洗，把泡沫及污物充分洗净，然后用绒布吸干，绸布打光，分级及时出售。对经过上述洗涤后光泽还比较暗淡的珍珠，可以用3%~5%的双氧水（过氧化氢）或稀盐酸浸渍，并用玻璃棒或木筷等非金属类工具轻轻搅拌，使其恢复光泽。但浸渍时间一定要适宜，否则会对珍珠层有破坏作用，引起珍珠表面龟裂甚至剥落，影响珍珠质量。注意：使用细盐酸洗涤的珍珠，必须在洗涤后用氨水中和酸性，最后再用清水冲洗干净，并用绒布吸干，绸布打光后待售。

图9-4　电动珍珠清洗机

图9-5　原珠清洗（一）

图9-6　原珠清洗（二）

图9-7　原珠清洗（三）

（二）再打光

如果经上述方法洗涤后珍珠光泽还显暗淡，还可以通过再打光来增加光泽度。方法是将洗涤后珍珠放在浸过松节油的软皮上打磨，把硅藻土碾成粉末，将珍珠放入粉末状的硅藻土中，但时间不宜太长，然后取出，并用橄榄油和软皮打磨增光；或者将洗涤后的珍珠放入盛有食盐和锯木屑的布袋中揉磨，即可增加光泽。

第二节　产生疵珠的原因和对策

育珠生产是以营利为目的的商业性生产，但在实际育珠生产中，往往会出现不同技术水平的养殖户生产的珍珠质量不同、同一蚌培育珍珠质量也是参差不齐等现象，所以采收的珍珠质量上差距很大，有不少是疵珠，即违背养殖户生产意图的珍珠产品，结果影响养殖效益。因此，在育珠生产过程中如何防止珍珠疵珠的产生或降低疵珠比例非常重要。要防止疵珠的出现，首先要清楚其产生的根本原因，才能采取有效的预防措施。本节主要介绍无核珍珠疵珠的分类以及影响珍珠产量和质量的主要原因和预防措施。

一、无核珍珠的疵珠分类、原因及预防

（一）半光珠、骨珠和泥珠

半光珠系珠身一部分有光泽，一部分无光泽。无光泽的部分呈现乳白色或黄褐色。光泽面积小于80%的半光珠为废珠，光泽面积大于80%的半光珠为次珠，半光珠是育珠生产中最常见的一种疵珠。

骨珠也叫粉珠，珍珠表面被棱柱层包被，呈粉末状，外观无光泽，不透明，颜色为乳白色或陶瓷色，就像熟了的鱼眼珠一样。

泥珠即有机质珍珠，呈茶褐色或黑褐色，表面有时光滑、有时粗糙。

1. **形成原因**

①在制备细胞小片时，小片过厚带有过多的结缔组织、制片蚌蚌龄过老或外套膜外缘的色线没裁净，使小片上同时带有会分泌

珍珠质的珍珠细胞，或带有会分泌棱柱质的骨细胞或分泌壳皮的角质细胞，从而形成半光珠、骨珠和泥珠。

②由于水域环境的不适宜，育珠池水质过酸或过碱，使珍珠囊细胞发生变异或珍珠蚌染病，引起珍珠囊分泌珍珠质能力的变化而致。

2. 预防措施

①在细胞小片制备时，要注意沿色线外的边缘一定要裁净，制备的小片要力求厚薄均匀，结缔组织不能过厚，另外不要用高龄蚌、病蚌以及营养不良的蚌作为制片蚌，以保证细胞小片的质量。

②育珠过程中池塘水质过肥时要注换水，水质清瘦又呈酸性时要及时追施肥，并用生石灰调节水质，生石灰用量一般为 7 ~ 8 千克/亩·米，使池水保持中性或弱碱性。

（二）连珠和分裂珠

连珠是指由两个或几个珍珠连在一起并合而成连体珍珠，外观凹凸不平，属疵珠。在珠与珠连接处往往有棱柱层，故相接处不太牢固，可用手指掰开分裂珠，且形状不一。正圆形、珠质好的连珠或分裂珠可做装饰品，形状不规则但质地好的可做药。

1. 形成原因

①制备细胞小片时擦洗太重，损伤了外表皮细胞。

②细胞小片条修边不齐，有缺刻，有伤。

③植片时，送片针刺破了细胞小片。

④反片，即送片时将外表皮卷在外面，肌肉结缔组织一面卷向里面。

这种状况常出现于三角帆蚌。因为三角帆蚌表皮细胞裂殖速度往往快于小片结缔组织和母蚌结缔组织愈合速度，再加上小片有缺刻和伤痕，表皮细胞就乘隙各自裂殖成两个或多个小珠囊，各自分泌珍珠质而形成分裂珠。随着养殖时间的延长，分裂珠会并合在一起成连珠。

2. 预防措施

①制备细胞小片时，擦洗要轻微细致。

②小片剪切要整齐，无伤，无缺刻。

③送片针针头不能太扁薄，小尖头不能太长，长度不超过1毫米，保持小片完整无伤地送入育珠蚌的外套膜结缔组织内。

④送片时小片正反面要弄清，要正卷，不能反卷。

（三）焦头珠

焦头珠珠身一半裸露在外套膜内表皮之外，看上去好像被烧焦了一样，裸露的一头呈黑色，另一头有闪耀的珠光。

1. 形成的原因

①植片时，插送的细胞小片过浅，离伤口太近，部分片头露在伤口外面或伤口愈合前通道内的小片部分吐露伤口，造成仅有一部分小片与结缔组织愈合形成珍珠囊，分泌珍珠质，外露部分被育珠蚌过滤水流中的污物感染后腐烂形成焦头。

②因水质清瘦，外套膜较薄，斧足在伸缩运动时使外套膜受压迫和摩擦，部分珍珠颗粒较大的珍珠囊可能被磨损，导致部分珠身外露污染而成焦头珠。

2. 预防措施

①插植细胞小片手术操作时，创口不要开得太大，小片要插得深点，即小片离伤口的距离远一些，一般三角帆蚌插植的小片要离伤口0.5厘米左右，褶纹冠蚌插植的小片要距离伤口0.7厘米左右。

②保持适宜的水质和肥度，使池水颜色保持黄绿色或淡茶褐色，透明度维持在25~40厘米，促进育珠快速健康地生长。

（四）空心珠

空心珠一般珠粒较大，但光泽较暗淡，珠中空心，相对密度小，内含腐臭的豆渣状物质或泥，光透中心呈黑色，无商品价值。

1. 形成原因

①擦洗小片条用力过重，致使小片部分细胞坏死，部分活细胞围绕坏死细胞增殖，形成珍珠囊，分泌珍珠质。

②在插植小片时搞错了正反面，即小片反卷，把带有结缔组织、肌纤维的一面包在囊内，形成珍珠，待珍珠采收后被包在珍

珠层内的有机物（结缔组织和肌纤维）就坏死成空心珠，常见于褶纹冠蚌培育的珍珠。

2. 预防措施

首先，擦洗小片条时动作要轻微小心，不能损伤表皮细胞，保持小片细胞全片活力均衡。其次，插片时要注意正反面，小片要正卷，使小片的结缔组织一面和手术蚌的结缔组织紧密相接。

（五）污珠

污珠指珍珠表面虽然很光亮，外观看珠质发黑，珠心内含有青黑色的泥沙等污物，用工具打开珍珠，有臭味，又称乌珠。

1. 形成原因

①手术操作时清洁卫生工作不够到位，送片针等手术工具设备留有污物、小片条没洗净、滴水不清洁或育珠蚌、手术蚌手术部位污泥没有洗净等使小片送片后受污染或细胞小片部分坏死。

②育珠蚌养殖初期，珠蚌吊养位置过深，接触水底污物，或水质太浓、伤口过大，水体中的污物杂质带入伤口，并被包在珍珠囊中而形成污珠。

2. 预防措施

①在手术操作过程中工具设备要保持清洁，严格做好手术过程中的消毒工作，蚌体外壳须清洗干净，用水要清洁。

②刚手术后的育珠蚌要暂养在清瘦水体中，待伤口愈合后再吊养至大水面中；如果直接吊养到养殖水体中注意控制吊养深度，养殖初期不宜过深，水质控制不宜太肥，等伤口愈合后再调整吊养深度和水体肥度。

（六）僵珠

僵珠颗粒较小，形似谷壳，呆木无光，呈僵化状态。

1. 形成原因

主要是制片蚌体质较差，蚌体消瘦，制成的细胞小片过薄，或小片因冻伤、擦伤以及消毒药物过重等原因致使细胞小片活力不高，植片后形成的珍珠囊分泌珍珠质能力差，珍珠生长缓慢甚至停滞生长而形成僵珠。

2. 预防措施

①育珠生产过程要选择蚌体肥壮、体质健康的蚌作为育珠蚌和制片蚌，保证小片表皮细胞活力旺盛以及形成珍珠囊后珍珠质分泌能力强。

②选择秋末冬初进行手术时，制片、植片手术过程中要防止小片擦伤或因温度过低而冻伤。

（七）附壳珠

附壳珠指珍珠未游离生长在外套膜中，而是生长在贝壳内层上。一般附壳珠附着牢固，要靠工具等机械力取之，方能与壳分离。附壳珠商品价值很低，但人为定向培育的象形附壳珍珠除外。

1. 形成原因

①植片手术时，由于开口和插送小片技术不熟练，将外套膜的外表皮刺破了，使珍珠囊部分外露，并与壳相贴而形成附壳珠。

②育珠蚌体质瘦弱，外套膜较薄，手术时外套膜容易被擦破或戳破。

③在育珠过程中养殖环境不稳定，特别是水质不稳定，造成育珠蚌营养不良，外套膜、珠囊变薄，在斧足活动范围的部分珍珠受到挤压，珍珠磨穿了外套膜的外表皮与壳相贴，成附壳珠。

2. 预防措施

①提高操作水平，创口、通道和插送过程中保证不伤及外表皮。

②通过强化培育，增厚外套膜，对插核手术蚌增加暂养培育，控制外套膜结缔组织的发育状况，使外套膜达到适中厚度，这样可提高固核率和降低附壳珠生成率。

③用化学药物抛光核面，提高珍珠核光洁度，以免磨损了外套膜细嫩的外表皮而造成附壳，但插核前一定要将化学药物清除干净。

④加强插核蚌休复期间管理，采取"平放—翻面—垂吊—移养"的连续管理措施，使外套膜内、外表皮受压均衡，不致压损

任何表皮细胞而造成外套膜穿孔。

（八）皱纹珠

皱纹珠又叫环纹珠，珠身有许多不规则的皱纹，外观粗糙难看，一般作药用。

1. 形成原因

①细胞小片过大，整圆效果差，或插片时多次插入。

②小片制备后没有及时进行插片，离体时间太长，影响小片活力，导致珍珠质沉积缓慢。

③制片蚌和插片蚌年龄过大，分泌珍珠质能力弱，致使形成的珍珠不够饱满成皱纹珠。

④单只蚌体插送小片数量过多，育珠蚌负荷过重，从水体环境中吸收的钙离子等满足不了体内珍珠囊正常分泌珍珠质的需求。

⑤放养密度过大或水质肥度不够，饵料生物不能满足育珠蚌的生长需求，造成营养不足，分泌珍珠质能力减弱。

⑥养殖期间受病虫害侵袭，使育珠蚌或珍珠囊生理功能失常，影响吸收、输送钙离子和分泌珍珠质的能力，导致珍珠质沉积不均匀。

2. 预防措施

①制备的小片规格要符合要求，小片离体时间越短越好，小片插植手术一次到位，仔细做好整圆工作。

②小片蚌和插片蚌体质要好，年龄要适中，符合要求。

③每只蚌体的插片数量要合理，不宜过多，一般控制在30～40片，保证每个珍珠囊正常分泌珍珠质。

④育珠期间要加强日常管理，严防敌害生物的侵袭，经常清除蚌壳上的附着生物。

⑤加强水质环境管理，适时施肥培育水体中饵料生物，定期补充水体中的钙质，保证育珠蚌生长良好，分泌珍珠质快而均匀。

（九）肋纹珠

肋纹珠珠体呈卵圆形，中间部分有数条横生肋纹，有肋纹的部位烛光暗淡，形成一道道石灰色的环。

1. 形成原因

主要是制备细胞小片时没有彻底切除外套膜的附着肌束，在珍珠质沉积期间，随着附着肌束的生长，便形成一条条肋纹。另外，由于小片靠近中央膜区的一边外表皮细胞增生较慢，珍珠质分泌较弱，而小片另一边边缘膜区的外表皮细胞增殖较快，珍珠质分泌旺盛，因而形成一端大，另一端较小的卵形肋纹珠。

2. 预防措施

制备小片时要彻底切除外套膜附着肌束。

（十）畸形珠（尾巴珠）

畸形珠（尾巴珠）指表面有一个或多个突起，或象形有核珍珠表面非人为定向培育性突起，似尾巴状。

1. 形成原因

①手术操作过程未能保证细胞小片与珠核紧贴，或植核后因珠蚌斧足的自然伸缩运动使小片受挤压而与核发生位置偏移，或小片植入位置不正确。

②制备的细胞小片规格过大，使小片难以整个平整地紧贴在核面上，使突起部分形成的珍珠似尾巴状。

③由于开口针针尖过长，使通道过深，小片的一部分向通道末端增殖，形成不圆珍珠囊而产生尾巴珠。

2. 预防措施

①手术操作采用核片同步插植法，以保证细胞小片与核紧贴，小心地将核与片插至通道末端，避免小片移位。

②严格控制细胞小片的规格，把细胞小片切成珠核球径的 1/3 见方或核表面面积的 1/10～1/8，插植象形核模时小片控制在 2 毫米见方。

（十一）暗光珠

暗光珠珠面虽然有光泽，但色泽暗淡迟钝，呈现死灰色。

1. 形成原因

①选择植核的季节水温过低，细胞小片久久不能增殖形成珍珠

囊，核面被手术蚌结缔组织中的游离细胞综合体遮挡，使随后形成的珍珠呈暗灰色；色线切除不干净，细胞小片带进了骨质细胞和角质细胞，产生多量的石灰质及有机质混合物，形成棱柱珍珠，没有珠光。

②珍珠养殖池养殖过程中池水老化，缺乏溶氧和饵料生物，特别是多年育珠的"死水"养殖水域鱼蚌等生物的残饵和排泄物大量沉积池底，分解释放出有毒物质硫化氢、分子氨等有毒物质，影响珍珠囊生理代谢功能，影响了珍珠质分泌。

③由于水体中的营养元素，特别是微量元素缺乏或不均衡所致。

2. 预防措施

①制备小片时，把色线、骨质细胞及角质细胞切除干净。

②在育珠期间，养殖水体内严格控制水生植物的生长，以免水生植物吸收水体中营养物质，抑制浮游藻类生长。

③加强日常水质管理，适时施肥、生石灰和一些微量元素，防止池水老化。

④加强采珠前的强化培育，在珍珠采收前 4 ~ 5 个月，将育珠蚌移至优良水域环境中养殖一定时期，以增加珍珠光泽和厚度。

（十二）盐珠

盐珠指珍珠表面有一层白色不透明物质，犹如经盐水浸渍干燥后出现在表面的一层白色结晶盐。不严重的盐珠用刀刮落表面结晶物质，可发现里面珍珠光泽保持完好。

1. 形成原因

①采珠后处理不当，这种盐珠并非育珠过程中形成，多数是由于采收后没有及时进行洗涤或洗涤不彻底，使有机物包被了珍珠的表面。

②从病蚌或死蚌中采收的珍珠，由于坏死蚌肉组织分解有机酸，腐蚀了珍珠表面的碳酸钙成分而形成。

③由于蚌体代谢产生的二氧化碳引起珍珠表面碳酸钙分解而产生。

④在珍珠质沉积旺盛期间（即在春末至秋初）采收珍珠，由于尚未完全形成霰石结晶结构，不透明的白色珍珠基质覆盖表面，也会形成盐珠。

2. 预防措施

①收珠季节应控制在秋末至春初期间，水温在 15℃ 以下时进行。

②加强育珠期间的日常管理，做好育珠蚌病害防治工作。

③对由于未及时洗涤造成的或珍珠表面受蚀并不严重的盐珠，可用稀醋酸短时间浸渍处理，恢复珍珠光泽，受蚀比较严重的盐珠，可用稀盐酸浸渍处理，但无论是选择哪种酸类药物浸渍，都需对浸渍过的珍珠及时进行清水冲洗，清除珠面上酸类药物。

二、影响育珠产量的主要原因和对策

（一）烂片

细胞小片植入外套膜的结缔组织后，未形成能够有效分泌珍珠质的珍珠囊，并溃烂成淡黄色脓水状物质，似发臭的糨糊。采收珍珠时从外观看，外套膜植片伤口已愈合，已溃烂的小片鼓起在外套膜的内外表皮层间，从而影响育珠蚌的珍珠产量。

1. 产生原因

主要由于植片工具，如解剖刀、剪子、镊子以及针、海绵，在手术过程中触压或重擦小片而使小片受伤，或制备的小片过厚、过大以及小片干死，或黏液过多、用水不卫生等原因引起小片和手术部位细菌感染，造成珍珠囊病变而失去分泌珍珠质的能力，引起溃烂而产生烂片现象。

2. 预防措施

①小片制备动作要轻快。

②避免在高温季节进行植片手术。

③正常植片手术过程要对小片滴水，使小片离体期间保持湿润。

④细胞小片要随制随插，使小片离体时间越短越好。

⑤如用褶纹冠蚌小片，还需将小片在清水或消毒水中浸片1~2分钟，去除小片上的过多黏液，从而防止或减少烂片现象的发生。

（二）低产珍珠

育珠蚌在养殖过程中，由于营养不良或珍珠囊病变等原因，体内的珍珠囊虽然能够分泌珍珠质形成珍珠，但其分泌珍珠质的能力和成珠速度比较慢且形成的珍珠质量一般也不很好，如僵珠等，导致育珠产量下降。

1. 产生的原因

①由于营养不良或营养不均衡引起，如水质不肥，饵料生物少，育珠蚌处于饥饿状态；水中饵料生物不适合于育珠蚌滤食，滤食后也无法消化，处于营养不良状态；水中溶氧不足，常低于5毫克/升，使其生理代谢受到抑制；pH值不适宜，偏酸或偏碱；吊养深度不适宜，夏天过浅，冬天过深；池塘养珍珠时间太长，且没有清淤，使水中微量元素的含量过低或不平衡，影响育珠蚌体内酶活力。

②由于手术蚌选择不当引起，如用来制作细胞小片的蚌和手术受体蚌（特别是小片蚌）年龄过大，超过3龄。

③由于环境污染以及病害引起，如养殖水体受到轻微污染，或育珠蚌受到病害影响，使育珠蚌生理代谢受到影响。

④由于环境干扰引起，如人为或自然的（风浪等）频繁接触扰乱育珠蚌生存环境，使育珠蚌不安宁而造成分泌功能下降。

2. 预防措施

①加强育珠蚌养殖管理，严格按育珠养殖过程的水质要求进行管理，适时投饵施肥，对于水体或底泥中微量元素缺失的养殖池塘，及时增施微量元素及稀土元素，保持养殖全过程育珠蚌养殖水体营养充足且均衡，促进蚌体快速、健康地生长。

②在育珠手术操作过程中尽量使用蚌龄小的蚌作手术蚌，提高珍珠蚌珍珠质的分泌能力。

③防止养殖治水体污染，改善水质条件，如遇轻微污染要及时更换水体，在选择养殖场地时要选择远离污染源的水体。

④加强育珠蚌养殖过程的病害防治工作，实行以防为主、防治结合的病防原则，减少病害侵袭。

⑤尽量少接触蚌，养殖水域应选择避风湾，加注新水时宜缓慢增加，给育珠蚌营造一个安静舒适的生存环境。

第三节　变形珍珠形成的原因及预防

如盐珠、半光珠、骨珠、泥珠和肋纹珠等的形成，与无核珍珠疵珠形成原因及预防措施相似，可参照处理。

无论是有核珍珠还是无核珍珠，采收后珍珠形状与培育时人为的定向形状相悖的珍珠即称为变形珍珠。如原设计培育圆形珍珠变成了非圆形珍珠，或采出象形有核珍珠与核模形态相差太远的象形珍珠。这类珍珠商品价值大大降低，有的只能用做药料，有的成为废珠。

形成变形珍珠的因素很多，主要原因总结如下。

①与手术操作不当有关。如细胞小片裁片不齐，边缘有缺刻，或小片离体时间太长以及受污染引起核表面珍珠质沉积不匀而导致变形；植片位置不当，细胞小片插在蚌的腹缘两端，因常常受到内脏团挤压而容易产生扁珠或馒头形的珠；有的因细胞小片插入过浅、局部挤出伤口会形成乌头珠；有的插片数量过多、过密，往往会连在一起，形成双连珠；旁边如附加一个小粟粒，则形成达摩珠；有些手术人员插片不正确，把细胞小片反卷，容易导致小片腐烂，形成污珠等。

②珍珠囊上皮细胞因不同原因发生变态，堆积了异常的有机物质，导致歪珠等异形珠形成。

③与手术蚌体质有直接的关系。手术蚌经植核或插片后，除了要维持自身日常生长的营养需要外，还要供应体内珍珠囊营养消耗，在繁殖季节，雌蚌还要增加供应生殖细胞发育的营养需要，因此一旦蚌体质瘦弱，营养供不上，直接导致珍珠长不大，或珠形发生异变，有的甚至因负担过重而死亡。

④日常养殖管理不善，如养殖水域水质过瘦或过老，生物饵料

不足，或发生蚌病、敌害，造成珍珠囊的珍珠质分泌功能紊乱，而产生异形珍珠。

⑤与养殖水域生态环境稳定有关系，如温差过大、水的流动过速、水的物理性质和化学性质受外界影响而剧烈变化等环境的不稳定性，影响到蚌的正常生理功能，给珍珠囊分泌珍珠质带来严重影响，这也是形成变形珍珠的重要原因。

所以，为预防变形珍珠产生，一定要从多因素综合考虑预防措施，特别是从上述五大变形珍珠形成原因着手，加强育珠过程中手术蚌的选择、养殖水域的选择、手术操作管理以及育珠过程的养殖管理，从而减少和防止变形珍珠的产生。

第十章　低成本高效生态养蚌技术

内容提要： 蚌鱼高效混养实例；畜禽粪便发酵施肥育珠实例；食品加工废料发酵施肥育珠实例；鱼蚌混养水质管理和疾病防治技术。

第一节　蚌鱼高效混养实例

　　一般来说，凡是能育珠的水域都可以养鱼，因为常规鱼类和育珠蚌对水质的要求基本是相同的。几种传统的养殖鱼类与育珠蚌在生活习性上并无很大的矛盾，但是能养鱼的水域并不一定可以育珠。因为有些鱼池水质过肥、腐殖质过多，或者是以养殖肉食性鱼类为主，特别是在连片商品鱼养殖基地，实行多次轮捕轮放的养鱼方法，不适宜混养育珠蚌。因此，实行鱼蚌混养，必须选择对养殖鱼和育珠蚌生长都有利的水域，才能够互不干扰，相互促进，达到鱼、珠双丰收的目的。

一、蚌、鱼混养的几种模式

（一）以育珠蚌每亩800只混养草鱼、团头鲂等（表10-1）

表10-1　以育珠蚌800只混养草鱼、团头鲂等（每亩）

鱼　类	放养标准		
	规　格	尾数/尾	重量/千克
团头鲂	10厘米以上	500	5
草鱼	0.5千克左右	80	40
草鱼	13厘米以上	50	1
鲫鱼	1.7厘米	140	1
鲢鱼	0.25千克	100	20
鳙鱼	13厘米以上	60	5
合计		930	72

（二）以育珠蚌每亩800只混养仔口肥水鱼和吃食鱼（表10-2）

表10-2　以育珠蚌800只混养仔口肥水鱼和吃食鱼（每亩）

鱼　类	放养标准		
	规　格	尾数/尾	重量/千克
鲢鱼	13厘米以上	150	30
鳙鱼	13厘米以上	45	8
草鱼	13厘米以上	200	6
团头鲂	10厘米以上	600	10
鲫鱼	1.7厘米	230	15
合计		1 225	69

（三）以育珠蚌每亩600只混养多品种、多规格的鱼类（表10-3）

表10-3　以育珠蚌600只混养多品种、多规格的鱼类（每亩）

鱼 类	放养标准		
	规 格	尾数/尾	重量/千克
草鱼	0.6 千克	50	30
草鱼	0.2 千克	60	12
草鱼	13 厘米	40	0.8
团头鲂	0.1 千克	200	20
团头鲂	10 厘米	120	1
团头鲂	夏花	300	0.4
鲫鱼	夏花	120	0.1
鲢鱼	0.2 千克	10	2
鲢鱼	0.1 千克	30	3
鲢鱼	10 厘米	26	0.5
鳙鱼	0.4 千克	30	12
鳙鱼	夏花	250	0.6
合计		1 236	82.4

（四）以育珠蚌每亩800只混养2龄草鱼（表10-4）

表10-4　以育珠蚌800只混养2龄草鱼（每亩）

鱼 类	放养标准		
	规 格	尾数/尾	重量/千克
草鱼	16.5 厘米	500	20
团头鲂	10 厘米	200	1
鲢鱼	0.4 千克	80	32
鳙鱼	0.4 千克	30	12
合计		810	65

第十章　低成本高效生态养蚌技术

（五）以育珠蚌每亩 600 只混养 2 龄团头鲂为主（表10－5）

表 10－5　以育珠蚌 600 只混养 2 龄团头鲂为主（每亩）

鱼　类	放养标准		
	规　格	尾数/尾	重量/千克
团头鲂	10 厘米	100	3
草鱼	0.5 千克	50	25
鲢鱼	0.2 千克	150	30
鳙鱼	0.1 千克	50	5
鳙鱼	夏花	200	0.5
合计		550	63.5

　　除上述方式外，还有幼蚌与鱼种混养。总之，每亩水面一般吊养 500 只个体在 0.35 千克左右的育珠蚌的同时，每亩鱼产量可达 250～300 千克。

（六）翘嘴红鲌和蚌混养

　　翘嘴红鲌养冬片放养时间在 12 月至翌年 1 月，每亩放养密度为 200～300 尾。其他搭养鱼种，仔口白鲢：每亩 20～25 尾，仔口花鲢每亩 40～50 尾，仔口鲫鱼：每亩 30～40 尾；育珠蚌插种吊养时间为 5—6 月，每亩吊养密度为 700～800 只。

（七）鳜和蚌混养

　　鳜鱼蚌混养是将河蚌育珠和池塘养鱼有机结合起来的一种生态渔业新形式。生产实践表明，其亩产鳜鱼 30 千克、亩收珍珠 21 千克，纯利 3 500～4 000 元，具有较好的经济效益。

　　2 月底，对每口池塘进行生石灰消毒、日光曝晒，施好有机肥。3 月底每亩放养 15 厘米鳙鱼种 80 尾，20 厘米草鱼种 10 尾，8 厘米鲫鱼种 10 尾，3—5 月吊养半成品三角帆蚌 1 000 只，同时放养当年插种的三角帆蚌 600 只。

　　另外，在一口 10 亩的池塘放养异育银鲫亲鱼 100 组，4 月中旬育出2.5厘米的银鲫鱼苗700万尾,作为鳜鱼的饵料。5月中旬,在这口塘中放养规格为3厘米的鳜鱼2万尾;到6月底,鳜鱼鱼种规格为12厘米时,转到鱼蚌混养塘,每亩放养60尾,放养前鱼种用高锰酸钾消毒。

(八) 鱼、蚌、鳖混养

鱼、蚌、鳖混养是在养蚌的基础上混养鱼和鳖的一种混养模式。我国江南地区池塘养蚌育珠的规模很大,但过去养殖大多较单一,经试验后在已养蚌的池塘中套养鱼和鳖后,结果不但不影响养蚌育珠,还养成了优质的鱼和鳖,特别是鳖的质量明显优于集约化养成的质量,取得了高于单养蚌几倍的经济效益。

1. 放养前准备

由于养蚌的周期较长(一般在3年以上),所以套养鳖不一定非等蚌收获后再彻底清塘注水放养,只要把池塘的条件按养鳖要求略加修整后,即便已养上蚌和鱼也能放养鳖。

(1) 设好防逃墙 像其他混养模式一样,养鳖须有防逃措施,设防逃墙可用铁皮或水泥瓦,并应设在离池边50厘米处的池埂上,设防逃墙时要求埋入地下20厘米,地上高30厘米。

(2) 搭好晒背台 由于养蚌池一般都较大,而且水深坡陡,所以鳖在池中几乎无处栖息,故须搭建晒背台,一般要求每2亩搭建一个10平方米左右的晒台。

(3) 投放螺蛳 由于在养蚌池中套鳖养殖的时间较长,所以混养鳖采用稀放不投饵的模式。因此,须在池中投放些繁殖力较强的螺蛳,以作鳖食。

2. 鳖种放养

(1) 放养规格与密度 根据养蚌周期较长的特点,放养的鳖种个体规格以100克左右为好,这样3年后起捕的个体规格可达600克以上。而放养密度因采用的是不投饵的模式,所以每亩放养鳖100只为宜。

(2) 放养方法 蚌池放养鳖种的时间最好在6月中旬,龟种的放养时间在4月中旬。放养时,鳖体应用3%浓度的盐水浸泡10

分钟消毒，消毒后轻轻倒在池边任其自行爬入池中。

（九）龟、螺、蚌和鱼混养

鱼在春节前投放，龟、螺、蚌可在3月份以后放养，但建保温棚的池子可提前放养。根据龟、鱼对生活密度的不同要求，每亩可放养成龟500～1 000只，放养田螺6 000只、蚌200只，放养白鲢鱼250～350尾、鳙鱼200尾、鲂鱼200尾。同时，放养少量鲤鱼、鲫鱼等。

（十）多品种生态养殖

1. 养殖准备

（1）珠蚌吊养　每年2月，每亩吊养插好片、体质强壮、无病害的2龄三角帆蚌1 000只。珠蚌养殖采用挂网夹法。在大小为15厘米×40厘米、网目为3厘米×3厘米聚乙烯扁平网夹中，将珠蚌斧足向下，每个网夹放养3只，一般春、秋两季以网夹吊挂于水面下15厘米左右的水中，冬、夏两季适当深吊于水面下35厘米左右的水中。

（2）鱼种放养　每年2月下旬，每亩放养体质健壮的花鲢20尾、白鲢30尾、草鱼20尾、鲫鱼50尾，同年4月每亩放养白鱼150尾、花骨120尾，同年5月每亩放养鳜鱼10尾（体长2.5厘米）、大规格抱卵虾0.75千克（蚌塘起捕）。其中，鳜鱼、抱卵虾每年放一次。

2. 饲养管理

（1）投饵施肥　在进水口处池边用密网布以塘埂为一边，距离为1米平行围成一圈，圈内用于堆放发酵好的有机肥。在气温较低的季节，适时投入部分发酵的粪肥，以鸡粪为主，施肥少量多次，一般每月2次。在气温较高的3—8月施用化肥，坚持少量多次的原则，一般亩用尿素1千克、过磷酸钙3千克。池水透明度控制在25厘米左右。白鱼、花骨采用白鱼专用颗粒料人工抛喂、驯化，颗粒料蛋白含量35%以上，投饵坚持"四定"原则。天气正常时，日投颗粒饲料两次，08：00—09：00一次，16：00—17：00一次；遇到雨天或气压低、天气闷热则推迟或停止投饵。日投饲率前期控制在鱼体重的 5%，后期为 3%。

（2）**适时灌水**　经常保持池水微流状态。一般每隔 10 天冲水 1 次，水体交换量要求达到 50 厘米深左右，夏季以及鱼蚌发病季节，每 7 天换水 1 次，使水体达到"肥、活、嫩、爽"。

（3）**勤施生石灰**　每月每米水深用 15 千克/亩生石灰化水后全池泼洒 1 次（不能泼在网笼上），5—9 月要求每月泼洒 2～3 次。如水体出现大面积绿藻则暂停施生石灰。

（4）**及时巡查，做好记录**　在做好早晚巡塘的基础上，每天对育珠蚌进行抽样检查 1 次，定期翻动珠蚌，以防造成左右两侧珍珠的阴阳面、蚌壳卡入网线中，并及时清除网笼上的附着物。蚌病高发季节，应及时检查，捞出死蚌并取出其中的珍珠，以降低死蚌引起的蚌病交叉感染。

3. 结果

冬季收获，153 亩共投入资金 112.3 万元（其中塘租 20.65 万、育珠蚌 49.53 万元、鱼种 4.85 万元、饲料 15.6 万元、雇工工资 12.5 万元），总产值为 188.35 万元，总利润为 76.05 万元，投入产出比为 1∶1.68。鱼蚌收获情况详如表 10-6 所示。

表 10-6　鱼蚌收获情况

名称	珠蚌	鳜鱼	白鱼	花骨	青虾	其他
产量/千克	1 815	2 617	15 125	3 050	1 589	16 530
成活率/%	83	95	87	92		
产值/万元	119.8	6.55	33.28	9.15	6.35	13.22

二、鱼蚌混养的养殖管理

蚌主要以小型浮游生物为食，也滤食细小有机碎屑，所以鱼、蚌混养池，主要靠投饵施肥培育水质，水质管理尤为重要。水质要求"肥、活、嫩、爽"，以黄绿、油绿色，透明度 30 厘米为好。在鱼、蚌放养前，施基肥每亩 250～500 千克。4 月后，水温逐渐升高，鱼类会增大，水质转浓可少施或不施肥。要常冲水调节水质，从 6 月起至年终冲水 10 次左右，一般 6 月 2 次，7 月 4 次，8 月 3 次，9 月 1—2 次。还要定期泼洒石灰浆，3—10 月每月 1 次，生石灰用量每亩 10 千克左右，化浆去渣后立即泼洒全池，可防治鱼、蚌疾病。

施肥要及时、合理，春季施有机肥，夏季以无机肥为主，秋季有机肥和无机肥配合使用。施肥应选在晴天。一般施人、畜粪等有机基肥每亩 500 千克左右。有机肥要经发酵后才能施入池塘，以提高肥效，避免因有机肥分解耗氧而污染水质。早春或晚秋季节，施肥应量多次少。晚春、夏季、早秋季节水温高，有机物分解快，浮游生物繁殖快，鱼、蚌耗氧大，施肥应少量多次。追肥次数、数量，视水质而定。透明度达 30 厘米，水呈褐绿色、油绿色或红褐色，嫩爽，为肥水，应少施或不施肥。各月施肥量占全年量百分比一般为：1—4 月 30%，5—6 月 25%，7—8 月 24%，10—12 月 21%。

饲料的投喂应坚持"四看"（看季节、看天气、看水色、看鱼类活动情况），"四定"（定位、定量、定时、定质）的原则，保证鱼、蚌吃得鲜、足、匀。各月投饲量的百分比为：1—4 月 8%，5—6 月 20%，7—10 月 60%，11—12 月 12%。在"大麦黄"、"白露心"两个主要鱼病季节，投饲量不宜过多，以投饲后 1~2 小时吃完为度。

三、不同水域类型的育珠蚌养殖模式优化

根据育珠蚌养殖的实际需要，开展池塘、田改塘、山塘和水库等不同水域类型的育珠蚌养殖模式优化：①山塘、水库养殖模式：鳖、鱼、虾、蟹、蚌生态养殖；②平原地区池塘养殖模式：鱼、虾、蚌生态养殖；③丘陵地区田改塘养殖模式：鱼、虾（鳖、蟹）、蚌生态养殖。

（一）各种养殖模式的理论依据

鳖、蚌、鱼、虾、蟹生态养殖模式如图 10-1 所示。

①鳖为水生爬行动物，但以肺呼吸，以动物性食饵为主食。其残渣残饵和代谢废物可以肥水。培育出浮游生物可供育珠蚌摄食。

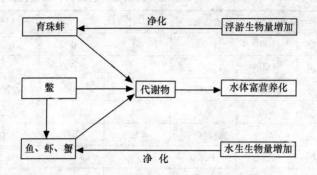

图 10 - 1　鳖、蚌、鱼、虾、蟹生态养殖模式

鳖不与育珠蚌争饵、争氧。育珠蚌摄取浮游生物后等于降低了水体的肥度，起到净化作用。

②适量虾、蟹、鱼类可以消耗部分鳖的残饵残渣，互惠互利更加密切。根据山塘、水库环境和面积，可以在水体周围建防逃设施。较大的水库，可以采取更低密度的鳖、河蟹放养量，再加人工投饵，以利于鳖定居，可以不设防逃墙。

③虾、蟹同为甲壳动物，都要求水质清新，具隐蔽物，蟹的残饵可被虾进一步利用。它们的代谢物肥水，同样可以由适量的花鲢、白鲢和育珠蚌加以控制，从而建立良性的养殖生态平衡。

④育珠蚌采用笼养法，不会遭到鳖、蟹危害，同时可为鳖、蟹、虾提供更多的隐蔽场所。

（二）两种山塘、水库的放养模式

山塘、水库的育珠蚌放养模式如表 10 - 7 和表 10 - 8 所示。

各地可以根据土壤、水质、气候等自然环境条件，进一步探索育珠蚌和其他养殖动物搭配混养的优化模式，以便更好地发挥单位水体的经济效益。

表 10 - 7　放养模式一（5 公顷，加简易防逃设施，适量投饵）

项目		亩放养量/尾	养殖成本/元	产量/千克	年产值/元	年利润/元
品种	鳖	100	1 000	40	2 000	1 000
	蚌	800	1 333.3		5 000	3 666.7
	虾	20 000	200	30	900	700
	蟹	500	800	20	2 000	1 200
	鱼	250	200	150	200	0
	其他		1 500			
合计			5 033.3		10 100	6 566.7

表 10 - 8　放养模式二（6 ~ 30 公顷，加简易防逃设施，适量投饵）

项目		亩放养量/尾	养殖成本/元	产量/千克	年产值/元	年利润/元
品种	鳖	50	1 000	20	1 000	1 000
	蚌	500	833.3		3 333.3	2 500
	虾	10 000	100	15	450	350
	蟹	200	500	10	1000	500
	鱼	200	200	100	200	0
	其他		500			
合计			3 133.3		5 983.3	4 350

　　通过对育珠蚌的不同放养模式、管理措施，进一步优化育珠蚌高效养殖模式。如鱼、蚌、蟹混养模式是将河蚌育珠和池塘养鱼、池塘养蟹有机结合起来的一种生态渔业形式，这种养殖方式具有立体利用水体养殖空间、合理利用饵料、大幅度提高水体养殖效益等优点。目前，鱼、蚌、蟹混养模式在浙江省绍兴县一些渔场得到了推广应用，取得了一定的经验，获得了较大的经济效益、生态效益和社会效益。现将技术要点介绍如下。

　　池塘为长方形土池，共 9 口，合计面积 150 亩，池塘水深1.5 ~ 2.5 米。池塘周围环境安静，交通便利，水直接从外荡提取，可随时调节水质，有 4 台电动水泵。池塘四周用废旧的印刷铝板建造高出地面 50 厘米的防逃设施。

1 月份用泥浆泵清除过多淤泥，经曝晒后，对每口池塘进行生石灰消毒，亩用生石灰 150 千克，并施好有机肥。2 月初开始放养，亩放蟹种 500 只，规格 120～160 只/千克；仔口花鲢 100 尾，规格 4 尾/千克；白鲢 20 尾，规格为 4 尾/千克；鳊鱼 200 尾，规格 20 尾/千克。3—5 月吊养当年插种的三角帆蚌 1 000 只/亩。

经精心管理，从 9 月份开始陆续捕捞商品鱼上市销售。到年底，共捕获商品鱼 4.95 万千克，亩产 330 千克，产值 32.82 万元，亩产值 2 188 元；河蟹 3 900 千克，亩产 26 千克，产值 17.16 万元，亩产值 1 144 元；新插种手术蚌 15 万只，成活率 99%，按市价 1.9 元/只计算，价值 28.21 万元。实现总产值 78.19 万元，折合亩产值 5 213 元，全年共投入资金 37.06 万元，投入产出比 1:2.1，取得了很好的经济效益。

第二节　畜禽粪便发酵施肥育珠实例

江苏长青集团与上海海洋大学合作，用畜禽粪便发酵后，制作成杂食性鱼类的饲料，经鱼类过腹后肥水育珠，成本低，对水体污染低。在湖北、湖南、安徽、江苏和浙江等地开展大面积应用，取得良好效果。制作方法简要介绍如下。

一、猪粪养鱼和制作肥料技术

猪粪发酵方法，这里指的是用饲料喂养的猪的猪粪发酵方法。取猪粪 1 000 千克，加入玉米粉 50 千克、统糠粉（或秸秆粉、麦秸、豆秸、花生秧、红薯秧、杂草等填充剂）200 千克，搅拌均匀，使玉米粉吸湿，或"活力 99 生酵剂" 2 包。含水量以手捏成团，手指间有水印出为度。

如果猪场，将比较干的猪粪挑到一个固定池子，较湿的直接用水冲洗掉的方式，则可以不加秸秆粉，直接把较干的猪粪挑到池子中，铺一层，再撒一点"活力 99 生酵剂"粉剂与玉米粉的混合物，再铺上一层猪粪的方法不断堆积，进行发酵。不过对于这种方式，最好的发酵剂还是用"活力99生酵剂"制作成的保健液，即先制作好保健液，铺一层猪粪，再洒点保健液，如此反复，直到堆放满池子为止，盖上塑料薄膜密封好，并防止漏雨。

将混合料搅拌均匀，然后用塑料布或袋把料严格密封好，进行厌氧发酵，一直发酵到产生醇香味为止，时间为15～30天，带有酒曲香味即完成了发酵。

由于猪粪本身营养价值不高，不建议用来喂猪等，但却是喂鱼的极好饲料和肥水剂，许多鱼类都直接喜欢吃发酵的猪粪，每亩施上2吨发酵的猪粪，是绿色安全的肥水剂，其效果远远好过化肥肥水效果。

发酵的猪粪不仅变成了优质环保的肥料，还可以制作成优质的复合菌肥，具体做法是：将1吨发酵完成的猪粪摊开透气一天，每吨猪粪中加入尿素40千克、磷肥58千克、钾肥46千克（具体请根据不同作物分别配制），充分混合，适当阴干（达到含水量为40%左右时即可），弄细即可包装。

"活力99生酵剂"有着十分强大的发酵能力，发酵的第二天就会看到大量的气泡或热气，仅需一两天就消除了粪中的大部分臭味，养分和营养明显改善。实验场的蝇蛆养殖粪料以前采用EM有益微生物群发酵处理，虽然比不用有益微生物群产量有所改善，但速度慢，改用保健液后，发酵仅一天，臭味就基本消除，营养大增，产量提高了2倍（仅仅是纯猪粪＋保健液，每吨猪粪用50千克"保健液"），每50千克新鲜猪粪产鲜蛆6.5～10千克。蚯蚓养殖改用保健液发酵粪料后，发酵时间较过去采用的有益微生物群缩短了一半，粪料的腐烂程度明显高于有益微生物群。

以上实验是2009年12月底完成的。

二、鸡粪发酵处理操作技术

鸡粪产生后，最好是在24小时内进行发酵处理，或用塑料薄膜等进行密封处理保存数天，也可以用较细的统糠粉等作为垫料进行采集。垫草也可以用长一点的秸秆（但其鸡粪发酵后只能用于喂鱼蚌混养池中的草食性鱼类）。

（一）发酵配方一

配料：秸秆粉（玉米秸、麦秸、豆秸、花生秧、红薯秧、杂草、统糠等）200千克、鲜鸡粪500千克、玉米100千克、粗饲料降解剂1包＋"活力99生酵剂"1包（或"活力99生酵剂"2包）、玉米粉20千克（玉米粉先与发酵剂混合），加红糖或白糖1千克可促进发酵，将料全部混合均匀。

（二）发酵配方二

发酵配方一当中，也可以不加秸秆粉，加秸秆粉的目的是为了吸附鸡粪，便于发酵，因为鸡粪的成分比较复杂，氨气重，有害细菌也相对较多，而秸秆粉的特点是吸附性强、多孔性好，可牢固地吸附鸡粪中的颗粒，有利于发酵剂的发酵反应，同时迅速消除氨臭味。这一点，与发酵床养猪，垫料吸附猪粪，再利用事先吸附在垫料上的微生物进行分解粪便的原理相似。

如果没有添加秸秆粉，或当地秸秆很少，粉碎也比较麻烦，则可以不加秸秆粉，但要增加麦麸或米糠50千克。配方如下。

配料：麦麸或米糠50千克、鲜鸡粪500千克、玉米100千克、粗饲料降解剂1包＋"活力99生酵剂"1包（或"活力99生酵剂"2包）、玉米粉20千克（玉米粉先与发酵剂混合），加红糖或白糖1千克可促进发酵，将料全部混合均匀。

（三）含水量调节，入缸，发酵技术操作

另外，再加水调节含水量，将上述原料调制成含水量为60%～70%，以手捏成团，手指间有水印出但不流出为度，压入缸或池中，用力压紧压实，用塑料布严格密封好，踩实，进行严格的厌氧发酵。发酵容器可用半地下式的水泥池，也可用陶瓷容器，或用半地下式的土坑（但先要用塑料布垫底），或用塑料袋。总之，一定要严格密封好，不漏气，不进水，顶上稍垫高一点以防进水，发酵20～30天，产生曲香味（视天气温度而时间不同）即可使用。

注意：要发酵彻底才能使用，最好是进行二次发酵处理，即发酵7天左右，再耙开物料，翻动一下，再密封好进行发酵。这样做

的目的是为了让其充分发酵，充分杀死其中的病原体和虫卵，翻动一次的目的是让空气大量进入，使之再次发热发酵一次。

发酵的时间如定为 20～30 天，实际上可能 7 天就完全发酵好了，只是粪便类物料成分复杂，杂菌含量及可能的病原体含量比较多，为了确保稳定的效果，所以才定得比较长。特别是气温低的冬天、初春等季节，由于温度低，发酵启动慢，所以造成发酵时间长。发酵鸡粪有一个升温过程，温度最高可以达到 70℃，只要经过了这个高温过程，一般的寄生虫卵、病菌营养体等都会被杀灭。同时，要经常检查，如用一根长的温度计，插入料中，测量温度情况，如果料温在两天内达到了 30℃ 以上的温度，说明发酵启动了，再一天后就可以发酵成熟，因为既然到 30℃ 了，则一天内就一定会出现 70℃ 的高温发酵期。而过了高温期一天后，就可以用了。如果一直没有检测到高温期，但温度也可以维持在 20℃ 以上，则可能错过检测高温期了，温度慢慢降下来了，物料中也没有微生物所能利用的营养，当然发酵就会停止，温度就会下降。

现将发酵机制和发酵后的鸡粪的理化性质、保存方法简要介绍如下。

(1) 发酵机制　利用"活力 99 生酵剂"发酵鸡粪是目前最好的鸡粪利用方法之一，类似于牛羊瘤胃对非蛋白氮的发酵过程。而用"活力 99 生酵剂"对鸡粪进行发酵，经过了多年的经验总结，目前也已趋于成熟，也是发酵鸡粪同类产品中的佼佼者，成功率非常高，并经过了多次改进。首先，"活力 99 生酵剂"中的菌种吸水并利用周围的营养物质活化，如产朊假丝酵母、铁红酵母、白地霉菌、乳酸菌等利用物料间隙中的空气，同化鸡粪中的有机物，如尿酸、低肽类、其他有机酸等。同时，利用了部分玉米粉中的能量，结合非蛋白氮源，进行增殖，迅速造成厌氧环境，产生乳酸和其他有机酸，中和鸡粪中的氨物质。由于鸡粪中微生物可利用的小分子营养相对比较多，加上"活力 99 生酵剂"中酶类的分解作用，提供了微生物所需要的几乎所有条件和营养，几乎所有微生物迅速繁殖生长，造成温度不断上升。由于水分和小分子营养丰富，鸡粪中有害的细菌，如大肠杆菌、沙门氏菌和产芽孢的有害细菌等，也进行萌发和生长，形成脆弱的营养体，但温度仍在上升，最终达到70℃以上。这个温度正好杀死有害细菌的所有营养体，而几乎所有的有害细菌此时均以营养体存在。当然，高温持续几小时后，所有有害细菌均被杀死，耐高温的枯草芽孢杆菌、地衣芽孢杆菌和部分乳酸菌等则存活下来。国内外的研究也表明，在发酵成功的鸡粪当中无一检测出了病原菌和寄生虫卵。

（2）**发酵后鸡粪的理化性质**　发酵良好的鸡粪有一股淡淡的香味，如曲香味或烟草香味，褐黄色，有光泽。发酵优良的鸡粪，可消化蛋白质提高到18%以上，粗蛋白含量27%左右，代谢能增加500千焦/千克以上，粗纤维降低50%以上，约为6%（转化为可利用能量部分）。钙磷的消化吸收率也大大提高，因为鸡粪中的磷钙大都以植酸盐形式存在，消化吸收率不到20%，但发酵后，钙磷的可消化率提高到80%以上，植酸盐基本分解为肌醇和磷酸盐形式。微量元素矿物质被有机酸化，消化率也大大提高。

（3）**发酵后鸡粪的保存**　严格用塑料薄膜压紧、压实，密封严格保存好，只要密封好，一般不变质。有条件的养殖户可以购买相应的真空包装机，进行塑料袋真空包装，则可以保存半年以上，并进行运输出售，可达到麦麸的营养价值。

第三节　食品加工废料发酵施肥育珠实例

浙江天地润集团与上海海洋大学合作，用食品加工废料发酵后，制作成杂食性鱼类的饲料，经鱼类过腹后施肥水育珠，成本低，对水体污染低。在湖北、湖南、广东、广西和浙江等地开展大面积应用，取得良好效果。现将制作方法简要介绍如下。

一、豆渣的发酵处理技术

豆渣是指做豆腐、豆奶等豆制品的下脚料，其营养成分高于众多槽渣，粗蛋白含量为28%左右，粗纤维含量为6%左右，比稻谷多 3 倍，是喂猪、喂鸡、喂鸭、养殖鱼蚌等的好饲料。

豆渣不能直接生喂，需要煮熟，要消耗大量的成本。因为豆渣中含有 3 种抗营养因子，即胰蛋白酶抑制素、致甲状腺肿素和凝血素，其中胰蛋白酶抑制素能阻碍生物体内胰蛋白酶对豆类蛋白质的消化吸收，造成腹泻，影响生长。而通过"活力 99 生酵剂" + 粗饲料降解剂发酵后，不仅不需要煮熟，还有更好的饲喂效果和优点。主要是便于较长时间保存。不发酵的黄豆渣最多能存放 3 天，经过发酵后的豆渣一般可存放一个月以上，但最好在一个月内用完。如果能做到严格密封，压紧压实的情况下，则可以保存半年以上甚至一年。关键是密封要做好，一般并不容易做到完全密封。

发酵豆渣的制作方法与发酵木薯渣基本一样。不同的是为了防止黄豆渣黏度过大，添加少量统糠或秸秆粉（不超过豆渣总量的 10%），以增加黄豆渣的透气性，达到更好的发酵效果。

具体操作做法是：1 000 千克湿豆渣、80 千克统糠或秸秆粉（用量以吸附豆渣中多余水分为准，如果豆渣本来就比较干，则可以不加这部分原料）、50 千克玉米粉、3.5 千克食盐、"活力 99 生酵剂" 1 包 + 粗饲料降解剂 1 包。混合后，压实密封发酵，2~10 天（视气温而定）有微微酒香味或酸香味飘出即可饲喂。开始使用时，建议把最上面白色薄层丢掉不要，每次取料后要马上再次严格密封，防止腐败变质。

发酵配料时，加得玉米粉越多，酒香味越浓厚；加得玉米粉少，则酸香味比较突出，酒香味不浓。需要指出的是：产生比较明显的酒香味的时间，只是在发酵旺盛期才有，且只有在几小时内产生，发酵旺盛期过后，则闻不到酒香味。如果发酵旺盛期是在夜间，则可能错过了闻到酒香味的时机，一般发酵旺盛期出现在发酵两天左右。

饲喂时，可添加适量多种维生素，每 100 千克处理后的潲水添加量为 25 克，可防止引起维生素缺乏症，影响生长。

发酵后的物料，如果要长期保存，则要密封严格，并压紧压实处理，尽量排出包装袋中的空气。这样，不仅可以长期保存，而且在保存的过程中，降解还要进行，时间较长后，消化吸收率更好，营养更佳。其他固体发酵的糟渣也是这个原理。当然，前提条件是能确保密封严格，不漏一点空气进入料中，则时间越长，质量更好，营养更佳（但实际生产中，很多用户并不能保证严格密封，所以，建议尽快用完为好）。有的养殖户发酵全价饲料，采取严格的密封措施，一年后，饲料非常完好，适口性极佳，酸度也没有升高，水产动物吃后，明显提高抗病力和消化吸收率。

二、马铃薯淀粉渣发酵技术

马铃薯淀粉渣是一种提取了淀粉之后的粗饲料，能利用的碳水化合物都已被提取出去了，其折干物料蛋白质的含量为 4.6% ~ 5.5%，粗脂肪为 0.16%，粗纤维为 9.46%，糖分为 1.05%，另外有 40% 以上的无氮浸出物。这些无氮浸出物以较难消化吸收和利用的杂糖聚合物为主（鼠李糖、阿拉伯糖、甘露糖、木糖、戊糖等），少量枝链淀粉，湿料粗蛋白含量为 1.2% 左右，营养含量比较低，适口性差，畜禽不爱吃，利用率也低。用"活力 99 生酵剂"（若配合粗饲料降解剂效果更好）进行简单的发酵和处理后，可以显著地提高马铃薯淀粉渣的利用价值，提高适口性和营养价值。

"活力 99 生酵剂"含有各种有益微生物菌种，如乳酸菌、芽孢杆菌、酵母菌、枯草杆菌、双岐杆菌、粪链球菌、丝状真菌等，发酵后可以产生各种维生素，尤其是 B 族维生素，并产生一般植物饲料原料中不常见的维生素 B_{12} 等，同时生成大量的菌体蛋白质和未知生长因子，释放出促进畜禽消化的消化酶类物质，同时产生各种提高营养价值和适口性的物质，如葡萄糖、果糖、低聚糖、氨基酸、乳酸、苹果酸、延胡索酸、乙醇、酯香物质等，有的还会分泌抗杂菌的物质，如乳酸菌素、双氧化氢等。粗饲料降解剂中则含有大量的非淀粉多糖酶类（木聚糖酶、甘露聚糖酶），正好可以利用马铃薯淀粉渣中的非淀粉杂糖聚合物，大大提高马铃薯淀粉渣中无氮浸出物的消化吸收率，解除抗营养因子，提高适口性。并促进微生物发酵进程。

1. 马铃薯淀粉渣的储存方法

先建储存池，用石块或用砖砌成一个池，池四周及底部用水泥浆封好，不让漏水，池的大小，以能储存够一年用的马铃薯淀粉渣为宜。将马铃薯淀粉渣填入池内压实、压平，灌入清水盖过马铃薯淀粉渣表面，以隔绝空气，以后水分蒸发干耗，要随时加水，这样储存一年时间，马铃薯淀粉渣也不会变质。

2. 发酵配料

"活力 99 生酵剂" 1 包配合粗饲料降解剂 1 包可以发酵马铃薯淀粉渣 1 000 千克，不必进行灭菌发酵，先将"活力 99 生酵剂"和降解剂与 8 千克的玉米粉混合好，得到 8 千克多的菌种预混合料，以便与马铃薯渣混合。预先准备好发酵池或发酵用的土坑（先挖一深半米的土坑，垫上塑料布），将马铃薯淀粉渣放入 20 厘米，再抓一把"活力 99 生酵剂"和粗饲料降解剂的预混合粉料均匀地撒到面上，如此一层一层地放料和撒种，直到高出或平出池面或土坑面。在发酵池面或土坑面上盖上一层塑料布，仔细地密封好，进行发酵过程。

一般发酵 2～5 天即产生醇香气味，并有酸香味，这时可用来饲喂畜禽。

3. 第二种发酵的方法

该方法与上述的发酵方法相同，只是另外再加入 100 千克的棉菜粕，利用棉菜粕中的蛋白质含量高的特点，来弥补马铃薯淀粉渣蛋白质含量低的缺陷，同时"活力 99 生酵剂"又可兼脱去棉菜粕中的毒素，一举两得。但是发酵的时间至少要在 15 天以上，以便脱毒彻底。

4. 发酵效果

马铃薯淀粉渣经"活力 99 生酵剂"发酵后的理化效果，其粗蛋白质的含量同比提高 52%，达到 12% 以上，主要是真蛋白质的提高，若是添加了棉菜粕的发酵，则粗蛋白质的提高达到 18% 以上；粗脂肪含量同比提高 50%；粗纤维含量同比降低 30%。糖分同比提高 280%；饲料中的钙磷及各种维生素含量也有不同程度的提高。同时，适口性大大增强。

5. 喂鱼蚌方法

以60%的发酵马铃薯淀粉渣配合40%的饲料（如全价饲料）来喂蚌池中的鱼类，或以50%的发酵马铃薯淀粉渣，加入30%的玉米麦麸和20%的浓缩饲料即可。注意喂养时如果酸度高，可以加入1%～3%的小苏打粉或石灰石粉（碳酸钙），中和后再喂养。

马铃薯淀粉渣的配方和喂养方法，也可以完全参考发酵木薯渣的配方和喂养技术。

三、木薯渣深度发酵加工操作技术

在广西、广东、海南等省区，有大量的淀粉厂用木薯来加工生产淀粉，会产生很多的木薯渣，许多的养殖户经常把木薯渣用来做饲料。木薯渣的主要成分是淀粉和纤维素及少量的蛋白质。养殖户把木薯渣与一些饲料混合来喂鱼蚌，但单纯用木薯渣来喂鱼蚌或把木薯渣与饲料混合来喂鱼蚌，不仅对木薯渣本身的营养消化吸收率极低，而且鱼不爱吃、生长缓慢，得不偿失。特别是许多养殖户对木薯渣不会储存，只是堆积在外面用薄膜简单盖一下，木薯渣在一两天内就变成黄色、黑色（黄曲霉素污染），饲喂水产动物后经常引起中毒、发病。但是，木薯渣价格低廉，来源又广，如经过科学的发酵处理，再搭配适量的蛋白质饲料和微量元素，然后用来喂猪水产动物，则可以降低成本，显著提高经济效益。过去，许多养殖户经常采用糖化酶对木薯渣进行发酵，由于糖化酶菌种单一、活力偏低，因此转化时间过长、效果不明显、成本偏高，处理一吨木薯渣需要糖化酶开支30～60元。

现将木薯渣深度发酵加工的具体方法介绍如下。

（一）木薯渣的储存方法

木薯渣不是一年四季都有的，在木薯生产淀粉的旺季，把木薯渣买回储存好，可确保一年四季都有得用。木薯渣储存的方法十分简单，先建储存池，用石块或用砖砌成一个池，池四周及底部用水泥浆封好，不让漏水。池的大小，以能储存够一年用的木薯渣为宜。将木薯渣填入池内压实、压平，灌入清水盖过木薯渣表面以隔绝空气，以后水分蒸发干耗，要随时加水。这样储存一年时间，木薯渣也不会变质。最好是运回来后，马上进行发酵处理，需要留很长时间的，可以严格密封加以保存。

（二）发酵木薯渣的方法

（1）第一种发酵方法（纯木薯渣发酵）　取 1 包粗饲料降解剂与 5 千克以上玉米面（麦粉、薯干粉、木薯粉、高粱粉也可以，数量可以用到 50 千克，越多越好），搅拌均匀，用来拌和 500 千克的木薯渣，食盐 1.5 千克，含水量调控在 70%，然后装入池或缸内压实，用塑料薄膜盖好缸口，上面再加一层纺织袋保护塑料薄膜，用绳子扎紧，一般需要发酵 3～7 天，有甜酒醇香气味，即可用来喂水产动物。采用"粗饲料降解剂"对于水分含量要求的标准是：水分可以过多，不可以过少。现在的标准是：手抓一把饲料，轻轻一握，即有少量水滴出，或手指间有水印出即可，这就是最好的含水量，这个含水量一般是 55%～70%。所有采用粗饲料降解剂降解饲料的含水量都要遵循这个规则，因为粗饲料降解剂在处理饲料时需要丰富的水分才能发挥效力。这第一种发酵方法发酵出来的料，蛋白质含量过低，只有 5% 左右，用来喂水产动物，可以在自配饲料中代替部分玉米粉来用，但不可代替全价饲料来喂水产动物。

（2）第二种发酵方法　基本上与上述的发酵方法相同，只是另外加入 50～80 千克的豆粕（菜子粕、棉菜粕、花生麸均可，原则上可以多加一点，棉菜粕等有毒蛋白原料加得多的，则要多发酵几天），利用豆粕等蛋白饲料中的蛋白质含量高的特点，来弥补木薯渣蛋白质含量低的缺陷，同时粗饲料降解剂又可兼脱去棉菜粕中的毒素，一举两得。

发酵好的木薯渣密封好，可以保存一年不变质（在 1 个月内使用完最好）。如果保存中密封不好，就会引起酒度升高、酸度增加。对水产动物饲喂酒度过高的发酵木薯渣就有可能引起酒醉；木薯渣在酸度过高的情况下，水产动物就会不喜欢吃。但可以用 1%～3% 小苏打粉（即纯碱）来中和，或每 100 千克发酵料加 6～

10 克糖精的方法来解决，费用也不到 1 元钱，糖精也可以在发酵前加入。由于糖精本来就是人吃的食品添加剂，而且这个剂量极小，对水产动物和肉质都没有任何影响。当然，在绝大多数情况下，水产动物是爱吃发酵饲料的，这种情况就不必添加糖精或用小苏打粉中和了。

用第二种发酵方法发酵后的木薯渣中的粗蛋白是第一种发酵方法的 3 倍以上，因此一般推荐采用第二种发酵方法。如果采用第二种发酵方法的木薯渣，配合下面向大家推荐的猪饲料配方（不需要再另外添加保健液），生长速度与采用全价料无多大区别，但饲料成本就明显下降了。养鸭、养鹅、养鱼等也可以在鸭饲料中添加第二种方法发酵成的木薯渣，效果很好。发酵的木薯渣配未发酵的木薯渣用来养鱼效果也很好，还可以预防鱼肠炎病，最高可掺和 35%。

如果将 100 克粗饲料降解剂 + 25 克"活力 99 生酵剂"混合来处理 500 千克木薯渣，其效果将更好一些，这是由于"活力 99 生酵剂"含有丰富的微生物，与粗饲料降解剂相结合的结果。

（三）发酵木薯渣的调制方法

发酵完成的木薯渣饲喂动物前需要进行调配营养，主要是要添加适量的微量元素，使发酵的木薯渣达到营养全面、饲喂效果显著的目的。

如果是用来养猪，1 吨发酵完成的木薯渣需要添加百日出栏加强型预混料 2 包（因为是湿料，所以添加 2 包即可）、免疫多维（金赛维）200 克、生物催肥精 100 克，视发酵产酸情况，加入木薯渣量的 1% 的小苏打粉进行中和。采用以上调制方法后将完全杜绝因为饲喂木薯渣引起的毛长问题。饲喂牛、羊、马也可以采用这种调制方法。

如果是用来饲喂家禽（鸡、鸭、鹅等），1 吨发酵的木薯渣添加 1 包家禽营养宝预混料（500 克）与 100 克生物催肥精，即可达到良好饲喂效果。

注意：预混料和生物催肥精不要混在木薯渣中发酵，要在饲喂前拌入料中。刚从发酵池或缸中取出的木薯渣最好让其透气 1 小时以上再饲喂动物，这样就可以将发酵中产生的二氧化碳等对动物有刺激的气体去掉。

四、苹果渣（山楂渣等湿果渣）的发酵处理操作和保存

由于苹果渣糖分多、含有果胶质、水分含量大，所以需要用相应的辅料来吸附发酵。北方可以选择用甜菜渣、玉米秸秆粉（粉碎后吸附量极大）、统糠粉、米糠粉及其他较干的糟渣来吸附发酵。如果用的辅料是秸秆粉或甜菜渣之类的纤维原料，建议采用粗饲料降解剂来发酵处理。操作方法如下，其他果渣也可以参考。

取湿苹果渣 800 千克，加入甜菜渣或玉米秸秆粉 100 千克、豆粕 80 千克（豆饼、菜子饼、花生饼、棉子饼、芝麻饼等油料饼粕任一种，用来提高蛋白）、食盐 3 千克、粗饲料降解剂 2 包（或"活力 99 生酵剂"与粗饲料降解剂各 1 包），发酵剂先与 10 千克玉米粉混合后，再与其他料混合均匀，含水量要看情况进行调整，看玉米秸秆粉等是否可以把苹果渣中的水分吸附，吸附到用手捏成一团，只有水从手指间滴出为度，这个含水量在 65% 左右。稍微压实覆盖或密封即可（建议装在池、缸、桶中密封发酵），建议发酵一天以上，到有曲香甜味即可，如果时间允许，尽量发酵时间长点，或者密封起来保存，只要密封得好（要求密封严格，并适当压紧压实，才能适应长期保存），可以保存长期不变质，每次取用后，马上盖好，也能长期保存下去。

如果苹果渣等果渣是干的，则不必加入甜菜渣或秸秆粉，则这时的发酵配方如下：取干苹果渣 400 千克、豆粕 100 千克（豆饼、菜子饼、花生饼、棉子饼、芝麻饼等油料饼粕任一种，用来提高蛋白）、食盐 3 千克、粗饲料降解剂 2 包（或"活力 99 生酵剂"与粗饲料降解剂各一包）操作方法、发酵时间、含水量控制等与前面大致相同，在此不再赘述。

发酵好的料，可直接用来喂猪，猪非常爱吃，可节约大量的猪精料，降低养猪成本，用量在 30% 左右。饲喂量采取先少量，逐步适应，慢慢增加的原则，先从饲喂量 10% 开始，慢慢提高到 30%，母猪可以饲喂更多。

五、酒糟的处理方法

以下是各种酒糟的处理饲喂方法。

（一）新鲜啤酒糟、谷酒糟的处理饲喂方法

啤酒糟其实并不是真正意义上的酒糟，因为它是啤酒厂麦芽进行糖化工艺，过滤后直接得到的滤渣，是没有经过酿酒发酵的糟，所以啤酒糟的能量较高、糖分较高、营养成分比较丰富，但正因为如此，也很容易变质酸败。所以，新鲜啤酒糟必须尽快拖回养殖场，及时进行发酵和密封处理。

将当天出厂的的啤酒糟（湿料）运回来后（有条件的最好是先进行粉碎处理，再降解处理，效果极好），每 1 000 千克中，加入 50 千克玉米粉（谷粉、高粱粉、麦粉、薯粉均可以）、粗饲料降解剂 2 包、食盐 3 千克，有条件的再加入红糖或白糖 1 千克（先溶解于 10 千克水中，再放发酵剂于其中，搅拌活化 10 分钟以上），搅拌均匀。控制含水量在 60% 左右最好，即用手抓一把成团，有水从手指间印出，但不滴出为度。混合后装入大缸或池中用力压紧压实后，用塑料薄膜压边密封，夏季发酵 24 小时以上，冬春季节发酵 3 天以上即可饲喂。

（二）不新鲜啤酒糟、谷酒糟或酒糟粉的处理饲喂方法

出厂堆放几天后的酒糟，由于裸露在空气中产生了一些霉菌的原因，加上酸味加重，直接发酵很难达到较好的效果，因此要求对其进行先烘干（或晒干）后才再进行发酵，最好是晒干后再进行粉碎，便成了酒糟粉，处理就更加方便。将 1 000 千克干酒糟拌入 100 千克玉米粉（谷粉、高粱粉、麦粉、薯粉均可以）、粗饲料降解剂 3 包、食盐 3 千克，倒入 1 200 千克干净的水中（如果是湿的料，则要适当减少用水，最后水分为用手捏成团，有水从手指间印出为度，冬季建议用 35℃ 左右的温水），拌和所有原料的水。混合后装入大缸或池中压实后密封，夏季发酵 2 天以上，冬春季节发酵 5 天以上即可饲喂。饲喂方法同前。

（三）米酒糟（白酒酒糟）、醋糟等的处理饲喂方法

米酒糟像粥一样，较啤酒糟和谷酒糟而言，能量更高一些，猪

更加喜欢吃，但消化吸收率不高。以前很少用这种酒糟去发酵，因为米酒糟中含酒度高，再发酵可能造成酒度的再一次提高。发酵后才发现，这种担心是多余的。发酵后的酒糟酒度一般仅为2°，最高为6°（发酵天数越长，酒度越高），与保健液相当，猪爱吃，且消化吸收率有所提高，具体处理方法如下。

每1 000千克米酒糟添加以下配料。

①50千克玉米粉（谷粉、高粱粉、麦粉、薯粉均可以）。

②25千克豆粕（棉粕、菜粕、花生麸均可），米糠或秸秆粉300千克。加米糠或秸秆粉，主要目的是为了吸附米酒糟中太多的水分，加入的量不一定，只要能吸附掉米酒糟中的水分，成为半固体状态即可。

③小苏打（或纯碱，也就是苏打粉）5千克。

④粗饲料降解剂2包，食盐3千克。

调成含水量70%（手抓一把饲料，轻轻一握，即有水滴出，堆放时水不自动流出，这就是最好的含水量，这个含水量一般是70%）。混合后装入大缸或池中压实后密封（含水量可以忽略不理），夏季发酵2天以上、冬春季节发酵4天以上即可饲喂。饲喂方法与前面啤酒糟介绍相同。

（四）发酵后的酒糟物料保存

如果要长期保存，发酵后的酒糟物料则要密封严格，并压紧压实处理，尽量排出包装袋中的空气。

第四节　鱼蚌混养的水质管理和疾病防治技术

鱼蚌混养这一模式早已被广大养殖户接受。在养殖水体中合理吊养育珠蚌，同时混养一部分经济鱼类，不仅能够充分利用水体空间和饵料资源，带来最大的利益，而且可以维持水体的生态平衡和良好水环境，减少病害发生，促进珍珠蚌的健康生长。然而，在育珠蚌养殖过程中，由于水质管理不当或鱼蚌病防治不科学而引起大面积死亡的现象也屡见不鲜。

一、吊蚌入池初期做好水体消毒工作，是预防蚌病发生的重要措施

在广大养殖户中流传这样一句话："要想珠蚌养得好，头个月工作不可少。"可见吊蚌入池后的第一个月对幼蚌的健康养殖至关重要。幼蚌经过手术插片后遭受极大创伤，体质虚弱，若不细心调养，手术伤口极易感染病菌，引发炎症而死亡。因此，做好吊蚌入池初期的水体消毒工作至关重要。

考虑到手术蚌的伤口有一段时间的愈合期，所以在幼蚌吊养入池后的15天内，不要使用刺激性大的药物进行消毒，以免幼蚌受到强烈的药物刺激而直接死亡。应采用刺激性小的药物进行蚌体浸泡消毒和水体消毒。

（一）手术蚌入池前需进行浸泡消毒

许多养殖户选择红霉素等抗生素，由于红霉素代谢时间长，影响蚌体的恢复，同时红霉素易使病菌产生抗药性，虽然药效明显，但一定要慎用或不用红霉素等抗生素药品。在浸泡消毒时，建议使用中草药（如海得蚌复康）进行消毒，既能杀灭手术伤口周围及蚌体上的病菌，又起到消炎、促进伤口愈合的作用，且对所育珍珠的色泽没有任何影响，不产生抗药性，使用成本也低于红霉素类药物。

（二）吊蚌入池的头15天的水体消毒

最好每隔5天全池泼洒一次海得蚌毒灵，用量为每亩1米水深用500克，促进手术蚌伤口愈合。在此期间，尽量不用碳酸氢铵、过磷酸钙等化学肥料，以免水体pH值的变化对手术蚌的伤口愈合及生长造成不良影响。蚌毒灵由多味中草药组成，具有广谱抗菌效果，对蚌安全，无副作用。

二、正常养殖期应正确选择药物，做好周期性的水体消毒和疾病防治工作

在每年气温较低的4—6月，鱼蚌混养池中套养的花鲢及少数

白鲢、草鱼等鱼体易感染中华鳋、锚头鳋等寄生虫。为了预防套养的鱼类出现重大病情，必须做好寄生虫的早期杀灭工作。针对鱼蚌混养的特殊情况，养殖户选择杀虫药须慎重。市场上所销售的许多药品对淡水育珠蚌有很大的刺激性，如果用药不当，轻则导致育珠蚌生长速度减慢，分泌的珍珠质减少，影响珍珠的生长速度和质量，重则引起蚌体中毒死亡，损失重大。目前，较为认可和安全的杀虫药为阿维菌素类和依维菌素类。

在杀灭寄生虫后，必须对水体进行彻底消毒，鱼蚌混养水体的最好消毒药物是二氧化氯（推荐使用海得菌毒清）。二氧化氯作用于水体，不仅可以杀灭病菌，而且不受温度、水质、pH 值等因素的影响，对蚌几乎没有刺激；同时，能够直接提高水体的溶氧水平，促进浮游植物的生长，为育珠蚌提供丰富的饵料。

三、合理施肥、调节水质是防病、促长的重要技术环节

育珠蚌在水体中要生活 3 ~ 4 年或更长时间，才能育出一粒粒光彩夺目的珍珠。蚌的食物以浮游植物为主，硅藻、金藻和一部分绿藻及甲藻是其喜食的饵料。养蚌育珠要求水质肥瘦适度、菌藻平衡，既能保证育珠蚌足够的饵料和微量元素，又能充分供应育珠蚌呼吸所需的氧气，养殖水体的水质好坏是影响珍珠生长速度、产量和质量的决定因素。因此，须定期施肥，使用微生物制剂，并向水体补充氮、磷、钾、钙等营养元素。

（一）处理好科学施肥与水质调节之间的关系

传统的肥料主要是碳铵、磷肥等无机肥料以及粪肥等有机肥料。虽然施用碳铵＋磷肥后能培育出一定的浮游生物，但易产生利用率低、残留多、污染水体等弊端，且培养的藻类主要是蓝、绿藻。如果施肥不当而出现水华或蓝、绿藻大量死亡，便会大量耗氧，产生藻毒素而使鱼类出现泛塘，影响育珠蚌的生长。长期处于蓝、绿色的水体绝不是育珠蚌生长的最佳水体，水色应以黄绿色为佳。此外，单纯施用碳铵＋磷肥，无法补充育珠蚌和珍珠生长所必需的多种微量元素，微量元素的缺乏将直接影响珍珠的质量和价格。施用粪肥也存在一些弊端，如要经过充分发酵、施

用量大、劳动强度大、易破坏水质等。因此，不能单纯施用传统农用肥。

养蚌户应逐渐改变这种旧的习惯，选择高效、环保型的浓缩肥料（推荐海得贝类专用高效肥水素），不仅能够克服传统肥料的缺陷和弊端，而且具有调水、防病、促生长和提高珍珠质量的多重功能。高效肥水素除了含有氮、磷、钾、钙等元素外，还科学添加了有益菌、活性酶、微量元素、稀土元素等成分，能定向培养硅藻等有益饵料生物，促进藻类光合作用，增加水体溶氧，降低水体有毒物质浓度，改良水质，补充珍珠生长所需的微量元素，减少疾病的发生。

（二）生物调控水质方法

养殖期间配合使用海得光合细菌、益生爽水宝、EM 调水王等生物制剂调节水质，特别是夏季高温时，水体温度高、池塘负荷重、水质容易恶化，使用生物制剂配合增氧产品能有效安全地调节、控制水质，降低水体中的氨氮、亚硝酸盐、硫化氢等含量，维持良好的水环境。池塘水质恶化严重的可配套使用海得底净宝以改善水质环境。

第十一章 珍珠加工与综合利用

内容提要：珍珠采收后的初处理；珍珠的加工；蚌壳的加工利用；蚌肉的加工利用。

第一节 珍珠采收后的初处理

根据目前市场对珍珠商品规格要求的不断提高，在一般的养殖水体，珍珠蚌要经过 4 年以上的培育，才可以采收到珍珠。如果超长时间不采收（8 年），较大的珍珠会使外套膜负荷沉重，从而导致珍珠附壳或脱落，严重影响珍珠生产的质量和产量。

秋末冬初，在长江中、下游地区水温虽然较低，但仍可分泌珍珠质，而此时沉积的珠质细腻光滑，不易氧化变质，所以珠光较好。每年入冬后是采收珍珠的适宜季节。如收获有核珍珠，应在预定收获期前 1～2 个月抽样检查珍珠层的厚度。对不同核径的珍珠层厚度，大致要求为：小核 0.6 毫米，中核 0.75 毫米，大核 0.9 毫米。

对于大规模生产来说，杀蚌后用手工取珠已显得相当繁重。有一种叫做珍珠分离器的机械，用来取珠就显得方便省力。方法是将含有珍珠的外套膜取出，一并放入分离器中，把外套膜打碎成肉浆，珍珠就会沉于容器底部，再通过反复漂洗，冲走肉浆，就可分离出珍珠。但是这种方法有时不能将残存于肌肉中的少数分裂珠（特别小）分离出来，另外由于机械撞击，也会对珍珠表面产生一些影响。杀蚌取珠后如何利用蚌肉开发风味食品也值得研究。

采收后的珍珠如不及时处理洗涤，会因珍珠表面黏液污物的凝结而失去光泽，时间长了还会使珍珠色泽变暗，因氧化而使珍珠变质。

刚取出的珍珠要及时洗去表面黏液、组织碎块，然后用盐水或软肥皂水清洗，再用清水漂洗干净，最后用绒绸布打光。

对光泽较暗的珍珠，可用稀盐酸、双氧水或十二醇硫酸钠进一步洗涤。用2%～3%的双氧水浸泡珍珠，可以除掉珍珠凹陷中的有机污物；用2%的十二醇硫酸钠用来浸泡洗涤珍珠，可以提高珍珠的光泽；经稀盐酸处理的珍珠，需要再放入氨水中中和，然后再用清水洗净。

经过初步处理以后的珍珠，还可以将其放在浸过松节油的软皮上面打磨；以硅藻土研成粉末，将珍珠放入其中，时间不宜过长，然后取出用橄榄油和软皮打光；或者将珍珠装入盛有锯木屑或精盐的布袋中揉磨，可以使珍珠更显光泽。

养殖户自己采收的珍珠，经过洗净和预处理，再阴干后可以放入布袋保存，这样可以保持通风通气。采收的无核珍珠，既有各种不同的形状，也具形形色色的色彩。原色珍珠也受到人们的喜爱，但到底哪种颜色的珍珠为好，随着国家和民族的不同，对珍珠的颜色喜好也有不同。例如：美国人喜爱白色、乳油色、粉红色和金色；加拿大人喜爱白色；瑞士人喜欢乳油色、粉红色和白色；意大利人则喜欢乳油色和粉红色；法国人喜欢白色；英国人喜欢乳油色、粉红色、白色和金色；德国人喜欢彩色珠；中国香港人则喜欢红色、白色和黄色；印度人喜欢乳油色、金色和蓝色。

个人还应根据肤色、发色不同，配以不同颜色的珍珠。如气色好、金发和脖子较红的人，宜配白玫瑰色珍珠；皮肤浅，宜配青白色或浅黄色珍珠；皮肤白、金发宜配灰色珍珠；肤色黑可配金黄色珍珠。一般来说，白种人多配白色系统的珍珠，黄种人多宜乳油色珍珠，黑种人多用金色珍珠。年轻人以粉红色珍珠为佳，年长者以紫蓝色珍珠而更显端庄高雅。

第二节 珍珠的加工

采收到的珍珠，实际上只是一种原料，不经过任何加工就可以投放市场的珍珠不到10%，这些少量的珍珠可以直接制作高档的工艺品。其他即使适合加工高级工艺品，也需要经过加工处理，如正圆珠中的暗珠、尾巴珠、突点珠、卵形珠和半圆珠等。不合规格的废珠可经过光学抛光后作插珠核所用，最差的则研粉作为药用。

把珍珠加工制成工艺饰品整个过程，包括挑选分类（彩图55和图11-1），钻孔（图11-2、图11-3和彩图56），漂白、增白、染色、抛光、造型设计，制成项链、项圈、耳坠、指环、手镯、表带、别针、发夹、挂件等，还可制成领带、背心，以及绚丽多姿的盆景、花篮和佛塔等。

图 11-1 珍珠人工分选

图 11-2 珍珠打孔机

图 11-3 珍珠钻孔

一、珍珠的漂白和增白

为除去珍珠内不良颜色，使其变白，并尽可能提高珍珠的光泽，现在用得最多的是化学漂白脱色法。首先将珍珠打洞，因为珍珠的纵向结构致密，横向结构疏松，所以打了洞的珍珠，漂白液容易从孔口横向进入珍珠层内。漂白（彩图57）过程还要在一定的温度和光照条件下，通过某些辅助剂的帮助才能完成。

（一）漂白

有关漂白的方法和药物，一直有人研究，到目前为止，人们普遍认为双氧水是一种最好的漂白剂，所以用得也最多。

为了安全地进行漂白，就必须严格控制好化学反应的速度，调节双氧水的浓度。事实证明：双氧水浓度在3%，温度控制在40℃左右，漂白效果较好。

珍珠层中约95%的碳酸钙，会被酸和碱侵蚀而破坏。所以，在使用市售的双氧水来配制漂白液时，就须预先把它中和，调节到pH值为7~8为宜。调节pH值最好的办法是采用枸橼酸缓冲液或磷酸缓冲液。珍珠漂白工艺是提高珍珠品位和商品价值的重要环节，而其中pH值缓冲液的配制应用，对于稳定漂白体系中的酸碱度，提高体系中各个有效成分的漂白、增光功能具有重要作用。

珍珠氯化漂白机理主要是基于漂白液中的氯化剂所释放活性氯对珍珠中的色素、杂质进行氯化而消除。试验表明，在其他助剂完全相同，只有酸碱缓冲液不同（包括种类与pH值不同）的氯化漂白活性氯的含量有明显差别，从而影响对珍珠的漂白效果。缓冲液的pH值大小与活性氯含量有关，在偏碱时，活性氯含量较高；在偏酸时，活性较低。

在珍珠氯化漂白过程中，由于一系列的化学变化，常常有H^+的释放，导致漂白液pH值降低，这不仅会影响活性氯的释放、漂白力下降等，还可能使珍珠质受到酸腐蚀。因此，漂白过程中pH值的稳定十分重要。有人研究后发现：在各种pH值缓冲制剂中，以Gly – NaOH的缓冲容量最大，可以保证在整个漂白过程中pH值基本恒定。pH值为8~9时，其氯化主剂及各种助剂充分发挥漂白增光功能。

漂白容器可以用纯铝器或含铬的不锈钢。为了防止金属杂质所引起的催化作用，活性氯含量较高、偏酸时，活性氯较低，珍珠漂白时用的水必须是蒸馏水，最好为无离子的纯水。

（二）增白

为了增强漂白效果，还要在双氧水中加入各种化学品，其中主要的有表面活性剂和乙醚、乙醇之类的有机溶剂。一般将 10 克 3.0% 的双氧水和 5 克乙醚、10 克苯、10 克酒精混合，然后用氨水中和。

漂白液中使用表面活性剂，在某种程度上讲有防止珍珠皱裂、提高漂白效果的作用，特别是不需要在漂白过程中搅拌珍珠等优点，所以广泛地被运用。据称，非离子型的表面活性剂效果更好。

根据试验，各种荧光、紫外线都可促进双氧水对珍珠的漂白，特别是在使用以有机溶剂为基本溶剂的漂白液时，以普通白色荧光灯照射，可缩短漂白时间，漂好的珍珠颜色、光泽都较好。且采用光照后，漂白温度可稍低些。一般 1～3 天要更换 1 次漂白液，直至漂白完成。

通常，采用荧光增白剂可以进一步提高珍珠的白度。荧光增白剂不但能反射出可见日光的红、橙、黄、绿、青、蓝、紫 7 种光谱，同时还可吸收日光中不可见的紫外光线，反射为一种极明亮、美丽、可见的紫蓝色荧光，能够把珍珠纤维上的黄光消除而不留痕迹，使珍珠具有明显的洁白感。用增白剂处理过的珍珠，由于可见光能比原来增大，亮度也有所提高，纤维的白度、亮度比一般漂白的更为艳丽而悦目。

荧光增白剂的种类很多，主要有二苯乙烯双三嗪型、二苯乙烯三唑型、二苯乙烯二氨基型等二苯乙烯系的增白剂，还有联苯胺系和唑系荧光增白剂。根据生产应用，增白剂 SBRN、增白剂 AT、增白剂 DT 和增白剂 KUM 等比较合适，它们的特点是本身没有颜色，或颜色极浅，但配成溶液后有鲜艳的蓝紫荧光，化学性质稳定。

为了使增白上染的效率高，除了有适当的增白剂，还必须要具备溶解增白剂的最好溶剂。一般来说，SBRN 可以用甲醇或乙醇溶解，增白剂 AT、增白剂 KUM 可用乙二醇和乙醚，这些增白剂在相应的溶剂中有较大的溶解度，且溶解后具有鲜艳的蓝紫色，溶剂本身又有较高的渗透性，能把已溶解的增白剂渗透和扩散到珍珠内部。

常用的增白剂配方如下。

①增白剂 AT 200 毫克或增白剂 KUM 250 毫克，加乙二醇乙醚 100 毫升。

②增白剂 SBRN 200 毫克，加乙醇 100 毫升和适量渗透剂。

③增白剂 FP（瑞士进口）＋丙酮＋聚丙烯酸（或十二烷基酸钠）配成 0.25 毫克（FP）/毫升，适当添加氯化次甲基蓝效果更好。

增白过程是：将漂白好的珍珠用蒸馏水洗涤几次，也可用研磨机或超声波清洗器清洗；离心干燥脱水后再将珍珠放入抽滤器中，抽真空 20 ~ 30 分钟，然后打开活塞，将增白液小心放入，再将珍珠与增白液一起移入广口瓶中，浸泡 12 小时，重复 2 ~ 3 次。视珍珠的白度决定增白的次数，最后取出，用绒布擦干（图 11 – 4）。

图 11 – 4　珍珠增白

（三）表面活性剂的使用

有实验表明，非离子表面活性剂聚乙二醇类衍生物对珍珠漂白主剂有一定的辅助作用，能充分发挥过氧化氢的氧化漂白能力，并能在一定程度增强珍珠光泽。其机理可能是它们可以克服或者减弱存在于漂白液与珍珠界面的表面张力，使氧化剂易于渗透到珍珠内表层。它们本身还有去污净化作用，可以清除珍珠内表面的杂质，而达到增强光泽的目的。实验结果还显示出这类表面活性剂似乎与珍珠本身的颜色有某种相关性，红色系列珍珠比黄色系列珍珠的漂白率略高，这可能是它们对珍珠内部的某些微量元素有一定的活化。

二、珍珠的染色和抛光

经双氧水漂白后，会出现很多白里带粉红色的珍珠，在珍珠加工时为了使色彩均一，一般都要经过着色。珍珠经过适当的染色后，无论在虹彩、白度、光亮度和丰满度等方面都有显著提高，给人们珠光闪闪、晶莹夺目的感觉，所以珍珠染色在珍珠加工工序中具有极重要的作用。

（一）染色

用染料给珍珠染色，染料被吸附到珍珠表面，如果珍珠预先经过脱水处理，可以有助于染料随水分的平衡而迅速扩散到珍珠的内部。染料向珍珠内部扩散并固着，在整个染色过程中需要时间最多。珍珠可以与染料之间相互起化学作用而把染料固着在珠上，珍珠碳酸钙分子及有机物分子与染料分子之间，也可因引力及氢链的结合使染料固着在珍珠上。

将珍珠染成什么颜色，应根据喜好和需要来决定。不同的染料由于性质不同，需要不同的溶剂进行溶解。

碱性染料在一般情况下，可以溶于水或醋酸、酒精、聚乙二醇和氨苯等有机溶剂。主要有下面几种。若丹明 6GCP，朱红色粉末，溶于水呈红色，并显绿色荧光，溶于酒精，则呈红色并显黄色荧光。若丹明 B，为绿色结晶粉末，溶于水、酒精中，呈带荧光的大红紫色。若丹明 G，为有光泽的绿色结晶，溶于水、酒精中，呈带蓝紫色荧光的紫红色。

另外，还有玛珍他（Magenta）、萨夫拉宁 T（Saflanine T）、买斯莱布鲁（Methleneblue）、纽买斯莱布鲁（Newmethlylene blue）等。

油性染料中主要有：Oilned B，分子式为 $C_{24}H_{26}N_4O$，暗红色粉末，溶于酒精、油类中呈鲜红色；Oilviolet，一种紫色粉末，溶于酒精、油类呈紫蓝色；Oilpink，紫红色粉末，溶于酒精、油类中呈鲜红色；Oilblue G，在有机溶媒中呈鲜蓝色。

珍珠的染色方法主要有水染法、油类法和酒精染法 3 种。水染法即把碱性染料溶解于水中，在 40~50℃ 的温度下对珍珠进行染色。染料的种类和浓度不同，染色的时间也从几分钟到几十小时。水染的缺点是染料难以渗透到核心或珍珠层内部，容易附在珍珠的表面，所以得用水把多余的染料清洗掉。特别是染料浓度高时，孔口也会被染上，污垢的痕迹也会着上很深的颜色。为了避免这些缺点，可以加入 10%~20% 或更多的甘油或甘醇、聚乙醇。

油染法是把油性染料溶解在植物油、矿物油或两者混合液中，染色温度为 50~70℃，时间从几小时到几十小时不等。山茶油和橄榄油等植物油，需要长时间敞开放置并在连续高温下，才能逐渐着色，矿物油主要是用液体石蜡。这一染色方法的优点是孔口比较美观，但色调不太鲜明，染色后要用苯、汽油、中性洗涤剂等清洗珍珠上附着的油。

酒精染法是把酒精与水的混合液、聚乙二醇或其他与水的混合液作为溶剂，在 40~60℃ 的温度下进行染色的方法。这种方法一般用的是碱性或酸性染料。用这一方法染色，染料能够完全渗到核心部分和珍珠层之间，有时还能渗到珍珠层内部，所以染料浓度和染色温度要适宜，并要经几小时至几十小时的循序渐进，才能取得良好效果。染好后的珍珠还需在 40~50℃ 的酒精中浸泡约 1 小时，使附在珍珠表面和孔口的染料全部洗涤干净。

珍珠的虹彩、白度和光泽都可以通过染色来改进，但究竟用什么染色剂才能使之获得人们所喜爱的颜色，从而成为国际市场上的畅销货，生产企业要不断地加以探索。

采用化学着色法对淡水珍珠进行染色的步骤如下。

1. 珍珠的前处理

珍珠在染色之前需进行前处理，首先是珍珠漂白，因为珍珠经漂白后，染色效果更好。其次是进行清洗、打孔及脱水处理，这也是为了让珍珠染色更透彻，着色更稳定。

2. 染液配置

在进行染液配置时，需要确定珍珠染色液的各个工艺参数。

（1）染料的选择 选取的染料共有 6 种，分别为金黄 HN - R（金黄色）、活性紫（深紫色）、活性深蓝（深蓝色）、活性黄（淡黄色)、活性大红(鲜红色)以及若丹明 B(深红色)。

(2)**染色液溶剂的确定** 在珍珠的染色过程中,并不是所有的染料都可以选用同一种溶剂的。因此,可根据不同染料在不同溶剂中的溶解性,来确定染色过程中的溶剂选用,如去离子水、甲醇和乙醇三种溶剂,不同的染料相对应的溶剂也不同。利用甲醇或乙醇作溶剂能产生比较好的染色效果,其中,金黄 HN - R、活性紫、活性深蓝染料比较适合选用甲醇作为溶剂,活性大红、活性黄、若丹明 B 染料则更适合选用乙醇作为溶剂。

作为染色液的溶剂必须能较好地溶解染料,并且不与染料起化学反应,生成对珠质有损害的化学物质。溶剂必须对珍珠有良好的渗透性,才能实现较好的染色效果。

3. 染液浓度的确定

除活性紫染料由于染料本身颜色较深每 10 毫升可选用 5 毫克外,其余染料选用每 10 毫升 10 毫克的浓度均能成功染色。

4. 表面活性剂的选用

各种不同的染料对应的有不同的表面活性剂,金黄 HN - R 染料适合使用十二烷基硫酸钠、聚乙二醇 - 300 或洗洁精;活性紫染料适合使用十二烷基硫酸钠;活性大红染料适合使用洗洁清;活性深蓝染料适合使用十二烷基硫酸钠;活性大红染料适合使用洗洁精;活性黄染料适合使用十二烷基硫酸钠、聚乙二醇 - 300 或洗洁精;若丹明 B 染料适合使用十二烷基硫酸钠、洗洁精。

在染色液中添加表面活性剂的目的主要是利用它的渗透作用,促进染料向珍珠内层渗透,从而提高染色效果,缩短染色时间。

(二)抛光

经过漂白、增白、染色并晒干的珍珠,如果通过进一步的抛光,可以增加珍珠的光洁度和光泽。现在抛光的过程是由抛光机来完成,把夹有石蜡的小竹青三角片或木块、小块核桃壳、小块熟羊皮等和珍珠混合在抛光机里一起转动,使珍珠表皮打光。

抛光机(图 11 - 5 至图 11 - 8)一般由一个小电动机带动抛光斗组成。抛光斗做成地球形、长圆形或腰鼓形,像建筑工地上使用的水泥搅拌机。抛光斗的角度以 45° 为宜。转速也要适中，如果太慢，珍珠在抛光斗内转不起来，摩擦不够，抛光时间延长，达不到应有的抛光要求；转速过快，会使珍珠紧贴抛光斗壁旋转，起不到抛光作用。实践证明，最佳的转速是在 80 次/分钟左右，使珍珠在斗内作抛物线运动。

图 11 - 5 抛光磨料及设备

图 11 - 6 小型珍珠抛光机

图 11 - 7 振动抛光

图 11 - 8 大型珍珠抛光设备

三、珍珠的辐照处理

因为黑色珍珠具有很高的价值，所以对那些颜色霉暗难漂白的珍珠通过辐照处理变成较深的颜色或黑色，以增加其价值。为此，早在 20 世纪 50 年代，日本人就开始采用 γ 射线辐照来改善其颜色；20 世纪 60 年代就有辐照改色的珍珠面市。由于淡水珍珠中锰的含量特别高，淡水珍珠黑化就比海水珍珠显著。当时采用的是 ^{60}Co 发射 100 000 的 β 射线辐照珍珠 16 小时，可获得黑色、蓝灰色等颜色。这种改色方法的成本较低，无残余放射性的危害，颜色稳定，但改色效果单一，且颜色灰，一直没有大批量生产。

由于各国对有关珍珠改色的具体技术方法和工艺细节严加保密，限制了珍珠改色机制的研究和我国珍珠改色技术的发展。

采用电子加速器对不同颜色和类型的淡水、海水养殖珍珠进行辐照改色实验，改色效果令人满意。淡水珍珠的效果尤佳。对同批同种类型的珍珠进行辐照实验发现：在不同辐照剂量下，同种类型的珍珠获得的颜色不同。一般剂量越高、辐照时间越长，则颜色变得越深，但超过一定剂量时珍珠就会变成不透明的瓷白色，甚至被完全破坏。在辐照剂量较大时，会产生裂纹。只要辐照强度合适，一般不会改变原有的晕彩效果，而且由于体色变深，晕彩反而在深色背景下变得更加明显。即使在相同剂量下，不同类型和颜色的珍珠辐照改色的结果并不完全相同。辐照无核淡水珍珠大多为黑色、紫黑色，有时也可获得孔雀绿色和古铜色的珍珠。相同颜色的一批淡水珍珠，在相同剂量的辐照下，获得的颜色并非完全一致。

电子加速器改色效果较好的珍珠的残余放射性仅为 0.17 贝可或 4.6×10^{-12} 居里，相当于正常雨水的强度，远低于国家安全豁免标准（15~70 贝可），绝对不会对人体造成伤害。

将辐照改色珍珠与天然呈色的塔希提黑珍珠一起用紫外线进行辐照，经过 360 小时的辐照发现，与养殖黑色珍珠一样没有明显的褪色迹象。经辐照处理的淡水珍珠颜色变深，有暗紫红色、深孔雀绿色、古铜色等，表面颜色分布均一，晕彩明显比原珠强。

四、珍珠饰品的制成

商品珍珠的选择，首先是用铁筛子筛出大小不同档次。这种铁筛子（图 11-9）底板上有孔，通常用铁皮制成。现在的许多个体珍珠商，就经常带着一些不同孔径的筛子，在养殖户中收购珍珠。筛出大小后的珍珠，从形态上看，整圆珠最好。非整圆珠是指一般圆形，长径与短径之差在 1/10 以下；椭圆形，长径与短径之差在 1/5 以下；畸形珍珠，长径与短径之差在 1/5 以上，并有凹凸的珍珠。

图 11-9　珍珠筛

如果是原色珍珠，还要根据不同的颜色进行分类。如按颜色作为评价标准的话，将粉红色定为 100 分，银白色 85 分，淡黄、粉红色 77 分，白色 76 分，蓝色 73 分，金色 63 分，淡黄色 53 分，青色 51 分。

一般都由人工完成分类工作（图 11-10 至图 11-14），但已研制生产了色彩选别机、大小选别机，以及淡水珍珠专用长度选别机，以提高效率，减轻工人的劳动强度。

图 11 - 10　珍珠精细分选

图 11 - 11　珠宝库中优质珠

图 11 - 12　专家验货

图 11 - 13　优质金色珠

图 11 - 14　优质原色珠

242

珍珠的打洞，即穿孔，是一项最基本的加工工序，因为只有打过孔的珍珠，才能很好地进行漂白、增白和染色。绝大多数的珍珠工艺品和饰物在打孔后才能串联而成。

目前，尚不知道古代人是如何将坚硬的珍珠进行穿孔的。现代珍珠打洞的方法有手工法和机器打孔两种，在农村养蚌育珠业发达的地方，可以普遍地见到珍珠打孔机。在江西、浙江和上海等地都有专用打孔机生产单位，但很多地方还是喜欢使用日本、中国香港和中国台湾产的打孔机。每台打孔机每小时能打海水珍珠600~800粒，淡水珠约5 000~7 000粒。

根据不同的加工需要，珍珠可打成全孔、半孔和对角孔等。全孔即在珍珠中心处贯通，根据珍珠形态和打孔位置，又分直通孔、横眼孔和中间孔。直通孔就是在纵轴上打孔。现在用得最多的是两头同时打洞的机器，所以基本能做到打孔在重心上，不能有歪口、斜度或喇叭形，否则就损害了珍珠的质量。

相反，有的饰品珍珠并不需要打洞，如耳坠、戒指、有些手镯的珍珠等，可用金脚齿夹住珍珠，也可用黏结剂固定，这样既牢固，又不会破坏珍珠原有的造型。有些上等珍珠，未经打洞的往往价格较高，因为购买者可以随心所欲根据自己的要求来加工使用。

对于有各种各样缺陷的珍珠，最常见的方法是将它们不好的部分用磨光机磨掉，再抛光成为工艺珠，但有时一些特殊造型的珍珠却可以直接加工成饰物。比如大而规整的半圆珠就可经直接嵌成戒面，一头尖一头大的滴水珠做成耳坠也挺别致。

工艺饰品的大宗产品是项链。经过分档、挑选的珍珠，按大小排列，最好是中间最大，均匀地向两边缩小，然后用线穿成串。现在国际上较高档的珍珠项链，不仅采用坚固尼龙线，而且在每一粒珍珠之间都作了固定。因此，不会像目前我国珍珠项链那样，串线有一个地方断了，就会全部散开。另外，有些高档的珍珠项链，还采用金质卡扣。

项链的标准长度为43厘米，短项链为37厘米。如25型珍珠项链的排列方式记录如下。珍珠97粒，重15.68克，长44厘米。

中央最大的珠 7.5 毫米 1 粒；两侧分别是：6.6 毫米 2 粒，6.3 毫米 2 粒，6 毫米 4 粒，5.7 毫米 2 粒，5.4 毫米 2 粒，5.1 毫米 8 粒，4.8 毫米 16 粒，4.5 毫米 20 粒，4.2 毫米 2 粒，3.9 毫米 2 粒，3.6 毫米 20 粒，3.3 毫米 16 粒。

也有些人把珍珠串成 75~100 厘米的长串，绕头颈部二三道或两端结成花结。我国的串珠一般以均一型为多，按珍珠质量和打洞部位的不同，分为 D、E 两个级别，D 类是打成直通眼的，珍珠质量较好；E 类是打横眼的，串成珍珠链或与各种宝石、贵金属匹配镶嵌成各种各样的贵重饰品。

第三节　蚌壳的加工利用

蚌壳也是重要的原料，可以用来加工珍珠层粉、制作贝雕（图 11-15）、磨制纽扣、加工珍珠核以及烧制生石灰等。

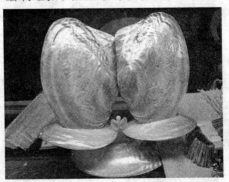

图 11-15　贝雕作品

一、珍珠层粉的加工

育珠蚌蚌壳内的珍珠层，是育珠蚌外套膜表皮细胞分泌的珍珠质沉积而成，其所含成分与珍珠大同小异，主要为碳酸钙和多种氨基酸，以及少量的微量元素。

珍珠层粉的加工方法有物理方法和化学方法两种：物理方法

是，将三角帆蚌或褶纹冠蚌壳外面的角质层和棱柱层放在砂轮上磨去，余下光亮的珍珠层，再经粉碎加工成珍珠层粉；化学方法是，50 千克贝壳加入 2.5 千克的烧碱，煮沸 6 小时，待外壳角质层和棱柱层大部分脱落后，再用清水漂洗，余下光亮的珍珠层，即可用来加工珍珠层粉。

二、制作贝雕

利用贝壳的天然色彩，可以雕刻出多种花草虫鱼图案，用以镶嵌桌面、匾额以及各种器皿；利用贝壳有数种色彩层的特点，可以雕刻多种色彩图案；还可利用贝壳较厚部分制作棋子，或雕刻加工成器物等。用珠贝壳制成图案，镶嵌在酸枝木和红木家具上，是广东著名的传统工艺品。常见的有首饰箱、梳妆盒、桌、椅、床、柜和屏风等实用家具。把珠贝壳雕成花卉、人物、鸟兽等图像，镶嵌在古铜色或乌光色地的红木和酸枝木之上，抛光打蜡，珠贝壳质七彩光泽格外醒目，与形制古色古香的红木或酸枝木家具配合，相得益彰，有古雅高贵的气派。古时合浦豪门富户的大厅内，多有此种屏风、贵妃床、醉仙椅、八仙桌、书橱等陈设，相形之下，大理石镶嵌的家具大为失色。合浦县博物馆现藏有一套明朝的酸枝木浮雕屏风，珠贝镶嵌《朱柏庐治家格言》全文，精致无伦。民间偶有发现一些古代制作的首饰箱、梳妆盒等，均用酸枝木制作镶以珠贝图案，经历百年岁月，至今拂拭如新，光彩夺目。

这种传统的手工艺品，在新一代的工艺大师手下，经过精心设计、制造，有了新的突破。现在北海市的高级宾馆多有此种镶嵌珠贝图案的台、椅子配套使用。其他贝雕工艺品更是不胜枚举。

贝壳的加工方法是：选好贝壳，洗净晒干。根据贝壳的大小、形状设计图案。按照设计，用砂轮切割和雕刻贝壳，将切割和雕刻的贝壳条用乳胶粘贴在画屏上，再按图案着色即成。

三、制作纽扣

用贝壳制作纽扣，在我国有着悠久的历史，且主要为高级衬衫、羊毛衫配套，用以出口。贝壳纽扣的加工方法是：①取胚，从贝壳上取下较厚的部分；②磨平，主要是磨去黑褐色表面层；③削面，削去凹凸的部分；④穿孔，一般穿 2 孔或 4 孔。

贝壳纽扣有二眼扣、四眼扣和八宝扣等，形式多种多样。用贝壳制作纽扣，不但美观好看，而且坚实耐用，很受消费者的欢迎。

四、加工珍珠核

珍珠核是从事有核珍珠生产的必备材料。实践证明，用蚌壳来制造珍珠核是最佳的。

（一）贝壳的选择

用以加工珍珠核的贝壳，必须具备以下 3 个条件：一是贝壳的厚度要求在 3 毫米以上，珍珠层越厚，制出的珍珠核质量越好；二是贝壳的相对密度与珍珠的相对密度越接近越好，相对密度大，壳质紧密，便于加工，产量也高；三是要求贝壳质地新鲜，最好是刚剖蚌不久的新鲜壳，堆放时间过长、分化腐蚀大的贝壳，一般不宜选用。

（二）珍珠核加工程序

珍珠核的加工程序主要有以下几个方面。

1. 切胚

将选好的贝壳，按其不同部位的厚薄，标出切线，进行切胚。

2. 归方

将切胚按正方形磨削，同时将壳表面凹凸不平的地方磨平。

3. 打角

将不同规格的料胚分别打角，将其磨成扁圆形。

4. 研磨

分粗磨和精磨两道工序，将珍珠核磨圆。

5. 除色素

将磨好的珍珠核与 2 倍的石英砂混合，在普通铁锅里炒 15～30 分钟，温度达到 70～80℃，色素在高温下很快分解。

6. 漂白

先用 5% 过氧化钠（Na_2O_2）溶液浸泡珠核，温度保持 70℃，浸泡 2 小时，使过氧化钠对珍珠核表面产生腐蚀作用，同时由于过氧化钠在水溶液中产生双氧水，通过这两者的作用，可以清除核表面的有机物和有色物质。最后，将珠核洗净，再用综合液处理。

综合液配制为：在 500 毫升冷水中，依次加入浓硫酸 4 毫升、过氧化钠 8 克、硫酸镁 6 克、硅酸钠 6 毫升。综合液配好后，即可将珍珠核放入其中，逐渐加温，并恒定在 80℃约 10 小时，然后取出珍珠核，用清水洗净。

7. 抛光

珍珠核的抛光可分为化学抛光与物理抛光两种。

（1）化学抛光　用普通工业盐酸，加沸水配制成 5% 的浓度，放入抛光桶内，与珠核一道滚动抛光。其化学反应式为

$$CaCO_3（珍珠核）+ 2HCl = CaCl_2 + H_2CO_3$$
$$\rightarrow H_2CO_3 = H_2O + CO_2$$

在抛光过程中，由于 H_2CO_3 分解，释放出 CO_2，产生许多泡沫。所以，可根据泡沫来掌握抛光的过程，直到珠核的光洁度达到满意为止。

（2）物理抛光　在抛光器中加入冷水，使水淹没珍珠核，再加 2% 的氧化镁，滚动 10 小时，然后洗净即可。

还可将化学、物理方法结合在一起，对珍珠核进行抛光。

（三）珍珠核的质量要求

珍珠核要求达到以下要求：一是正圆形最佳；二是光洁度达到 8 级以上为合格；三是白色为好，有色斑的为次品；四是相对密度为 2.65 以上为合格，2.7 以上为优质品；五是无裂缝。

珍珠核的大小，从 3 毫米开始到 12 毫米止，可分为 10 个档次，每个档次核径相差 1 毫米。过去日本主要从美国进口珍珠核，现已转由从中国进口。

五、珍珠粉的深加工

（一）珍珠原液或珍珠粉

先将药用珍珠用乳酸膨化、置换，分离出乳酸钙液和角壳蛋白。乳酸钙液加贝壳粉、加热、冷却、过滤、结晶得乳酸钙粉。角壳蛋白用胰肽 E 酶等复合酶酶解，酶解液和乳酸钙粉混合得全成分珍珠粉和珍珠原液。该工艺过程简单，反应条件温和，有利于防止活性成分的破坏。采用本工艺，可使珍珠的全成分转为综合混合体——珍珠原粉或原液，原液可加蒸馏水配制成不同浓度，用于珍珠营养制品的生产中。

（二）珍珠强身米

珍珠强身米制作方法包括以下步骤。

①将米用色粒筛选机进行色粒筛选后，用水磨抛光机进行水磨抛光，制成达到免淘标准的精制米。

②在无菌室中，将水解珍珠纯粉或水解珍珠钙粉、氯化锌、维生素 B_1、维生素 B_6 按一定配比溶于蒸馏水中，制成珍珠强身米母液。

③用湿度可控水磨抛光机将配制好的珍珠强身米母液喷涂在精制米上，在温度 30～45℃下烘干，最后真空包装出成品。

（三）珍珠营养保健品

珍珠营养保健品的制作方法为：用固体珍珠做原料，经酸解后，在减压低温中性环境中进行酶催化水解，获得了除 24 种无机盐元素、18 种氨基酸外，又增加获得了 5 种维生素（维生素 A、维生素 B_1、维生素 B_2、维生素 C、维生素 E）。以此种全成分液态珍珠为主，辅以甘草、菊花、绞股蓝天然植物的有效成分，配制成别具风格的珍珠营养保健浓缩剂、胶丸和口服液。本品既加强了珍珠清热解毒、防老抗衰、明目安神等作用和增强了抗癌、抗菌的功效，又提高了营养成分，且剂型多样，方便适用。

（四）珍珠营养保健饮料

此品为一种以水解珍珠液、黑糯米浆、蜂蜜和冰糖为主要成分的保健饮料。它含（按重量份）水解珍珠液 2～8 份、黑糯米浆 10～20 份、蜂蜜 2～5 份、冰糖 5～10 份、猕猴桃原汁 5～10 份、沙棘原汁 2～5 份，香菇、莲芯适量。本发明具有安神定惊、清热解毒、收敛生肌、促使肌肤光洁、驻颜葆春、健脾益气和防自汗等功效。此外，还有一种黑珍珠饮料，含（按重量份）水解珍珠液 2～8 份，黑糯米浆 10～20 份，蜂蜜 2～5 份，冰糖 5～10 份。

（五）液体珍珠软胶囊

液体珍珠软胶囊的制配方法为采用酶解珍珠原液或酶解珍珠粉溶解液、赋形剂糊精，按比例调匀，取调匀后的珍珠液糊精，加适量的助凝剂琼脂，调匀，通过高温灭菌送至无菌操作室用自动制板机制板，得到微小剂量液体珍珠软胶囊，是女性和中老年人理想珍珠营养保健品。该方法制备容易，服用方便，成本低，无污染。

（六）珍珠粉美容保健糖

珍珠粉美容保健糖由 77％～83％重的干果粉和 17％～23％重的蔗糖组成，其中含 0.08％～0.12％重的珍珠粉。它改变了现有糖果的传统结构，大大减少糖食中的蔗糖含量，因而食用后不会发胖，也不会诱发龋齿，经常口含，具有美容养颜和镇静作用，并且具有天然植物的清香，可以去除口臭，是一种极有开发前途的糖食。

（七）珍珠牙膏和漱口液

珍珠牙膏和漱口液即含有珍珠水溶性成分的牙膏和漱口液。在牙膏和漱口液中加入珍珠或珍珠层质水解母液，使其对牙齿和口腔具有良好的清洁和营养保健作用，能防治各种牙病。该牙膏和漱口液所含的珍珠水溶性成分极易被人体吸收利用，效果显著，而且安全无毒，可长期使用而不会产生不良副作用。

第四节　蚌肉的加工利用

蚌肉富含蛋白质、脂肪、糖类和矿物质，是营养丰富的动物食品。蚌肉蛋白质中还含有人体和畜禽、水产养殖动物所需的多种氨基酸，对促进人体和畜禽、水产养殖动物的生长起着重要的作用。因此，蚌肉既可作为人的营养食品，又可作为畜禽、水产养殖动物的优质饵料。

一、三角帆蚌肉的营养成分

对蚌肉进行的营养分析表明，蚌肉水分多，并含有丰富的蛋白质、多糖、钙和磷等，是良好的高蛋白、高多糖和富钙磷食物。与常见的海产贝类相比，三角帆蚌肉中多糖、钙、磷含量较高，脂肪含量较低。蚌肉中的多糖有"动物淀粉"之称，其发热量比单糖、双糖多，是一种良好的储能物质，有增强体力、脑力活动效率、耐力的作用，也是保肝物质。研究表明，贝体内的多糖具有重大的药用价值，如清热凉血、抗凝降脂、抗菌抗病毒、抗肿瘤、提高机体免疫调节能力等功效。蚌肉中分离得到的蛋白聚糖HB 组分对黑色素瘤抑制率达 43.4％以上（25 毫克/千克）。文蛤多糖与文蛤提取物能增加小鼠的免疫调节能力。蚌肉中丰富的钙、磷，可以作为强化食品的原料。

三角帆蚌肉所含的氨基酸中，谷氨酸、天冬氨酸、甘氨酸等呈味氨基酸含量较高，使蚌肉具有独特的鲜味，可以作为良好的食品加工原料，尤其是制作调味品、汤料等。蚌肉中所含的必需氨基酸，除由于酸水解、色氨酸被破坏无法计量外，其余 7 种含量之和仍占总氨基酸量的 39.6％，虽不及牛乳、鸡蛋白，但明显高于鲍肉、文蛤等贝类。说明取珠后三角帆蚌肉中必需氨基酸含量较为丰富，且易被人体利用。牛磺酸是动物体内的一种含硫氨基酸，在牡蛎、贻贝等海产贝类中含量较高，具有广泛生理活性，有清热消炎、解毒、抗心血管疾病、促进智力发育等功效。三角帆蚌肉中也含一定量的牛磺酸。

二、微量元素分析

大量的科学研究表明，三角帆蚌肉含有丰富的锰、铁、锌、铜及少量的钴、锶。与常见食物相比，锰在蚌肉中的含量极为丰富。

因此，蚌肉作为一种富含锰的食物，可以防治缺锰症。蚌肉中铁的含量也相当丰富，明显高于对虾、鸡蛋白、虾蛄及海蟹。蚌肉作为动物性食物，其中的铁易被吸收，因此也是一种良好的获得铁的食物。

此外，鲜蚌肉中尚含多种维生素，如脂溶性维生素 A 和维生素 D 原含量较高，可治疗眼疾，并可利用其生产维生素 D 制剂。自 1956 年开始，我国已从资源丰富的贝类软体动物中提取了维生素 B_{12}；并取得了生产上的成功。

取珠后的三角帆蚌肉含有丰富全面的营养物质，蛋白质、多糖含量较高，必需氨基酸占总蛋白质氨基酸的含量高，富钙磷铁锰及多种维生素，脂肪含量低，而且味道鲜美、香味浓厚，具有很好的食用和药用价值。根据取珠后三角帆蚌肉的营养特性，可以作以下开发利用。

①利用其丰富的蛋白质及必需氨基酸，用作蛋白源，生产营养性蛋白、贝类氨基酸液和优质饲料添加剂等。

②蚌肉烘干后色泽呈金黄褐色，具浓厚的香味，加上其鲜味独特，可用来生产酱油等天然调味品。

③蚌肉富含钙、磷、铁，可以作为营养强化食品的加工原料。

④利用其含脂少、糖原高及富含锰等微量元素的特点，进一步研究其药用价值，制成保健食品或从中提取药用成分。

三、蚌肉的食疗

蚌肉的药用价值表现为：清热解毒、养肝明目、滋阴、凉血、散风、止渴，主要用于心热烦躁、血崩带下、眼昏目赤、湿疹、痔血、消渴等。但脾胃虚寒者慎用。

（一）验方

蚌肉的传统验方有以下几种。

（1）痔疮 蚌肉 250 克，煮汤淡食。

（2）糖尿病 用蚌肉捣烂炖熟，每天数次温服。

（3）小儿惊风 活蚌 1 只，挑开，滴入姜汁少许，将蚌向上，待其流出蚌水，用碗盛取，隔水炖热，温服。

（4）**胃痛吐酸水** 蚌壳4只，放瓦上煅制研末，每次1.5克，红糖开水冲服，连服有效。

（5）**婴儿湿疹** 蚌壳，火煅透研细末，加冰片少许搽患处。

（二）烹调方法

蚌肉色白肉嫩、鲜香味美，可以同肉相比，或烧或炖，二者巧妙配合在一起，别有风味；也可以配以菜苔、萝卜做菜，清香爽口。

1. 蚌肉豆腐

原料：河蚌肉100克，豆腐2块，黄酒15克，酱油5克，精盐2克，白糖3克，葱姜末10克，青蒜段5克，熟猪油75克，水淀粉5克，麻油10克，味精少许。

制法：

①豆腐切成2厘米见方的小块。把蚌肉的泥肠去掉，用菜刀背将边上一块较硬的肉捶扁。

②洗净的蚌肉放入锅内，加入黄酒和少量水，上火烧沸，再用小火炖约1小时至酥烂，装入盘内。炒锅上火，倒入熟猪油烧至六成热，放入葱姜末略煸，再倒进蚌肉，加入酱油、精盐、白糖、豆腐和少量开水，旺火烧开，移小火煮2分钟，放入味精，用水淀粉勾芡，淋上麻油，盛入汤盆内，撒上青蒜段即成。

操作关键：河蚌要去尽泥肠，洗净后，用刀柄敲打斧形硬肉，使其肉质松散，便于成熟。河蚌性凉，一次不可多食。

按此法可做成河蚌烧菜苔、河蚌炖狮子头等。

2. 河蚌炖肉

原料：蚌肉1 500克，猪五花肉250克，黄酒20克，葱结1个，姜2片，精盐10克，味精1克，胡椒粉2克。

制法：

①猪肉洗净，镊去毛，切成4厘米长、1厘米宽的块。蚌肉去泥肠，用刀柄将边上的硬肉捶扁，洗净。

②炒锅上火，放入蚌肉、葱结、姜片、黄酒和少许清水，用旺火烧沸，撇去浮沫，上小火焖10分钟，再放入肉块同炖，旺火烧

淡水珍珠高效生态养殖新技术

沸后，移小火炖约 2 小时至蚌肉、猪肉酥烂时，放入精盐、味精，起锅装入汤碗内即成。吃时撒入胡椒粉。

四、蚌肉干制品的生产

（一）五香蚌肉干的生产

1. 工艺设备与材料

除蚌肉外，五香蚌肉干所涉工艺设备与材料包括复合薄膜高温蒸煮袋，味精、生姜、花椒、砂糖、甘草、茴香、桂皮、八角、黄酒、盐等调味料，电热式蒸汽杀菌锅、电热恒温干燥箱、真空包装机等。

2. 工艺流程

五香蚌肉干的加工工艺流程为：蚌肉—清洗—蒸煮—冷却—取肉—沥干—放入调味液中浸泡—沥干—烘干—称量包装—杀菌—保温检验—装箱—成品。

（二）蚌肉淡干品的加工

蚌肉淡干品的加工方法包括以下几个方面。

（1）取肉 用小刀将闭壳肌和斧足割下，去除内脏团。

（2）清洗 用清水将蚌肉清洗干净。

（3）干燥 采用自然干燥法进行干燥，也可烘干。干燥后的蚌肉产品呈橙黄色，含水分要求在30%以下。

（4）称量包装 以 0.5 千克一袋装入食品袋，密封保藏，即可进入超市销售。

（三）蚌肉粉的加工

蚌肉粉的加工方法包括以下几个方面。

（1）取肉 用小刀将蚌肉和内脏团一起取出。

（2）干燥 采用烘干机烘干或晒干。

（3）粉碎将 晒干后的蚌肉、内脏团用粉碎机粉碎，加工成粉末。

（4）配料 在蚌肉粉中加入1%磷钙活化剂。

（5）包装　将配好的蚌肉粉，装入袋内密封。

蚌肉粉是畜禽、水产养殖动物的高蛋白饲料，也可代替鱼粉用。

国外（如日本）还利用蚌肉及其浸出物，作为食品原料加以利用。再就是从蚌肉中提取牛磺酸（牛磺酸的功能如前所述），可以降低人体的胆固醇、调整血压，还可促进中枢神经，尤其新生儿大脑的发育。

五、河蚌肉软罐头的制作

目前，河蚌珍珠养殖取珠后，大量的蚌肉被扔掉或是简单干燥粉碎作饲料。这样，不仅浪费了宝贵的蛋白质资源，而且还带来了环境的污染。事实上蚌肉是营养丰富的肉食品，含有丰富的蛋白质、糖类和矿物质。蚌肉蛋白质中所含的氨基酸有 α-氨基酸、甘氨酸、亮氨酸及异亮氨酸、丝氨酸、苏氨酸、缬氨酸、谷氨酸、精氨酸、酪氨酸、苯丙氨酸及组氨酸等。而且蚌肉的营养成分还有容易在汁液中溶解的优点，易于被人体消化和吸收。它性寒，味甘咸，清热滋阴，明目解毒。河蚌加工后的蚌肉不但营养丰富，味道鲜美，具有一定的保健功能，而且制备工艺简单，设备投资少，在未来的食品市场上将有广阔的前景。

（一）原辅料、加工设备

河蚌肉软罐头所需原辅料、加工设备包括以下几个方面。

（1）**原料**　鲜河蚌肉，取珠后的三角帆蚌肉或褶纹冠蚌肉。

（2）**辅料**　特级花生油、生抽、白糖、精盐、芝麻油、生姜、黄酒、味精、桂皮、胡椒粉、小茴香、八角茴香、丁香。

（3）**包装材料**　铝箔复合材料蒸煮袋，规格为 12 厘米 × 16 厘米。

（4）**主要设备**　真空封口机、不锈钢锅、杀菌锅、电热恒温培养箱。

（二）工艺流程

河蚌肉软罐头的工艺流程为：原料—漂洗—预煮—盐渍—调味

汁配制—油炸—泡浸—装袋—真空封口—杀菌—擦袋—预储观察—检验—成品入库。

不过，由于制品的口味不同，工艺流程也有所差别。

（1）原汁河蚌肉软罐头　鲜活河蚌—验收—冲洗—分级—剥壳取肉—清洗—预蒸—冷却切片—真空包装—杀菌—冷冻储藏。

（2）调味蚌肉软罐头　冷冻蚌肉—验收—解冻—清洗—盐渍—漂洗—蒸煮—冷却切片—配制调味液—真空包装—杀菌—冷却储藏。

六、珍珠贝肉蛋白饮料的制作工艺

（一）工艺流程

珍珠贝肉蛋白饮料的工艺流程为：贝肉解冻—匀浆—酶解—灭酶—脱腥—脱色—抽滤—浓缩—调配—杀菌—成品。

（二）酶解蚌肉蛋白

采用 As11398 中性蛋白酶水解蚌肉蛋白的最佳工艺条件如下：温度为 50℃，时间为 9 小时，加酶量为 218%，肉水比为 1:2。影响因素主次顺序为温度、时间、加酶量、肉水比。

（三）蚌肉蛋白酶解液的脱苦脱腥

利用粉末活性炭和 β – CD 联合处理蚌肉酶解液，脱腥脱苦效果最佳，具体的条件为：先用 0.5% 粉末活性炭 55℃ 下吸附 20 分钟，过滤除去活性炭；然后用 1.5% 的 β – CD 在 65℃ 保温 3 分钟，处理后的水解液苦味消失，腥味大大减弱。

七、珍珠保健啤酒

珍珠保健啤酒是在优级啤酒的基础上添加适量的珍珠原液、枸杞提取液和经热处理的蜂蜜酿制而成的，由于在酸性条件下，硅藻土过滤与纸板精滤时均对珍珠原液、枸杞提取液和蜂蜜无吸附性，而且经过滤与精滤后其有效成分损失极少，因此是可选择在发酵液乃至清酒中添加的工艺。由于啤酒中富含二氧化碳，经添加珍珠原液会使啤酒中钙离子浓度增加较大，会重新出现碳酸钙沉淀。为了尽量避免在成品啤酒中出现微量碳酸钙的沉淀以及珍珠原液、枸杞提取液和蜂蜜对啤酒清亮度的影响，可以采用在发酵液中添加珍珠原液、枸杞提取液和蜂蜜的工艺路线。

因为珍珠保健啤酒中的珍珠原液含有 17 种氨基酸和 9 种微量元素，故能促进人体新陈代谢、增强细胞活力和调节内分泌及神经中枢。因此，具有延缓衰老、抑制体内产生过氧化脂质和防止老年斑生成的功效。枸杞具有明目安神、耐寒暑、强阴、健身等功效。蜂蜜具有润脾胃、润肺腑、止咳、滑肠通便、解毒止病等功效。再加上啤酒本身就是一种营养物质，而且其风味独特、营养丰富。因此，珍珠保健啤酒以其独特风味和具有保健美容、防止疾病等功效，深受广大消费者尤其是女士们青睐，是一种大有发展前途的营养保健型的新品种啤酒。

八、珍珠贝肉营养保健品

使用天然食品蜂蜜、番木瓜汁、菠萝汁中所含的消化酶对珍珠贝肉全脏器及成分与珍珠贝肉全脏器类似的生物（如牡蛎、鲍鱼、中华鳖等）进行水解，并将其水解液经过滤、调味、除腥、杀菌、灌装等工艺，直接制成具有独特风味、营养成分全面、天然的高级保健饮品。还可以用上述方法将上述各种生物的天然水解液直接加工制成口服液产品，或者各种水解液互相配伍、合成药品或保健食品，制成糖浆、合剂、口服液、乳状液等剂型的产品。上述方法的特点是将珍珠贝肉或与其成分类似的生物粉碎成糊状，利用自身的酶进行自身水解，然后使用天然食物蜂蜜、番木瓜汁、菠萝汁中所含的消化酶对珍珠贝肉全脏器及与其成分近似的生物进行水解并制成口服液。此类生物的成分含水 70% ~75% 、蛋白质 20% ~25% 或更高、脂肪 0.2 % ~0.8 % 或更低、灰分 0.3 % ~1% ；其内脏还含有各种消化酶。凡此类生物均可用上述方法进行水解。

第十二章　中国珍珠市场研究

内容提要：珍珠交易中心市场发展现状分析；中国珍珠中心市场作用和市场动向分析；中国珍珠市场存在的主要问题和进一步发展的对策；珍珠的价值概念和产品开发；珍珠产品深层次开发理念与策略。

第一节　珍珠交易中心市场发展现状分析

一、中国珍珠市场格局

珍珠市场的产生和发展是与社会分工和珍珠商品生产的发展紧密联系在一起的。纵观我国珍珠产业发展历程，市场与销售渠道始终是影响其发展的一个关键因素。建设具有交易、调节、展示、信息功能和有强大综合辐射力的珍珠产品集散中心，是珍珠产业迅速发展的必然。

当前有一种倾向，珍珠销售已经进入珠宝玉石首饰行业的市场渠道，在全国的珠宝玉石首饰商店都有各色珍珠及其珍珠首饰出售。中国珠宝玉石首饰行业协会阐明了如今珠宝产业的迅猛发展：2005 年，我国珠宝首饰（包括珍珠）市场销售总额约 1 400 亿元人民币，较 2004 年增长 15% 以上，出口总额达 54.9 亿美元，较 2004 年增长 23%。业界通常认为珍珠的销售价值大约是珠宝玉石销售价值总体的 1/10，在市场调查研究的基础上，目前我国珍珠年销售额约为100亿元，但销售额只占世界珍珠销售额的10%。

目前，多个珍珠中心市场，以及分布广泛的珍珠集贸市场、珍珠商店和珠宝玉石首饰商店，组成中国珍珠市场格局（图12-1），促进了珍珠产品供给、流通和消费市场的更加繁荣。

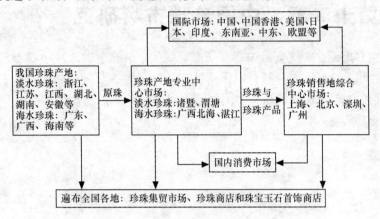

图12-1　中国珍珠市场格局和市场特点

二、珍珠产地专业中心市场

中国珍珠的养殖与销售，长期以来存在脱节现象，20世纪七八十年代，广大珍珠养殖户只能手提肩背走南闯北去全国各地寻找销路。当珍珠生产过剩、出现市场危机时，受损失的往往是珍珠养殖户。为了将中国珍珠产业推向新的高峰，珍珠产地有实力的批发商及养殖户正携手合作建设珍珠产地专业中心市场，力图成为该地区经济发展的新平台。目前，我国主要有4个珍珠产地专业中心市场，形成南北海淡两对"双子星座"，它们是山下湖和渭塘淡水珠中心市场、北海和湛江海水珠中心市场。

（一）山下湖珍珠市场

浙江诸暨的山下湖珍珠市场最初形成于1985年，当时只有50多个简易摊位。随着诸暨珍珠业的不断发展，山下湖珍珠市场分别在1985年6月、1987年2月、1990年1月、1992年8月，经过四代市场的易址扩建，已发展成为全国规模较大、设施完备的珍珠、珍珠饰品、珍珠工艺品综合交易专业市场，也是东南亚最大的珍珠市场（图12-2）。1995年山下湖珍珠市场被授予"全国文明市场"。2002年山下湖珍珠市场成交珍珠680吨，首饰品20余万件，成交额突破12亿元，出口创汇8 000万美元，其中自营出口2 700万美元。目前，该市场总投资3 500万元，占地5 000平方米，其中交易大厅1 500平方米，拥有营业单位1 000个，精品房100间，可容纳上万人的客流量。此外，该市场还开展网上交易，市场辐射全国各地及世界30多个国家和地区。

图12-2　诸暨珍珠市场

2005年华东国际珠宝城开始建设，是诸暨市政府与香港民生集团联手打造世界最大珠宝产业集群的核心项目。成为中国规模硕大、设施先进、服务手段现代化的第五代珍珠市场。项目总投资超过30亿元人民币，其中一期规划占地面积约41万平方米。华东国际珠宝城于2007年10月竣工，其规模是1992年所建珍珠市场的10倍。已成为世界性的珍珠生产与加工中心、珍珠集散与物流中心、珍珠品牌展示与贸易中心、资金流通与珍珠商情发布中心、珠宝文化交流与商贸旅游购物中心，以及国际国内珠宝品牌厂商的营销总部和贸易中心。

（二）渭塘珍珠市场

早在20世纪70年代，江苏渭塘就有人开始从事珍珠交易。1984年，何家湾所在的永沿村投资1 500元，由仓库改造，建成全国最早的珍珠贸易市场——渭塘何家湾珍珠贸易市场。此后，渭塘珍珠市场的发展一波三折。

1995 年，该市场改名为全国闻名的渭塘"中国珍珠城"，1994—1996 年，交易摊位 1 200 多个，日均游客量达 8 000 余人，来自印度、日本等国的珠宝客商都常驻渭塘设点收购珍珠，交易量达到了历史最高，出现了供不应求的局面。3 年中，年成交珍珠 800 余吨，年成交额超 10 亿元，年纯收入超千万元，曾先后获得"中国行业 100 强"和"中国最大淡水珍珠市场"等称号。

1997 年亚洲金融危机，国际珍珠行情不佳，"中国珍珠城"步入低谷。2001 年渭塘再次起步，香港一家公司在渭塘注册上亿元，组建珍珠联合集团公司，但 2003 年该公司解体，市场客户再次流失。2004 年渭塘人改变经营策略，在"中国珍珠城"基础上，更名筹建"中国珍珠宝石城"，2005 年 9 月 26 日正式投入使用。

"中国珍珠宝石城"（图 12 - 3）建筑设施先进，占地面积 45 000 平方米，有 16 000 多平方米的双层交易大厅，18 000 多平方米的珍珠展览交易中心和 3 000 多平方米的休闲、生活、商旅配套设施。"中国珍珠宝石城"管理制度完善、经营运作规范，发展目标定位于亚洲乃至世界最大的珍珠宝石交易市场（图 12 - 4 至图 12 - 6），成为国际珍珠拍卖中心，为渭塘珍珠业的发展拓展了更广阔的空间。

图 12 - 3　中国珍珠城

图 12 - 4　苏州渭塘珍珠宝石城

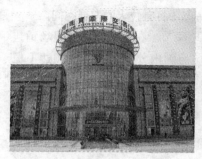

图 12 – 5　苏州珠宝中心　　　　　图 12 – 6　苏州珍珠城

（三）北海市"中国南珠城"

1996 年 7 月，规模宏伟的"中国南珠城"在广西北海建成并投入使用。该市场经营面积达 7 500 平方米，设有南珠文化展厅、原珠交易厅、珍珠产品销售厅和珍珠品质鉴定中心，吸引大批养殖、加工和生产南珠系列产品的企业入驻，展销自己的产品，使北海成为全国最大的海水珍珠集散地和交易中心，促进北海珍珠的生产和销售进入了一个崭新阶段。目前，在北海这个不足 30 万人口的中等城市里，销售南珠系列产品的店铺鳞次栉比，珠宝店就有 200 多家，年交易额超过 2 亿元。

从 1991 年起，珠城北海每隔两三年举办一次北海国际珍珠节，以南珠为媒，集聚来自海内外的大批客商和投资者，引进世界先进的海水珍珠加工技术，不断提高南珠系列产品的质量，扩大市场占有量。

（四）湛江珍珠交易市场

湛江珍珠交易市场位于广东湛江的国贸大厦和世贸大厦，地处湛江商业、金融、旅游、文化和行政"五圈"中心。目前入驻珠宝商已达 30 多家，分珍珠、宝石、金银饰品等 10 余个经营区域。经过近年来的发展，海珠业形成了完整的产业链，湛江已发展成为粤西最大的海珠交易中心。海水珍珠产品远销美国、日本和中国香港等国家与地区，年总产值 2 亿多元，出口创汇 1 500 多万美元。2006 年湛江地区海养珍珠 5 万亩，从事人员 6 万人，珍珠产业规模进一步扩大，湛江珍珠交易市场将有较大的发展空间。

从 2000 年起，湛江每年举办珍珠节。在珍珠节期间现场销售珍珠达 1 800 多万元，各珍珠公司与国内外客商签约金额达 1 亿元。目前，在全国 30 多个大中城市，湛江各珍珠公司设有珍珠产品销售网点，年销售量占全国的 1/3 强。为了改变湛江市场珍珠交易以原珠为主的局面，正在加强珍珠养殖生产后的各级加工与珍珠饰品销售，体现珍珠价值，提高湛江作为南珠产地和集散地的中心地位。

三、珍珠销地综合中心市场

目前，我国上海、北京、深圳、广州存在珍珠销地综合中心市场。所谓"综合中心市场"，是指综合展示和经营海淡水系列珍珠和珍珠首饰品的大市场，除了适应国内消费者的需求，销售对象主要是国外批发商、国外游客、国外公司职员和涉外领事等，还包括国际礼品的需要。通过珍珠销地综合中心市场的延拓，珍珠销售地域已遍及全国各大、中城市。

（一）上海珍珠城

上海原有珍珠商家百余家，但没有珍珠大商场。2001 年 4 月部分珍珠商家集中起来，在上海南京路步行街开设"上海珍珠城"，主要是以珍珠的批发兼零售为主，立足华东，辐射全国。上海珍珠城请来国内外经营者入驻，拥有经营交流氛围和珍珠深加工技术，珍珠价格稳定。众多来沪旅游的侨胞和外宾慕名前来参观购物，连外国元首在访华期间也曾光临。上海珍珠城外销占 80% 以上，内销不足 20%。日前扩容后，二楼为 2 400 平方米清一色的珍珠大店、名店，三楼 2 400 平方米成为珍珠和工艺礼品商场，进一步引入"大溪"、"培培"、"芳华"、"玲玲"等品牌名店入驻。

2005 年"虹桥国际珍珠城"在上海虹桥地区建设成功，6 000 平方米的超大营业面积，弥补了上海在珍珠交易市场规模方面的不足。"虹桥国际珍珠城"由"上海珍珠城"与上海长宁区政府合办，是上海珍珠产业的龙头企业，从面积、客户规模和引进品种数量上，都将是上海最大的国际珍珠交易中心。

2001年上海珍珠系列产品销售总额约为2亿元，2004年为4亿元左右，2006年达7亿元左右。

（二）北京红桥珍珠交易中心

北京红桥市场于1995年1月28日正式开业，总投资2.4亿元，最具特色的交易是水产品和珍珠饰品。北京红桥市场三、四楼建成了北京红桥珍珠交易中心，是北京，亦是华北最大、最全的珍珠集散地，目标是建成中国最大的珍珠交易市场。

珍珠饰品营业面积达1 000平方米，现拥有300余家珍珠经营商，品种有南洋珍珠、黑珍珠等各色海淡珍珠。出售珍珠严格按色泽、大小、圆滑度等标准分类，价格从几十元至上万元。"红桥市场是国外女士心中的长城"，吸引大批国外游客，以可靠的商品质量、优惠的价格、周到的服务、良好的信誉迎接前来惠顾的国际友人、港澳台胞和国内各界人士。1997年成交额达6亿元。

2005年9月，在首届北京红桥国际珍珠文化节开幕式上，中国宝玉石协会授予该交易中心"京城珍珠第一家"称号的牌匾，这是中国宝玉石协会首次对珍珠经营企业举行官方"认证"。

（三）深圳国际珍珠交易市场

中国珠宝看深圳，深圳珠宝看水贝。2004年4月，深圳市水贝国际珠宝交易中心创建，其中包括大型国际珍珠交易经营区，由雅诺信集团和安华公司合力打造。

2007年1月，水贝国际珠宝交易中心·金丽中心开业，同期举办第七届水贝国际珠宝采购大会，美国等境外珠宝商会组织参加。中心拥有近30 000平方米交易面积，主要有珍珠、宝石、首饰器材等10多个经营区域，充分满足客户一站式采购需求，成为水贝片区珍珠等交易的巨无霸。

目前入驻金丽中心的商户有100多家，其中海外企业27家。入驻的品牌有佳丽珍珠、千足珍珠和金大福珠宝等获得"中国名牌"称号的珠宝品牌，以及深圳、北京、上海、诸暨、苏州、秦皇岛、香港等全国各地的珠宝商，还有美国、意大利、法国、泰国、印度等十几个国家的珠宝品牌。

此外，中港国际珠宝交易中心位于福田区华发南路金宝城大厦，属深圳市中心位置。交易中心一层为大型珠宝品牌推广中心，二、三层为大型珠宝首饰交易中心，五层为珠宝商会所，集珍珠首饰零售、批发、展示、网上交易及珍珠首饰鉴定、评估于一体，是专业化、多功能、智能化的综合性国际珍珠宝石交易中心。

（四）广州珍珠集散批发市场

广州是中国改革开放最先开始的地方，数十年的发展，目前已是全国最大珠宝的加工与批发集散地之一。广州珠宝专业市场包括广州荔湾广场珠宝玉器市场、华林珠宝玉器城、番禺珠宝街、花都国际金银珠宝城等，是展示和经营各式时尚流行珍珠饰品、珍珠精品、珍珠工艺品、珍珠礼品的艺术殿堂。其中，荔湾广场发展成东南亚规模最大的珠宝玉器系列商品专业批发市场。

另外，从 1995 年开始，造就了荔湾广场、泰康城广场、西郊大厦华南国际小商品城三大饰品市场，三足鼎立，集中展现了广州珍珠饰品业当前的整体实力和水平，珍珠商家来自浙江和北海等地，主要经营包括珍珠产品在内的珠宝首饰品、头饰、工艺项链、手镯、珠链饰物等，成为世人了解整个广州珍珠饰品市场的窗口。

第二节　中国珍珠中心市场作用和市场动向分析

一、我国珍珠中心市场的作用

目前我国珍珠产地专业中心市场与珍珠销地综合中心市场，集珍珠交易、加工、商住、购物功能于一体，突出养殖加工核心技术，发挥市场开拓的龙头作用，加快了我国珍珠产业迈向国际化的步伐，为全球珍珠行业提供了一个超大规模的产加销平台。珍珠中心市场的作用主要体现在以下几个方面。

（一）带动珍珠经济的市场龙头

珍珠中心市场真正起到了"办一个市场，兴一方经济，富一方百姓"的龙头带动作用。我国珍珠中心市场的集中贸易活动，提供一个开放的交易平台，扩展销售渠道，带动了当地数万人从事珍珠养殖、加工和流通交易，实现经济效益和社会效益的有机联动。目前，珍珠中心市场的市场份额占全国珍珠总量的90%，将全面推进各地珍珠产业升级、增强珍珠产业综合竞争力。

（二）旅游购物的理想场所

珍珠中心市场内集珍珠之秀、展中华珠宝之最，珍珠制品选型别致、琳琅满目，充分展示珠宝精品，使人领略到珍珠串缀造型艺术的无穷意趣，展示良好的市场环境，是旅游购物的理想场所。珍珠中心市场全方位拓展观赏旅游等产业，成为各地旅游定点市场和旅游购物区。例如，北京红桥珍珠市场由开放式店铺和品牌形象区组成，并集时尚、典雅、高贵于一体。让各地的游客购物倍感舒畅，特别是国际珍珠文化节的举办，吸引海外游客到北京，促进北京旅游市场的繁荣。此外，"游银滩，吃海鲜，买南珠"，已成为北海独具特色的旅游项目，南珠系列产品也成为北海最重要的旅游商品。

（三）珍珠加工园区的集聚基地

珍珠中心市场纷纷建立珍珠现代加工园区，珍珠在那里被加工成各种首饰、工艺品、保健品、化妆品等，再销往世界各地。珍珠加工不断提升珍珠的价值，预示了我国珍珠产业灿烂前景。珍珠中心市场为厂商提供各类服务，帮助入场商家开拓视野、树立品牌、交流信息，加速推进了珍珠加工集聚基地的规模效应。将引领我国珍珠加工企业走出国门，更好地与国际市场接轨，真正成为国内甚至世界一流的珍珠产业园区。

（四）珍珠节或博览会的开展平台

珍珠中心市场举行珍珠节或博览会，以珍珠为媒介，邀请国内外客商参加，开展各项文化旅游、商贸经济、技术合作、交易洽谈等活动，促进了各地对外开放和经济发展。

例如自1991年起，广西北海成功地举办了7届"北海国际珍珠节"、5届"国际珍珠交易会"，总交易额达5亿元。近年来，诸暨亦举办过多次规模较大的"珍珠节",成为世界珍珠展示中心和珍珠文化博览中心。2006 年渭塘开办的"中国珠宝博览会"与"国际珍珠展览投标会",盛况空前,展示最新潮流的珍珠设计产品。2006 年 4 月 21 日,上海虹桥国际珍珠节,国内外宾客云集,进一步加强了上海与世界各国的合作与交流。

(五)珍珠外贸的主要窗口

珍珠中心市场的珍珠及其首饰和工艺饰品等,直接出口中国香港、日本、韩国、美国、加拿大、俄罗斯、印度、中东、柬埔寨、中国澳门、中国台湾等国家和地区,以及法国、瑞士等欧盟国家,并主要通过中国香港转口到世界各地,成为我国珍珠外贸的重要窗口。例如中国香港市场淡水珍珠的 90% 来自诸暨和渭塘的珍珠市场。

(六)珍珠品质的鉴定中心

我国珍珠中心市场建设世界珍珠检测、鉴定和评级中心,执行国家"珍珠原产地域"保护,为珍珠产业蓬勃发展提供有力支撑。例如国家质检总局发布公告,宣布对北海合浦南珠实施"原产地域"保护(2004 年 11 月),将"湛江流沙珍珠"列为"原产地域"保护(2005 年 4 月),使南珠这一著名品牌被纳入了国家强制性保护的法制轨道。通过北海和湛江珍珠中心市场的检测和鉴定,为南珠扬了名,最近海水珍珠收购价每千克从 3 000 多元升到 6 000 多元。

二、中国珍珠市场产品动向与价格动向

(一)珍珠市场产品动向

进入 20 世纪 80 年代以来,随着市场经济的发展和人民生活水平的提高,经营的珍珠系列产品获得了迅速的发展。

目前,珍珠市场营业额主要是以原珠和珍珠饰品为主,部分在国际市场上是昂贵商品。行销国内外地区的各档珍珠,有色彩绚丽的高档珠和花色品种多样的珍珠首饰品、工艺品。例如,湛江企鹅贝产出的半圆球形状的海水珍珠,是珍珠饰品中用于镶嵌的重要珠体,在世界上十分畅销。

另外，珍珠市场还有珍珠粉系列产品，包括纯珍珠粉、珍珠美容品、食品、保健品、药品等产品系列，年营业额相当可观，市场前景十分广阔。例如康福来珍珠含片，仅试销几个月，产值即达 2 000 万元。上海生产的珍菊降压灵、苏州生产的六神丸、养生堂生产含珍珠粉的朵而美容产品、北京同仁堂的水溶珍珠粉、浙江纳爱斯珍珠肥皂和珍珠牙膏等众多珍珠系列产品，其营业额都十分可观。

随着科学的发展，新技术和新工艺在珍珠业的不断应用，产生了一系列令消费者喜爱的新型产品，中国市场争奇斗艳、璀璨夺目的珍珠产品，吸引了世界各地客商踊跃购买。

（二）珍珠市场价格动向

1. 我国珍珠行情价格涨落波动比较大

珍珠价格受国内外经济、品种结构等多种因素的影响，有涨有落，价格涨落较大，严重影响我国珍珠产业的稳定发展。20 世纪 70 年代初，由于珍珠养殖产量的上升，珍珠价格开始下降。1976 年产区蔓延蚌病，产量不稳定，价格趋好；到 1983 年，由于我国放开珍珠出口以及其他原因，珠价上涨，同时激发部分农民的致富心理，珠蚌养殖空前发展。80 年代末，产量上升到一定程度时，珠价下跌。1994—1996 年，不科学的养殖管理和手术操作导致粗制滥造和蚌病泛滥，珍珠价格下落到低谷。1997 年后，因遭受价落与蚌病双重打击的淡水珍珠，产量下降，库存销空，使价格回升。1998 年后，育珠业又出现全面复苏，行情几近火爆。2000 年淡水珍珠价格下降，2002 年开始复苏。

根据市场行情调查，以 1985 年、1991 年、1998 年的最高价格为 100%，计算中国淡水养殖珍珠市场相对价格，其涨落走势如图 12 - 7 所示。由于海淡珠的替代性较强，研究表明我国海珠与淡珠相对价格涨落走势基本相同。从图 12 - 7 不难发现珍珠相对价格涨落有时长 6 年的周期，例如，1998—2005 年为一个价格涨落周期。

2. 国际与国内珍珠行情反差比较大

目前在国际市场上，普通珠以千克计，例如，价格为 1 000 ~

2 000美元/千克；高级珠以克计，例如价格为 10 美元/克（即
10 000美元/千克）；珠径超过 8 毫米以上的大珠以粒为计价单位，
好的珍珠每粒价值高达 10 000 美元，高档珍珠和黄金等价。

在每年的香港珠宝博览会上，日本生产的海珠项链能卖到400~
500 美元，而中国北海加工生产的海珠项链每条售价不到 150 美元。在
近七八年时间，我国海水珍珠单价从以前的约 8 000 元/千克降到现在
的 4 000 元/千克左右。最高能卖到 4 000 元/千克的高级淡水珍珠，现
在连 800 元/千克都卖不到。同样，我国中低档淡水养殖珍珠只有 100
元/千克，我国大部分珍珠小商品市场珍珠价格非常低，例如诸暨珍珠
小商品市场中，一般的珍珠项链价格 15 ~ 60 元/串，大部分在 20 元/
串，一般的珍珠小动物模型每只60 ~ 100 元。

珍珠市场价格取决于珍珠产品的供求关系。2005 年以后，我国淡
水珍珠与海水珍珠的生产进入高位发展期，每年总产量增长高于国内
珍珠消费预期，加上 2008 年左右国际金融危机的影响，国外珍珠消费
低落，于是珍珠供应明显大于珍珠需求，对比前期价格波动（图 12 -
7），我国珍珠价格变化加剧，呈现一路下滑之势，严重恶化我国珍珠
产业的经济效益，只是 2012 年珍珠价格略有回升。

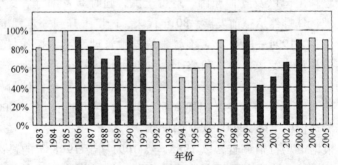

图 12 - 7　1983—2005 年中国珍珠市场行情价格涨落波动
（以 1985 年、1991 年、1998 年价格为 100%）

3. 海水珍珠总体平均价格高于淡水珍珠数倍

海水珍珠是在海水养殖并采集，目前海养珍珠基本上是有核
珠，规格多比较大。而淡水养殖的珍珠绝大部分是无核珍珠，养

殖周期长，大部分产品的规格比较小。并且，有核珍珠常常比无核珍珠更加正圆一些，所以海养珍珠在外观上常常高于无核的淡水珍珠。同时，由于海水珍珠产量只有淡水珍珠的 1/50 左右，因此海水珍珠平均价格比淡水珍珠高许多。市场表明，海水珍珠单价通常高于淡水珍珠 3～6 倍。

但是，如果是同样规格与品质的大圆养殖珍珠，由于无核的淡水珍珠养殖周期长，其单价与海养珍珠相当。同时，有的地方在开展有核的淡水珍珠养殖，其效果也与有核的海养珍珠相同。

由于市场价格不可能再回到从前，珍珠养殖不再拥有暴利，我国珍珠业发展效益有待进一步提高。

第三节　中国珍珠市场存在的主要问题和进一步发展的对策

一、中国珍珠市场存在的主要问题

（一）高档珍珠受到低档珍珠的市场冲击

近 10 年来，淡水珍珠养殖盲目发展，养殖产量大幅度提高，而在增加的这部分产量中，规格小、质量差的低档珍珠占了绝大部分。因此，目前大量低档珍珠充斥市场。而高档珍珠，特别是 8 毫米以上的大规格珍珠由于受养殖环境、养殖条件的限制，产量很低，在整个淡水珍珠中的比重没有明显上升。

中国珍珠质地细腻、光泽柔润，符合东方女性聪慧、温柔的性格，也备受外国人青睐。据了解，目前中国市场高档优质珍珠所占比例很少，低档珍珠数量偏大。由于缺乏行业指导，大量低档珍珠不加节制地进入各地市场，使得珍珠价格一再走低，造成优质珍珠是暴利的印象，影响高档优质珍珠的正常销售。

（二）珍珠作为珍宝商品的地位岌岌可危

现在，珍珠作为珍宝商品的地位岌岌可危，大部分珍珠首饰基本上已被剥离珠宝行列，只是普通的旅游工艺品而已。目前，珍珠市场没光泽的、有瑕疵的、形状不规则的劣质珍珠产品较多，中国珍珠在很多人的眼里一度就是低档珍珠、廉价珍珠的代名词。同时，因加工技术落后，大部分珍珠流入低端旅游市场。低价位给消费者心中造成了珍珠非珍宝的错觉，损害了珍珠市场的旅游购物形象和国内外消费者的利益。

（三）以次充好的珍珠扰乱了珍珠市场

劣质珍珠产品成本很低，销售价位低，利润却不低。由于市场利益的驱动，不良商家以次充好、以假充真等现象时有发生，冲击优质珍珠，扰乱了珍珠市场。例如，一条几元钱的低档劣质珍珠项链被假冒为高档产品。由于珍珠的质量参差不齐，普通消费者很难直观地判断珍珠真正的价值。劣质产品损害了优质珍珠的品牌印象，不仅影响了珍珠在国人心目中的珍宝形象，更是影响了我国珍珠在国际市场上的良好声誉，严重制约了整个珍珠行业的发展。

（四）市场竞争处于低层次的价格竞争

珍珠市场竞相压价、恶性竞争现象严重，动辄"打折促销、买一赠一"，进行低水平的价格竞争，甚至出现了连"1 千克珍珠赚 1 角钱利润"的生意都要做的现象，极大损害了珍珠行业形象。例如在广西北海、海南三亚、广东湛江等地大型专业珠宝店里，一些外观华丽、做工精良的珍珠首饰标价往往在几万元到几十万之间。而在这些地区的南珠小商店中，珍珠首饰标价一般在 50 多元到 100 元左右；在海滩上游动的小贩叫价更低，只要游客略微砍价就可以用几块钱买到一枚珍珠首饰。

（五）珍珠市场产品雷同化或同质化现象严重

我国珍珠首饰业发展快，但款式雷同化的现象日趋严重，目前国内珍珠产品式样单调，设计理念比较传统，大多只限于"串珠"。珍珠市场千店一面，没有区别，没有特点。"雷同化"亦可称为"同质化"，珍珠品牌之间，缺乏特点和特色，没有太大的变化。品牌同质化趋势严重。

我国缺的是珍珠品牌定位的差异性、珍珠产品工艺和款式的差异性、珍珠企业定位的差异性。珍珠产品同质化或者雷同化问题已经成为中国珍珠的产业之痛，制约着中国珍珠产业的发展。目前，我国珍珠的国内消费严重不足，这与珍珠产品在国内消费者心中款式单一，缺乏消费激情有关。创新已成为珍珠产品增值的催化剂，只有在产品工艺上精益求精、款式上推陈出新，才能让我国珍珠产品走向快速发展的轨道，并与国际接轨。

（六）缺乏品牌知名度和品牌影响力

现代产业的竞争是品牌的竞争。我国珍珠产业发展不规范，在市场上缺乏品牌知名度和品牌影响力，常常以原料形式出口，产品附加值低，影响珍珠销售量和经济效益的提高。为了打开销售局面，有的在中国香港借人品牌，贴上标志作为香港产品进入世界市场。

究其原因，主要是缺少真正的珍珠养殖和加工的龙头企业，无法借助企业的规模、资金、技术和研发优势，无法推进珍珠的品牌影响力。我国必须加快珍珠产业升级，向效益型转变，创建自己的原珠或珍珠首饰等系列加工品的品牌，形成像"天使之泪"这样有文化内涵的知名品牌。

二、中国珍珠市场进一步发展的对策

（一）重视用珍珠文化开拓珍珠市场

珍珠即古书上所记载的"白玉"，其历史十分悠久。珍珠是一种名贵的有机宝石，历来被视作奇珍至宝，象征纯真、完美、尊贵和权威，与璧玉并重。珍珠并非是天然宝石，珍珠从珠蚌中取出无须加工，品形优良的珍珠即可直接成为珍贵的装饰品，这是珍珠与其他宝石最大的区别。珍珠为 6 月的幸运生辰宝石，象征着健康长寿；也是代表结婚 12 周年的珠宝，象征幸福快乐。钻石是宝石之王（King of Gems），珍珠是宝石皇后（Queen of Gems），前者觉冷（因为它是矿物），后者却暖（因为珍珠是有机物体），代表智慧和爱心，没有其他珠宝可与它相比。由于珍珠的文化内涵，使珍珠受到全世界人们的共同喜爱。

因此，中国珍珠产业必须重视珍珠文化的宣传，以珍珠商品为主体，以珍珠文化节为载体，以消费需求为导向，实现珍珠市场细化和差别化销售，积极培育和发展国内外珍珠市场。我国珍珠首饰行业发展快，经营品种已经从单一的散珠发展到多个珍珠产品系列，在设计理念和消费定位上应该弘扬珍珠文化，用珍珠装饰品美化生活，促进广大消费者接受更多的珍珠系列产品。

（二）做大做强我国珍珠的民族品牌

珍珠是我国特色民族产业，需要以高端名牌形象出现在国际市场，进行珍珠品牌的推广势在必行。像瑞士的手表、法国的香水、比利时的钻石一样，用精品塑造出中国珍珠的形象，打造中国优秀品牌，最后占领世界珍珠市场。

中国珍珠是一个整体品牌。海水珍珠和淡水珍珠不要互相贬低，都是"长城"的一部分，海水珍珠体现"中国珍珠"的文化底蕴，而淡水珍珠显示"中国珍珠"的规模。中国珍珠必须做大做强自己的民族品牌，着眼于珍珠终端产品形象的提升，着手于珍珠优化养殖、珍珠饰品设计、镶嵌工艺等各个环节的提高，举办珍珠产业高峰论坛，重塑中国珍珠特色民族产业的良好声誉。例如江苏全省100多家业内企业和相关单位，在江苏省珍珠协会的协同下，将联手打造江苏珍珠品牌。

名牌不只是简单的称号，更要脚踏实地做出来，需要国内外消费者认可名牌，才能是真正的名牌。品牌不仅是名牌的概念，还应包含品质、服务、文化内涵等所有概念。现在，中国珍珠市场没有真正的品牌概念。真正的品牌概念需要规范建设，从管理规范、产品规范到服务规范，最终呈现给消费者一个规范的品牌形象，从而让珍珠品牌得到消费者的最终认可。

（三）珍珠市场需要开展诚信经营

珍珠是高价物品，所以消费者一般在珍珠专卖店、高档百货店等可以信赖的商店购买。诚信经营才能保证珍珠质量，保护消费者利益，把劣质珍珠清退出市场，让消费者重新认识珍珠的价值。加强诚信建设，营造珍珠产品诚信经营的良好环境和氛围。经销商必须如实介绍商品，诚信标价。不以虚假折扣的方式促销；不做虚假的宣传广告；不以低于原材料价格的手段倾销，制止不正当竞争。营造良好的珍珠经营环境，提高珍珠行业信誉，促进行业健康有序发展。

诚信经营就应该提供珍珠品质鉴定服务。例如在国内珍珠业内，三亚海润珠宝率先实现"中国珍珠真品标志"网络的短信查询，使消费者购买珍珠可以得到行业权威机构——中国珠宝玉石首饰行业协会对所购珍珠品质的鉴定。要依据国家级的质量标准，建立高层次的珍珠检测中心。

（四）提高珍珠市场经营者素质

目前，我国珍珠生产养殖量的80%被懂市场行情的销售大户所控制。珍珠销售大户活跃于流通领域，信息灵、周转快，在市场起落中积累资金，逐渐壮大。但是，珍珠市场绝大多数经营者是农民，文化层次较低、观念落后、品牌意识薄弱等，其素质亟待提高。水产学会中应增设珍珠专业委员会，以有利于人才培养、信息交流。

我国必须形成一支具有较强的市场应变能力和心理承受能力的珍珠销售队伍，才能正确执行珍珠市场推广策略，开展珍珠行情发布等活动。高素质的珍珠经营者将能应用珍珠工艺礼品直销网，时刻关注珍珠市场变化，积极为消费者提供售后服务，例如免费清洗珍珠首饰、免费更改珍珠首饰尺码、以珍珠旧货低价换购新货和会员独享减价优惠等。提高珍珠市场经营者素质，加快渔业经济体制和珍珠流通体制的改革步伐，促进珍珠市场逐步拥有完善的金融、电信、邮政、托运等市场服务体系。

（五）各级政府应该有效引导和规范珍珠市场

与珍珠养殖业一样，目前的珍珠市场缺乏各级政府的有效管理，市场发展没有规范，存在珍珠标价虚高和以次充好等突出问题，损害了珍珠市场的声誉和形象。政府与主管部门应加大对珍珠行业的管理力度，调控珍珠业发展，制定珍珠产业发展规划和措施，出台珍珠市场保护政策，真正起到市场的导向作用。

对当前珍珠市场较为混乱的情况，政府和各部门要积极干预，用有效手段加以引导和规范，保证我国珍珠的质量和信誉。工商、物价、质检、旅游、水产等部门应该组成联合执法队伍，制定方案，摸底调查，齐抓共管，严肃查处珍珠市场中违法经营和欺骗消费者的行为。质检和物价部门要根据珍珠生产和市场实际情况，完善和制定珍珠参考价格标准，使经营者和消费者有据可循，规范销售市场，规范市场价格秩序。例如 2004 年，北海市制定出台《珍珠市场和价格管理办法》，切实维护了南珠品牌和北海城市形象。

（六）充分发挥珍珠行业协会作用

目前，我国珍珠行业协会组织发展仍然不平衡。中国珍珠行业要走上规范化的道路，各地应尽快批准成立各级珍珠行业协会。

为努力培育和规范珠宝玉石首饰市场，国家已经相继制定了一系列标准和规定，如《珠宝玉石名称》、《珠宝玉石鉴定》、《珍珠分级》等。对于珍珠首饰市场，我国珍珠行业协会必须促进建立和完善珍珠的国家标准，提高珍珠质量，引导珍珠饰品的现代消费理念。协会应该呼吁中国水产学会增设珍珠专业委员会，以有利于人才培养、信息交流。

充分发挥和利用协会作用，加强行业自律，适度控制珍珠养殖规模，保证珠龄，控制质量，才能重振中国珍珠声誉。依靠珍珠行业协会，重视规范商业经营，制止行业内的压价竞争，才能保持珍珠的市场价格稳中有升。依靠珍珠行业协会，创建珍珠的储备系统，主动调节市场的供应量，防止因珍珠市场价格过分波动而影响珍珠年度产量的变化。协会应该与质检部门合作，克服片面追求初级产品数量的倾向，实行以终端产品质量取胜的策略，综合判定珍珠的经济价值，避免造成珍珠市场价格和市场竞争的混乱。

第四节　珍珠的价值概念和产品开发

一、珍珠价值概念的深化认识是产品开发的基础

关注珍珠的现代消费意识，进一步认识珍珠的价值概念是珍珠各类产品开发的基础。

（一）珍珠的特性

1. 珍珠品性

珍珠以其晶莹绚丽的"珠光宝气"和高雅纯洁的品格，光彩

夺目，素有"宝石皇后"之美誉。珍珠光泽是光的反射与精致的晕彩综合效果，是碳酸钙层叠薄板体边缘的衍射，当光渗透进入一些薄板体并被反射回表面时所产生的干涉，珍珠光泽给人一种神秘和高贵感。一粒珍珠，当它从贝壳里出生的时候，就将其迷人的美展现在世人眼前。珍珠的颜色很多，有白色、金色、银色、粉红色、红色、黑色、蓝色、灰色等，其中以白色稍带玫瑰红色为最佳。以蓝黑色带金属光泽为特佳。一般来说，越亮、越圆、越大、表面越光滑，珍珠越珍贵。

2. 珍珠分类

珍珠分类方法很多，具体有以下几种形式。

①天然珍珠与养殖珍珠。近来天然珍珠极少，大部分珍珠都是养殖珍珠。天然珍珠因核极小，肉眼下无核，透明度较差，外观凝重，外表光滑；人工养殖珠表面常有突起和凹坑。海水养殖珠有核且核较大，主要分阿古屋（Akoyas）珍珠（日本）、半圆珍珠（日本）、南洋珍珠（东南亚及南太平洋），还有日本和珠、塔希提岛黑蝶珍珠等。淡水养殖珠以无核珠为主（中国）。

②按用途分为药用珠、饰用珠。

③按养殖品质可分为珍宝级养殖珍珠和工艺品级养殖珍珠。

3. 珍珠成分

科学研究表明，珍珠是由结晶碳酸钙与特殊珍珠质（称为介壳质的黑色有机物质）组成，珍珠内含 18 种蛋白质氨基酸和 28 种微量元素。其中，80% 以上是碳酸钙，10% ~ 14% 为介壳质（角蛋白质），2% ~ 4% 为水。但是，不同种类的蚌和不同水域产的珍珠，其含微量元素有一定的差异。

具体地讲，除含有钙 38.82%、碳 12.57%、氢 0.34%、氮 0.52% 外，珍珠中含有的微量元素种类很多，依含量高低顺序由大至小排列，含有钙、镁、钠、硅、硼、铝、铁、锰、钛、锌、铜、锶、镍、钴、钾、锂、镱等元素，还有钨、铅、钡、铬、银、金、锆、钍、钪、硅、碘、溴、硒等。

珍珠水解液中含有多种氨基酸，如冬氨酸、苏氨酸、丝氨酸、谷氨酸、甘氨酸、丙氨酸、缬氨酸、甲氨酸、异亮氨酸、亮氨酸、

酪氨酸、苯丙氨酸、赖氨酸、组氨酸、精氨酸、脯氨酸等。此外，尚含有牛磺酸、叶啉体等有机质。

不同色彩的珍珠与含微量元素的种类和数量有关。例如银色珠含铜和锌微量元素较多；金色珠则含铜、锌（铬）、锰较多；粉红色珠含铜、锌、钴（铬）、（锰）较多；黑色珠含铜、锌、钴、镍、（铬）、（锰）等较多。

（二）珍珠的价值

珍珠价值丰富，值得研究发掘、合理评估。中国是世界上最早认识到珍珠药用、保健、美容价值的国家之一。

1. 文化价值

珍珠，又名真珠、蚌珠、珠子等，是一种珍贵的有机宝石，与玛瑙、水晶、玉石一起并称我国古代传统"四宝"。珍珠文化源远流长，在古代，珍珠是地位及财富的象征，代表着封建社会权贵身份、金钱、尊贵、权力和权威，平民以珠为幸福、平安、吉祥之喜。珍珠在东西方都受到人们的喜爱，使用珍珠是权威至上、尊贵无比的象征。

今天，钻石、红宝石、蓝宝石、祖母绿、翡翠、珍珠，被世界公认为是大自然赋予人类的"五皇一后"。珍珠是珠宝皇后，代表"富贵、希望、好运、安康、财富"。珍珠是唯一来自生物产出物的生日石，即6月生辰石，象征着"安宁、纯洁、健康、长寿、美丽"。珍珠是结婚12周年的信物，象征着"完美、纯真、富裕、高贵、幸福"。

2. 保藏价值

珍珠历来被视作奇珍至宝，与璧玉并重。《庄子》有"千金之珠"的说法，可见珍珠在古代便有了连城之价。从秦始皇开始，朝廷开始接受地方献珠，把珠与玉并列为"器饰宝藏"之首。佩带珍珠饰品，满足人们渴望拥有价值恒久的珍贵宝物心理。通常由珍珠的颜色、光泽、透明度、形状、大小及加工等特征，来确定珍珠的保藏价值。

3. 美饰价值

历史上人类的衣、住、行以珍珠为美饰，帝皇冠冕衮服上的宝珠、后妃簪珥的垂珰都使用珍珠。白居易《长恨歌》有云，"花钿委地无人收，翠翘金雀珠搔头"；萨都刺作诗云，"昨日官家请宴是，御罗清幅插珠花"。

今天如果你喜欢富贵的美饰风格，可以选择大颗粒大镶边的珍珠饰物款式；如果你青睐于含蓄、知性、沉稳的美饰风格，可选择托架细巧一点的珍珠装饰；如果你想用传统的珍珠饰物把自己装扮得更富时尚感，金色和橘色珍珠是绝佳的选择。

4. 营养健身价值

珍珠营养丰富，除主要含碳酸钙之外，还含有人体所需的多种氨基酸类的有机成分和微量元素，具有滋生健身、清热益阳功效。

5. 药用治病价值

珍珠有很高的药用价值和功能，是一种名贵的中药材。用珍珠药治病在我国已有悠久的历史，在 19 种历代医药古籍及现代药典上都有记载。例如自晋朝葛洪的《抱朴子》开始有阐述，此后历代医书如《雷公炮炙论》、《海药本草》等都有记述，尤以明代李时珍的《本草纲目》中说明较为详尽。

珍珠有治病之功能，概括为：能防甲亢、咽喉炎，止咳化痰，镇惊安神，清热解毒，杀菌消炎，止血祛痛，生肌收口，养阴息风，清肝明目，败火祛痘，明目去翳（眼科圣药）等药疗效用。

6. 美容养颜价值

珍珠较金银首饰更敏感和阴柔，令女性妩媚动人，典雅高贵和捉摸不透的神秘感同样让女性着迷，增添女士风采，是女性权威的代表。珍珠作为闻名于世的美容养颜的珍品，是润泽肌肤、护肤养颜佳品，被历代宫廷选为美容之尊。明代李时珍《本草纲目》载有："用珍珠粉涂面，可令人间泽好颜色。"长期服用珍珠粉，能养颜嫩肤，令肌肤白皙透明；外敷珍珠粉则更为直接，可在短时间内营养肌肤，调整肤色，自然增白，让女性魅力无穷，促使女性焕发珍珠般细润光彩。唐朝杨贵妃等美女皆以珍珠粉作为保健养颜秘方。

珍珠质的有效成分能被皮肤吸收，所以长期佩戴珍珠有护肤、

养颜、祛斑、消皱的功效。因此，有人认为戴珍珠项链对长期在办公室环境低头工作的人，有舒缓肌肉疲劳、解除精神紧张的作用。

7. 保健防衰价值

珍珠可以保健防衰，合理使用可益寿延年。珍珠的主要成分碳酸钙能提供丰富钙质，预防骨质疏松；同时，珍珠还含有非蛋白质氨基酸——牛磺酸，可有效调节人体中枢神经和内分泌，助睡安眠。尤为显著的是，珍珠含有卟啉类化合物，这是一种抗衰老因子，是人体延缓衰老的重要成分。人体内的脂褐素是随年龄而增加的，人体衰老的快慢，由脂褐素增加的速度来决定。珍珠有抑制脂褐素增多的功能，可增强细胞活力，延缓细胞衰老。此外，珍珠中硒、锗等是难得的抗癌、抗衰老物质。

二、珍珠系列产品发展现状是产品开发的借鉴

根据珍珠价值概念，目前市场已经推出许多珍珠系列产品。经综合调查，这些珍珠产品可以分成三大类、十一系列。

（一）原珠状类珍珠产品

自古以来，珍珠就是一种华贵的装饰品，用以加工与镶嵌各种精美的工艺品。

1. 珍珠首饰品系列

珍珠项链、手链、手镯、耳环、耳坠、耳钉、戒指、胸花、胸针、发饰、链坠、垂饰、吊坠、珍珠挂件、珍珠领带别针等珍珠饰品，工艺精细、晶莹华美、档次齐全。珍珠与白金、纯金、K 金加工融合的系列镶嵌产品。其中，直径 16 ~ 18 毫米的特大规格的海水珍珠；孔雀绿、棕色、茄子色、浅灰色的大溪地海水珠；金色、白色的南洋水珠；形状各异的大直径国内淡水珠等，属于世界名贵珍珠。白色、粉色和紫色的天然珍珠串制的珍珠项链属于高档产品。中国农科原子能研究所利用放射线技术加工出多种彩色珍珠（包括黑珍珠），色彩稳定、光泽度好。时尚的珍珠饰品在款式上更为新颖，其中镶嵌在白金或小钻上的珍珠饰品尤为时尚

人士所青睐，小钻与白金将珍珠饰品衬托得格外精美而神秘。

日本阿古屋（Akoyas）珍珠具有典雅与庄重的特性，所以较适合成熟女性在婚礼、晚宴及谈判等正式场合佩戴。中国淡水珍珠的特点为色彩斑斓，加工出的胸针、项链、耳钉款式多样，可表现出不同的气质和时尚，适合年轻人佩戴，并且价格较其他珍珠便宜。

2. 珍珠工艺品系列

珍珠工艺品选用优质上乘的无核淡水珍珠，目前市场有珍珠宝塔、珍珠肖像画、风景画、珍珠佛像、珍珠壁画与壁挂、珍珠动物、珍珠垂帘、珍珠枕头、珍珠花包和珍珠衣衫等珍珠系列工艺产品近千个品种。山东曲阜研究成功一种"梦幻式多功能珍珠挂帘"，白天视之，五彩缤纷，夜间则荧光闪闪，不仅香味四散，而且能驱赶蚊蝇，产品一进市场，即受到日本、马来西亚及我国香港、台湾地区客户的争购。

（二）粉基状类珍珠产品

粉基状类珍珠产品是珍珠粉的加工及产品开发，将珍珠作为一种食物资源和医药资源，加以合理利用。

中国古药书称珍珠为"真朱"：珍珠粉味甘、咸、性寒。珍珠粉是国药准字号的药品，通过 GMP 认证（Good Manufacture Practice）的厂家，主要用优质淡水珍珠为原料生产珍珠粉。

1. 纯珍珠粉系列

纯珍珠粉系列产品包括普通珍珠粉、超微珍珠粉、速溶珍珠粉、水溶珍珠粉、可溶珍珠粉、珍珠粉胶囊等。洞庭水殖珍珠有限公司研发具有自主知识产权的生物酶解技术，开发活性珍珠粉。另外，可溶性珍珠粉或纳米珍珠粉，运用生物酶等新技术生产，有效解决了珍珠粉可溶水与成分保留的问题，人体吸收率达90%，是普通珍珠粉的 4 倍。

2. 珍珠美容护肤化妆品系列

珍珠美容护肤化妆品系列产品包括美容珍珠粉、南珠珍珠膏、维 E 珍珠膏、维 E 珍珠霜、珍珠美容霜、珍珠活肤嫩白霜、珍珠活肤洗面乳、珍珠洗面奶、珍珠香波、珍珠眼霜、珍珠面膜、珍珠防皱霜、珍珠美肤沐浴露、珍珠痱子水、超微珍珠爽身粉、超微珍珠养颜膏、超微珍珠增白粉饼、液体珍珠软胶囊、珍珠美白精华素、珍珠粉美容保健糖、天然珍珠美白霜、天然珍珠祛痘精华霜、天然珍珠细嫩润手霜、天然珍珠防晒露等。

3. 珍珠日用品系列

珍珠日用品系列产品包括珍珠肥皂、珍珠牙膏、珍珠浴粉、珍珠保健枕巾等，以及珍珠多彩系列涂料。

4. 珍珠药品系列

目前，用珍珠制成的中成药丸、散、丹、针剂很多，如珍珠层粉、珍珠散、六应丸、行军散、牛黄丸、鸡骨草丸、眼药水、眼膏、消炎片、镇安丹、珍珠明目液、珍珠降压灵、珍菊降压片、珍珠六神丸等几十种。近年来，还出现了一批申报专利的珍珠产品，例如强国珍珠滴眼液、珍珠口咽散、珍珠口疮冲剂、珍珠八宝散（治疗口腔疾病）、珍珠荟鳖丹（治疗乙型肝炎）、复方珍珠蛇粉、珍珠生肌散、珍珠烧伤膏、珍珠枸杞浆、珍珠褥疹粉等。

5. 珍珠营养保健品系列

珍珠营养保健品系列产品包括珍珠口服液、珍珠含片、珍珠蜂皇浆、可溶珍珠蜂皇浆、珍珠茶、刺梨珍珠纤维饮料、珍珠露、珍珠花王营养保健饮品、珍珠清心口服液、含双歧杆菌的可溶珍珠粉保健品等。

6. 珍珠食品与添加剂系列

珍珠食品与添加剂系列产品包括珍珠酒、珍珠纯净水、珍珠酸奶、珍珠醋、珍珠奶糖、珍珠蜜醋等食用珍珠品。

（三）仿制或延伸类珍珠产品

1. 合成珍珠

人工合成珍珠、仿珠，在乳白色塑料珠外镀一层"真珠液"，或者在其他材质的圆珠表层烤漆成珍珠色泽，一般作为廉价饰品的珍珠替代品。目前，世界上生产假珍珠的中心是西欧，例如西班牙的马里约卡首饰公司，这家企业所使用的"珍珠精液"是取自生活在地中海海洋生物精炼而成的。

2. 贝壳饰品和贝壳工艺品

产品包括贝壳珍珠、贝壳项链、贝壳手链、贝壳耳环、贝壳筐画、贝壳纽扣、珊瑚贝壳、黑蝶贝饰品、珍珠贝雕工艺品等。其中，贝壳珍珠以大型贝类的壳磨制成球形，表面经抛光和酸洗后，镀上很薄的人工制作的"珍珠精液"，光泽或表面质感皆接近珍珠；或者以贝壳磨成粉后，渗入搪瓷粉结合成球状，看起来像珍珠。

3. 贝壳珍珠层粉

贝壳珍珠层粉是育珠体的珍珠层精心加工而成的新产品，具有安神定惊、清热解毒和预防皮肤老化等药用价值，经中国科学院生物研究所检验分析，内含有 10 多种氨基酸，达到了入口即化的程度。

第五节　珍珠产品深层次开发理念与策略

一、珍珠产品深层次开发理念

（一）珍珠产品将是一个整体概念

在现代市场营销中，珍珠产品将是一个整体概念，内涵包括珍珠消费需要的有形物品和无形服务，包含能满足消费者心理、情感和审美等方面的需要。珍珠产品整体概念包括核心产品，形式产品和附加产品 3 个层次。

（1）核心产品　指购买珍珠所获得的基本效用或利益，是购买者所追求的真正价值。

（2）形式产品　指珍珠产品所展示的全部外部特性，主要包括珍珠产品质量、特色、款式、品牌、包装等。

（3）附加产品　指消费者购买珍珠产品时所获得的全部附加利益和服务，包括质量保障承诺、提供信贷、免费送货等售后服务。

珍珠企业必须依据珍珠产品整体概念，增加产品各层次的内涵，去开发珍珠创新产品。

（二）珍珠产品开发将创造新的消费

美国著名管理学家杜拉克认为，"任何企业只有两个（也仅仅是两个）基本功能，就是贯彻市场观念和创新，因为它们能创造顾客"。珍珠产品进一步开发实质上就是一种创新活动。

层出不穷的珍珠产品开发，将改变目前珍珠市场产品单调划一、消费低迷的现象，创造新的珍珠需求、促进消费，是我国珍珠产业健康发展的强劲动力。

二、珍珠产品深层次开发策略

（一）珍珠市场追踪调研策略

产品开发需要重视珍珠市场调查。例如香港贸易发展局，于 2002 年和 2005 年分别进行第一次和第二次中国内地珍珠等饰品的消费调查，曾经访问了中国内地的重庆、天津、杭州、宁波、南京、福州、深圳、武汉、长沙、西安、沈阳和哈尔滨 12 个城市。调查访问国内在过去 3 年购买珍珠等饰品的 600 名男性及 1 800 名女性。根据市场调查，了解目标市场上消费者的偏好及其发展趋势。

消费者对珍珠首饰款式的要求、选购的主要考虑因素和购买习惯，是珍珠产品开发的前提。只有消费市场才是珍珠产品的最终归宿，研究珍珠消费者的购买需求，有利于生产经营者确定其产品构成和营销适应性。珍珠企业通过调查，摸清珍珠消费市场动态，才能制定有效的营销方案和营销决策，寻求市场定位，才能在激烈的市场竞争中立于不败。

（二）珍珠产品开发创新策略

新产品开发是珍珠企业为了满足市场上的消费需求和企业自身发展的需要，不断地推出新产品，对于提高企业的技术水平、增强竞争意识、扩大销售收入有很大的帮助，将避免企业利润的大起大落。珍珠新产品开发实质上是珍珠企业适应外部消费环境变化的管理过程，企业必须适时地、经常地研制和推出新产品，更新老产品。

珍珠企业应该组织有关人员收集新产品的开发创意，并运用一定的方法对珍珠新产品创意进行评估和筛选。珍珠产品开发创新，是估计珍珠新产品的预期销售量、成本和利润，组织新产品试生产，选择目标市场对新产品进行试销，直至新产品完全被目标市场接受的整个过程。珍珠企业可以变化款式花色，增加规格型号，善于标新立异，避免盲目模仿，在产品的外形、颜色、包装等方面作出某些改进。要通过市场调查，来预测影响新产品开发或销售的有利因素和不利因素。应该让消费者参与新产品开发，用消费者来检测新产品的创意。新产品只有根据市场需求不断创新，才能有吸引力，促使消费者产生购买欲望。

（三）珍珠产品宣传推介策略

　　当前，大规模养殖珍珠的出现破坏了珍珠的价值性和神秘性，现代消费者对珍珠产品了解不够而产生迷茫。在现代珍珠市场上，天然珠似乎真正成了老古董，代表了一种消失的生活方式和审美理想，成了贵族的追求。同样，世界市场对珍珠粉产品了解不够、缺乏共识，世界市场主要在东南亚，非洲、北美地区比较陌生，例如中国珍珠商人被邀请去美国展销，珍珠粉却被机场方面误认为毒品。

　　因此，必须进行珍珠产品的宣传推介。事实上，人工珠与天然珠一样属于珍珠真品，其功能与效用是一样的，养殖人工珍珠同样时尚有魅力。例如现在大多数日本妇女宁愿买一串10毫米大的阿古屋养殖珍珠，也不愿以同样价钱去买小得多的天然珠。

　　珍珠产品的宣传推介，就是要告诉消费者，珍珠产品供应充足、品种丰富，其数量、品种、质量都是任何历史时期所无法比拟的。在国内人民生活水平不断提高的形势下，通过宣传推介，珍珠产品消费量将逐年稳定增加。

（四）珍珠产品包装提升策略

　　在商品经济社会，包装是"体面的推销员和无声的广告"。珍珠产品包装是指珍珠商品的包裹之物及其有关技术，分为运输包装和销售包装两种，起到保护、运转、美化、宣传、促销珍珠产品等作用。当前，世界珍珠产品包装呈现出轻便、小巧、精美、软质、透明等特点，采用装饰美观、便于携带储存、有益健康和环保等各种包装策略，来吸引珍珠消费，实现包装促销的目的。

我国珍珠产品的"一等商品，二等包装，三等价格"，使珍珠企业缺乏市场竞争力。在市场竞争激烈的今天，必须把产品包装提高到重要位置，并且应用各种包装提升策略。例如等级包装策略，高价优质采用"华贵"包装，质量一般采用"简便"包装，适合多种收入阶层的追求。又如馈赠包装策略，在包装物中附带馈赠礼品。1980 年春季，中国香港化妆品市场刮起一股"芭蕾珍珠霜"的旋风，包装盒中是一只彩色精巧的塑料托盘，上面放着一颗天然海珠，并注明：若购买 50 瓶以上，便可穿成一珍珠项链。馈赠包装强烈吸引消费者，提高了复购率。

珍珠产品包装通常是珍珠产品投放市场前的最后一道工序。珍珠包装本身就是一种商品，需要耗费，并有价值，有时包装盒亦是用低档珍珠制作的。我国珍珠企业要依据顾客的心理需求，逐步形成珍珠包装标准化、系列化、专业化，从而改变我国珍珠产品包装落后面貌。

（五）珍珠有效分档处理策略

我国珍珠养殖自形成规模化生产以来，虽然由于技术的普及，促进了产量不断上升，但是出现大量劣质珍珠，优质珍珠的比例始终徘徊在 10% 左右。据浙江省珍珠协会介绍，该省市场上大约 80% 的淡水珍珠都属于中低档珍珠，对市场价格有极大冲击，珍珠告别暴利时代，表明目前的迫切任务是要加强育珠科学的研究和有关技术的推广工作，使我国的珍珠生产向良性循环方向发展。

面对我国珍珠养殖产量大增，而同时大量劣质珍珠充斥市场的严峻形势，必须采用珍珠有效分档处理策略。低档珍珠将在化妆品及保健品方面得到利用，中高档珍珠则将引进高端加工技术水平，进一步提高珍珠附加值。

我国珍珠行业的部分珠宝商，采取"低档珍珠集中囤积禁止入市"的措施。例如 2004 年 8 月已经有 23.5 吨的中低档珍珠集中储存在浙江珍珠行业协会的仓库里，禁止低档珍珠流入首饰市场。囤积低档珍珠对产值金额影响不大，但是对珍珠产业整体形象提高有比较大的意义，将有力提升珍珠的市场价格，激活淡水珍珠市场和消费者的信心。

（六）开拓男性珍珠饰品策略

女性天性爱美，却忽视了男性也有爱美之心。女性需要购买时髦的珍珠饰品，而且过一段时间的话，就想购买更加高级的珍珠饰品。但是，珍珠饰品市场几乎成了女人的天下，却是极不合理的。

随着人们生活层次的不断提高和时尚潮流的发展，多数男性认为佩戴饰品能更好地展现男人的性格、气质、修养和身份。众多商家在将目光齐聚女性珍珠饰品的同时，注意男性珍珠饰品市场也孕育着广阔的商机。男性珍珠饰品应该体现男士所特有的个性与气质，男性珍珠饰品有领带夹、胸针、腰带、钱夹、烟斗等。珍珠首饰及饰品对打造男人的形象将起到越来越重要的作用。

目前，男性珍珠饰品不仅品种少，款式也单调。珍珠企业要把握成功男士的心理，注重男人品位，积极开发男性珍珠饰品；要注重宣传效应，及时地调整经营策略和产品结构，减少产品开发的盲目性，让更多的珍珠饰品成功步入男性的生活。

（七）珍珠品牌建设发展策略

珍珠产品的品牌是指用来识别和区分珍珠厂商出售珍珠商品的名称、标志、特征，是产品质量、企业形象和声誉的标志符号。珍珠品牌与品牌标志物常表现为厂牌和商标两种形式，简洁地代表珍珠企业及产品的一切内涵。

珍珠品牌具有识别、增值、促销和竞争作用。品牌的识别作用，将标志和区分珍珠产品的优劣，维护企业声誉，保持名牌厂商合法权益；品牌的增值作用，将在消费者心目中形成良好的企业形象，主动诱发购买欲望，提高产品的附加价值和珍珠商品自身的价值；品牌的促销作用，将成为一种有效的广告，提高在市场上的品牌知名度，刺激客户竞相购买名牌珍珠商品，直至认牌消费；品牌的竞争作用，将提高企业形象，进而有更高的企业管理水平与更全面的服务，有过硬的珍珠产品质量，从而增强了市场竞争力。

目前，国外有许多世界著名珍珠品牌。例如在众多香港珠宝品牌中，以周大福、谢瑞麟、周大生和六福最受中国内地消费者欢迎。其他吸引国内消费者的中国香港珠宝品牌包括太子珠宝首饰、连卡佛珠宝首饰、世界珠宝首饰、玛贝尔、环球珠宝、爱饰珠宝等。款式多样、品质有保证、商誉良好和口碑好，是香港品牌的优势。

在激烈的市场竞争中，我国生产经营者已意识到品牌是十分重要的。珍珠产品已从不用品牌、不要品牌，逐步发展到需要品牌、维护品牌，珍珠产品的品牌策略已经受到企业的关注。目前，我国海口成规模的珍珠品牌有海润、京润、椰海、美裕，浙江有阮仕、佳丽、欧诗漫等珍珠品牌。其中，七大洲品牌"天使之泪"、浙江长生鸟（Fenix）品牌药业、绍兴华泰公司的欢合牌珍珠系列优质保健品、苏州东吴珍珠保健制品有限公司等企业所生产的珍珠品牌产品名闻遐迩，产品覆盖国内20多个大中城市，远销北美、西欧、东南亚、香港及台湾等地区。

必须指出，我国珍珠品牌的内涵建设还不够，许多品牌只是一种"厂家标志"，缺乏知名度，缺少国际著名珍珠品牌。珍珠产品的品牌建设必须运用各种品牌策略，包括品牌整合策略、品牌宣传策略、品牌差异策略、产地品牌策略和系列品牌策略等。例如，用"单一品牌策略"统一公司及其属下的众多子公司的珍珠产品，从而提高公司产品的标准和质量。又如，山下湖珍珠集团股份有限公司用"品牌开拓策略"，在"千足"品牌珍珠系列产品的市场占有率位居全国首位的基础上，力争把"千足"开拓成国际性珠宝品牌。

"实施品牌战略，打造精品珠市"，我国珍珠界必须宣传品牌，明确目标，获得社会认同；必须保护品牌，依靠行业，进行市场攻坚；必须用好品牌，精品开路，创造销售业绩。

（八）珠粉产品纯真原料策略

珍珠粉应该合理利用，将珍珠作为食物资源和医药资源，可以开发与加工为珍珠粉系列产品。作为珍珠粉的原料，低档珍珠消耗量不断增长。由于珍珠粉的生产成本，将包括加工费、设备折旧费、管理费、销售费、包装费、物流费用等其他各项成本和合理利润，因此，药用珍珠粉成本价为100~400元/千克。

但是，目前市场上包装是 200 克甚至 300 克的一袋珍珠粉，标价只有 5～10 元。究其原因，大量的珍珠粉是由贝壳珍珠层粉制造的，使市场对珍珠粉的真假产生怀疑，消费十分低迷。伪劣珍珠粉的低价，使真正使用珍珠作原料的珍珠粉，已经超出珍珠粉系列产品对珍珠原料价格的期望值，导致某些珍珠粉系列产品中真正的珍珠原料使用很少，这一现象在很大程度上阻碍了低值珍珠的去路，也导致某些珍珠粉系列产品品质的下降。

随着科学的不断深入，探索御用配方，现代人对珍珠药用成分和女性美容保健作用的研究更加深入。珍珠粉富含 17 种氨基酸和几十种元素，将补充大量离子及微量元素，可以增加骨密度、改善动脉血管粥样硬化、恢复血管弹性、稳定血压。用珍珠粉配置日用化工品，具有润肤、美容、保健、防衰老等独特功效。

优质原料珍珠粉，可广泛用作药品、保健食品、化妆品的原料或添加剂，开发生产国药准字号的珍珠粉药品、国食健字号的珍珠粉胶囊、卫新食准字号的水溶珍珠粉、卫妆准字号的珍珠洗面奶等珍珠粉基状系列产品。

珍珠粉及其产品应真正以低价值珍珠为原料。国家应制定相应的产业政策和技术规范，鼓励贝壳实用工艺品的开发和利用，但是必须明确规定，贝壳珍珠层粉除了用于生物钙和饲料添加剂外，不能作为珍珠粉用于美容品、化妆品、保健品和医药品中。保证珍珠粉产品原料的纯正和优质，才能使广大消费者有信心购买和使用珍珠粉及其相应的产品。

（九）重视提高顾客价值策略

顾客价值是指顾客从产品中获得的总利益与在购买或拥有该产品时所付出总代价的比较。在珍珠市场中选择比较后，顾客会选中给他们带来最大利益的产品。在珍珠产品开发过程中，企业要努力提高顾客价值，运用价值工程，增加珍珠产品带给顾客的利益或效益，减少顾客的付出成本。在社会生产中，珍珠生产是起点，珍珠消费是终点，两者之间相互依存、相互制约。珍珠生产对消费起决定作用，珍珠消费也反作用于生产，对生产起推动或阻碍的作用。市场服务的最终对象是消费者，要以最终消费者的需要和偏好为转移，重视顾客价值，才能引起顾客对珍珠产品的感情和消费信心。

流通是介于生产与消费之间的一个环节。生产、流通、消费三者相互促进，又相互制约。珍珠产品渠道的开发，亦要重视顾客价值，要探讨建立对顾客便利有效的珠宝零售渠道。近年来，珍珠产品市场体系建设加快，已基本形成批发市场、直销配送、代理和个体商贩等营销渠道方式，多种流通渠道并存，提高了珍珠产品消费的便利性。

我国以前珍珠行业存在着各自为政、分散经营的缺憾。随着中国珍珠生产规模的不断扩大和珍珠产量的不断提高，单靠珠家自寻销路的办法已远远不能适应珍珠产业发展的需要，迫切需要联系产销的市场。各界需要高度关注各种珍珠市场的健康发展。

一定要把珍珠经营集中在一起，以珍珠中心市场的形式进行现代经营。一个发达的行业不能没有自己的窗口，珍珠专业中心市场就是展现我国珍珠行业实力的最佳窗口。目前，我国主要有山下湖、渭塘、北海、湛江 4 个珍珠产地专业中心市场，在上海、北京、深圳、广州等地存在 4 个珍珠销地综合中心市场。珍珠中心市场发展，有利于珍珠行业内各个企业了解行业信息和市场需求，带动资金流、商品流、信息流，成为珍珠的交易中心、信息中心和研发中心，从而对推动珍珠行业的良性发展起到重要作用。

中国经济快速稳定发展所释放出的巨大消费潜能，将推动中国各级珍珠市场的蓬勃发展。为了丰富产品，繁荣珍珠市场，必须充分掌握消费者心理、行为及其变化规律，有针对性地发展珍珠产品，促进珍珠营销的成功。必须进一步深化研究珍珠价值概念，通过产品开发策略的应用，中国必将由世界珍珠养殖产量最大、珍珠原料交易量最大的国家，进一步演变为珍珠产品研发设计中心、珍珠成品加工中心和最主要的珍珠消费国。让世界珍珠及其珍珠首饰产业中心逐步转移到中国，成为真正的珍珠大国。

参考文献

邓陈茂，童银洪．2005．南珠养殖和加工技术［M］．北京：中国农业出版社．

范勇．2010．珠宝玉石鉴定指南［M］．北京：天地出版社．

戈贤平，张根芳，周燕侠．2002．淡水珍珠养殖新技术［M］．上海：上海科学技术出版社．

郭守国．2004．珍珠：成功与华贵的象征［M］．上海：上海文化出版社．

何乃华．2001．珍珠鉴赏：珠宝玉石鉴赏（珍藏版）［M］．北京：地质出版社．

黎会平，张训蒲．1997．淡水珍珠蚌养殖［M］．北京：科技文献出版社．

李松荣．1997．淡水珍珠培育技术［M］．北京：金盾出版社．

林喆．2004．珍珠生产技术［M］．北京：中国农业出版社．

刘敬阁，杭群．2004．珍珠［M］．北京：北京科学技术出版社．

蒙钊美，李有宁，邢孔武．1996．珍珠养殖理论与技术［M］．北京：科学出版社．

牛秉钺．1994．珍珠史话［M］．北京：紫禁城出版社．

潘炳炎．1988．珍珠加工技术［M］．北京：中国农业出版社．

沈志荣．2006．自然瑰宝神奇的珍珠［M］．杭州：浙江大学出版社．

汤素兰．2008．珍珠［M］．北京：明天出版社．

王丰．2008．珍珠帝国［M］．杭州：浙江人民出版社．

王晓华．2010．珍珠图鉴：珍珠鉴赏与选购［M］．北京：天地出版社．

邬梅初．1982．淡水养殖珍珠［M］．上海：上海科学技术出版社．

谢忠明．2004．人工育珠技术［M］．北京：金盾出版社．

徐兴川，余庆军，张明俊．2008．淡水珍珠健康养殖实用技术［M］．北京：化学工业出版社．

尹绍武．2001．珍珠：药用动植物种养加工技术［M］．北京：北京科海出版社．

张根芳．2005．河蚌育珠学［M］．北京：中国农业出版社．

张莉，何春林. 2007. 中国南海海水珍珠产业研究［M］. 广州：广东经济出版社.

张莉. 2008. 珍珠产业技术与机制创新研究［M］. 北京：海洋出版社.

张莉. 2008. 中国珍珠产业振兴研究［M］. 北京：中国经济出版社.

张元培. 1981. 淡水珍珠养殖技术［M］. 长沙：湖南科技出版社.

赵明森，龚惠卿. 2002. 河蚌育珠关键技术［M］. 南京：江苏科学技术出版社.

周佩玲. 1999. 珍珠：珠宝皇后［M］. 北京：地质出版社.

后 记

李应森教授离开我们已经二年多了，他为我国的水产技术推广事业和水产教育事业做出了应有的贡献。在我和他为主共同编著的《淡水珍珠高效生态养殖新技术》这本书即将出版之际，使我又一次想起了和他一起奋斗的日子，那些曾经"为失败一起总结经验教训、为成功共同高兴喜悦"的日子。

李应森教授出生于湖北省大悟县，1985年考入上海水产学院水产养殖专业。大学毕业后留校任教。1993年6月至1994年6月受农业部国际合作司委派赴古巴渔业部工作，从事水产养殖与捕捞技术的研究与推广。1999年12月被评为副教授，2006年9月被聘为教授，并担任硕士生导师。2007年3月至2009年1月担任学院养殖系系主任。

李应森教授曾先后主持或参与省部级以上科研项目20余项；在国内外学术刊物上公开发表论文60余篇；先后获得国家科技进步二等奖、上海市科技进步一等奖、浙江省科技进步二等奖等各类学术奖励；主持或参与撰写著作、教材7部；2008年由他主持申报的《鱼类增养殖学》课程，被评为国家级精品课程。

2006年，李应森教授被聘为农业部渔业科技入户专家，同时被聘为上海市渔业科技入户技术指导员，2007年被农业部授予"全国农业科技标兵"称号；2009年被科技部授予"全国优秀科技特派员"称号；2009年获得"上海市劳动模范"称号。

李应森教授不但在教学、科研上硕果累累，而且在渔业科技推广工作中成绩卓著。在担任全国渔业科技入户专家期间，他每年有超过5个月的时间奋战在渔区第一线，他积极配合首席专家王武教授，参与负责全国重点渔业示范县的组织管理和技术督导工作。他以高度的责任感和事业心，满腔热情地为渔区养殖示范户开展技术培训，提出合理建议，督促检查实施情况，使渔业科技示范县的科技入户工作业绩名列前茅，得到农业部及相关下属单位的广泛好评，他的事迹在《人民日报》、《解放日报》、《农民日报》等多家媒体上广为报道。

李应森教授热爱党的教育事业，热爱水产养殖专业，和学生有着深厚的感情，他的学生即使毕业工作多年，但每当工作中取得成绩或遇到困难，哪怕在半夜也会给他打电话，可见师生之情十分深厚。他为人师表，光明磊落，谦虚谨慎，艰苦朴素，平易近人，始终保持爱岗敬业的人民教师的优秀品质。

李应森教授是我们学校自己培养的水产养殖专家。他在 20 多年的水产教学、科研、推广工作中，为我校水产养殖学科的发展、为水产养殖技术在全国的普及推广做出了重要的贡献。李应森教授不愧为是一名优秀的水产科教工作者。

2008 年 10 月，李应森教授因病入院治疗，此后与病魔进行了顽强的搏斗。在此期间，他仍然心系水产养殖事业，心系各渔业科技示范县的发展，心系学校学院水产养殖学科的发展，不断为学校学院发展出谋划策。他还带病亲自到各渔业示范县做发展规划、指导生产，为农民解决生产难题，他说："呆在家里闲着实在没有劲"。当他看到一大批渔民经过他的指导，生产上取得了明显的成效，他打心眼里感到高兴。从他身上，充分体现出人民教师"爱岗、敬业、实干、创新"的精神，充分体现出我校"勤朴忠实"的优良教风和工作作风。

李应森教授虽然离开了我们，但他兢兢业业，勤恳工作、无私奉献的精神将永远留在我们心中。我们今天怀念李应森教授，就是要学习他爱岗敬业、甘于奉献的革命精神；我们今天怀念李应森教授，就是要学习他热爱水产、献身水产的高尚情操。

谨以此书献给我的好朋友、好同事李应森教授。

李家乐

2014 年 3 月于上海海洋大学

海洋出版社水产养殖类图书目录

书　名	作　者
水产养殖新技术推广指导用书	
黄鳝、泥鳅高效生态养殖新技术	马达文 主编
翘嘴鲌高效生态养殖新技术	马达文 王卫民 主编
斑点叉尾鮰高效生态养殖新技术	马达文 主编
鳗鲡高效生态养殖新技术	王奇欣 主编
淡水珍珠高效生态养殖新技术	李家乐 李应森 等 编著
鲟鱼高效生态养殖新技术	杨德国 主编
乌鳢高效生态养殖新技术	肖光明 主编
河蟹高效生态养殖新技术	周　刚 主编
青虾高效生态养殖新技术	龚培培 邹宏海 主编
淡水小龙虾高效生态养殖新技术	唐建清 周凤健 主编
海水蟹类高效生态养殖新技术	归从时 主编
南美白对虾高效生态养殖新技术	李卓佳 主编
日本对虾高效生态养殖新技术	翁　雄 宋盛宪 何建国 等 编著
扇贝高效生态养殖新技术	杨爱国 王春生 林建国 编著
小水体养殖	赵　刚 周　剑 林　珏 主编
水生动物疾病与安全用药手册	李　清 编著
全国水产养殖主推技术	钱银龙 主编
全国水产养殖主推品种	钱银龙 主编
水产养殖系列丛书	
黄鳝养殖致富新技术与实例	王太新 著
泥鳅养殖致富新技术与实例	王太新 编著
淡水小龙虾（克氏原螯虾）健康养殖实用新技术	梁宗林 孙骥 陈士海 编著
罗非鱼健康养殖实用新技术	朱华平 卢迈新 黄樟翰 编著
河蟹健康养殖实用新技术	郑忠明 李晓东 陆开宏 等 编著

黄颡鱼健康养殖实用新技术	刘寒文 雷传松 编著
香鱼健康养殖实用新技术	李明云 著
淡水优良新品种健康养殖大全	付佩胜 轩子群 刘芳 等 编著
鲍健康养殖实用新技术	李霞 王琦 刘明清 等 编著
鲑鳟、鲟鱼健康养殖实用新技术	毛洪顺 主编
金鲳鱼（卵形鲳鲹）工厂化育苗与规模化快速养殖技术	古群红 宋盛宪 梁国平 编著
刺参健康增养殖实用新技术	常亚青 于金海 马悦欣 编著
对虾健康养殖实用新技术	宋盛宪 李色东 翁雄 等 编著
半滑舌鳎健康养殖实用新技术	田相利 张美昭 张志勇 等 编著
海参健康养殖技术（第2版）	于东祥 孙慧玲 陈四清 等 编著
海水工厂化高效养殖体系构建工程技术	曲克明 杜守恩 编著
饲料用虫养殖新技术与高效应用实例	王太新 编著
龟鳖高效养殖技术图解与实例	章剑 著
石蛙高效养殖新技术与实例	徐鹏飞 叶再圆 编著
泥鳅高效养殖技术图解与实例	王太新 编著
黄鳝高效养殖技术图解与实例	王太新 著
淡水小龙虾高效养殖技术图解与实例	陈昌福 陈萱编 著
龟鳖病害防治黄金手册	章 剑 王保良 著
海水养殖鱼类疾病与防治手册	战文斌 绳秀珍 编著
淡水养殖鱼类疾病与防治手册	陈昌福 陈萱编 著
对虾健康养殖问答（第2版）	徐实怀 宋盛宪 编著
河蟹高效生态养殖问答与图解	李应森 王武 编著
王太新黄鳝养殖100问	王太新 著